中級會計
電算化實務

陳英蓉 編者

財經錢線

前言

　　會計電算化是融會計學、計算機技術和信息管理學為一體的交叉學科。在整個社會都圍繞著計算機技術這一中心轉動、改造和演化時，會計領域將計算機技術用於會計工作已經成為歷史的必然，現代會計學科的各組成部分必然產生與之相對應的電算化實務。例如：基礎會計電算化實務主要對應基礎會計中的設置帳戶、復式記帳、填製和審核憑證、登記帳簿和編製財務報表；中級會計電算化實務對應中級財務會計內容，即在會計信息系統中如何核算企業的貨幣資金、應收應付款、投資、存貨、固定資產、無形資產、非貨幣性資產交換、長短期借款、應付職工薪酬、所有者權益、收入、費用和利潤，以及編製財務報告；成本會計電算化實務對應成本會計內容，即在會計信息系統中如何歸集和分配產品生產成本；管理會計電算化實務對應管理會計內容，即在會計信息系統中如何利用財務會計提供的資料及其他資料進行加工、分析和報告，使企業各級管理人員能據以對日常發生的各項經濟活動進行規劃與控制。

　　本書是依據會計信息系統各模塊間的數據流程關係和中級財務會計的內容而編寫的。全書共十章，結合實用技術從最新的應用層闡述了在會計信息系統中如何搭建財務系統與其他業務系統集成使用的通道，為財務系統與採購、庫存、銷售以及應收應付款管理系統等的集成使用設置應用平臺，以及如何通過會計信息系統中的帳務處理子系統、薪資核算子系統、固定資產核算子系統、進銷存核算子系統、應收應付款管理子系統和報表處理子系統對企業的貨幣資金、長短期借款、應付職工薪酬、固定資產、存貨、應收應付款、投資、無形資產、非貨幣性資產交換、所有者權益、收入、費用和利潤等進行核算與管理。

　　本書既可供高等院校會計、財務管理專業教學使用，也可供會計和製造企業業務管理人員進行 ERP 應用培訓學習使用。

　　本書在撰寫過程中參考引用了一些研究文獻，且得到了用友公司和

經濟與管理學院各位領導的大力支持和幫助，在此，特向原文獻作者和各位領導致以衷心的謝意。

由於計算機信息技術是一個發展極為迅速的領域，而會計電算化理論框架和方法體系還處於逐步發展和不斷完善的階段，加之時間倉促、作者水平有限，書中難免存在錯誤和不妥之處，懇請讀者和同行批評指正。

陳英蓉

目錄

第一章 總論   1

第一節   中級會計電算化的概念及特徵   1
第二節   中級會計電算化實務的內容及目標   3
第三節   中級會計電算化實務處理系統   5
第四節   會計電算化帳務處理程序   8
第五節   會計電算化信息系統內部控制   9

第二章 財務初始處理   12

第一節   系統管理   12
第二節   財務系統概述   26
第三節   財務控制參數設置   31
第四節   公共基礎檔案設置   35
第五節   財務基礎設置   60
第六節   財務期初餘額錄入   71

第三章 業務初始處理   77

第一節   業務系統概述   77
第二節   業務控制參數設置   81
第三節   業務初始設置   111

第四章　日常帳務處理　　123

第一節　憑證處理　　123
第二節　記帳　　141
第三節　帳簿管理　　145

第五章　進銷存業務處理　　156

第一節　採購業務處理　　156
第二節　銷售業務處理　　160
第三節　庫存管理業務處理　　168
第四節　存貨核算業務處理　　169

第六章　往來業務處理　　175

第一節　應收款業務處理　　175
第二節　應付款業務處理　　182

第七章　薪資管理　　191

第一節　薪資管理流程概述　　191
第二節　薪資管理業務處理　　195

第八章　固定資產管理　　206

第一節　固定資產管理概述　　206
第二節　固定資產業務處理　　213

第九章　期末處理　　222

第一節　銀行對帳　　222

第二節　總帳系統內部自動轉帳　　　　　　　　　　228
第三節　試算平衡與結帳　　　　　　　　　　　　　238

第十章　財務報表　　　　　　　　　　　　　　　244

第一節　財務報表管理系統概述　　　　　　　　　　244
第二節　創建財務報表及報表公式設置　　　　　　　249
第三節　財務報表數據處理　　　　　　　　　　　　259
第四節　財務報表輸出　　　　　　　　　　　　　　266

第一章　總論

　　會計電算化是集會計學、計算機技術和信息管理學為一體的交叉學科。在整個社會都圍繞著計算機技術這一中心轉動、改造和演化時，會計領域將計算機技術用於會計工作已經成為歷史的必然，現代會計學科的各組成部分必然產生與之相對應的電算化實務。例如：基礎會計電算化實務主要對應基礎會計中的設置帳戶、復式記帳、填製和審核憑證、登記帳簿和編製財務報表；中級會計電算化實務對應中級財務會計內容；成本會計電算化實務對應成本會計內容；管理會計電算化實務對應管理會計內容；等等。

● 第一節　中級會計電算化的概念及特徵

一、中級會計電算化實務的概念

　　中級會計電算化實務是基於信息技術的基礎上，集信息技術、會計專門核算方法與系統管理思想於一體，以系統化的財務管理思想為指導，按照《企業會計準則》搭建企業採購、倉儲、銷售等業務環節與財務系統的數據通道，通過存貨核算、往來款項核算、薪資核算、固定資產核算以及投資和其他日常業務的核算等，來確認、計量、記錄和報告企業的財務狀況、經營成果或現金流量，為企業利益攸關者提供決策需要的財務信息。會計電算化實務要求企業財務人員按照嚴格的約束或指導規範，遵循一整套確認、計量、記錄和報告的公認程序，定期對外提供一套通用的財務報告。該報告的會計信息應該真實和完整，以便外部信息使用者做出合理的投資、信貸等經濟決策。

　　中級會計電算化實務為企業的管理活動提供基礎數據；管理會計電算化實務就

中級會計電算化實務

是按照管理會計的理論與方法，利用會計電算化實務提供的會計數據，對企業經營活動進行決策、規劃、控制和業績考核。中級會計電算化實務將企業的財務數據和業務數據直接連通，為企業管理當局提供更加詳盡的管理信息。

廣義的財務系統包括總帳管理、應收款管理、應付款管理、薪資管理、固定資產管理、報帳中心、財務票據套打、網上銀行、UFO 報表、財務分析等模塊。狹義的財務系統僅指總帳系統。本書所講的財務系統特指狹義的財務系統，業務系統包括採購管理、銷售管理、庫存管理、存貨核算、應收應付款管理、薪資管理以及固定資產管理。

二、中級會計電算化實務的特徵

中級會計電算化實務是依據會計的專門核算方法，按照《企業會計準則》的要求在會計信息系統中完成的。由於中級會計電算化實務是傳統會計實務的電算化結果，因此中級會計電算化實務和傳統會計實務相比較，既有共性又有特性。中級會計電算化實務的特徵主要體現在以下三個方面：

（一）由業務處理推動財務處理

中級會計電算化實務搭建了企業採購、倉儲、銷售等業務環節與財務環節的橋樑，促進了財務信息系統與業務信息系統的一體化，通過業務處理直接推動財務處理，減少人工操作，提高業務數據與財務數據的一致性，實現企業內部信息資源共享。因此，中級會計電算化實務處理是由業務處理推動財務處理。這樣，不僅可以提供企業財務信息，還能提供企業詳細的業務信息。

（二）由確認、計量和報告等程序所構成

通過收集業務數據對企業經濟業務進行確認和計量。財務業務一體化模式之下的會計業務處理流程主要運用事件驅動形式創造原始數據，該數據採集的過程也由業務活動發揮推動作用，進而有效伴隨相關的業務活動進行即時運轉。業務活動產生的數據經過收集之後進行存儲，存儲地址為業務數據庫，因此，數據庫的存儲過程直接關係到業務流程的正常運轉。業務數據的相關存儲庫一般作為所有信息用戶相關的信息來源，與其質量水平有著重要的聯繫，逐漸成為系統運行成功與否的關鍵所在。因此，在財務業務一體化模式下，是通過對業務數據庫信息的提取和處理來確認和計量企業的經濟業務。

通過會計信息系統向企業利益攸關者報告財務狀況和經營成果等，將企業經濟業務處理結果和信息傳遞給信息用戶，並在用戶需求不斷變化的基礎上進行有效調整，從而發揮會計信息系統的重要作用。

（三）遵循企業會計規範要求

會計規範是指人們在從事與會計有關的活動時，應遵循的約束性或指導性的行為準則。會計電算化在進行相關實務處理時，應當遵循企業會計規範的要求。因此，

第一章　總論

中級會計電算化實務在進行確認、計量和報告時，必須遵循會計實務處理的具體規範要求。

● 第二節　中級會計電算化實務的內容及目標

一、中級會計電算化實務的內容

中級會計電算化實務是搭建財務系統與其他業務系統集成的通道，為財務系統與採購、庫存、銷售以及應收應付款管理系統等的集成使用設置會計業務處理平臺，實現業務與財務信息的傳遞及相應憑證的自制過程。因此，中級會計電算化實務的主要內容是參數的設置、基礎數據的處理、企業日常業務的處理、期末業務的處理，以及如何編製會計報表。其中，參數的設置和基礎數據的處理是為了保證財務與業務系統能夠實現有效的集成，實現信息有效的傳遞。

（一）轉通用財務軟件為專用財務軟件

通用財務軟件是指不含或含有較少的會計核算規則與管理方法的財務軟件。其特點是：①通用性強；②成本相對較低；③維護量小且維護有保障；④軟件開發水平較高；⑤開發者決定系統的擴充與修改；⑥專業性差。它實質上是一個工具，由企業自行輸入會計核算規則，使財務軟件突破了空間和時間上的局限，具有真正的通用性。

專用財務軟件一般是指由使用單位根據自身會計核算與管理的需要自行開發或委託其他單位開發，專供本單位使用的會計核算軟件。其特點是把使用單位的會計核算規則，如會計科目、報表格式、工資核算項目、固定資產核算項目等編入會計軟件。專用財務軟件非常適合本單位的會計核算，使用起來簡便易行，但費用高、后期維護沒有保障。

因此，現在大部分企業都是購買通用財務軟件，通過參數設置將其轉為適合本企業的專用財務軟件。

（二）搭建業務系統與財務系統的數據通道

在財務業務一體化模式下，需要通過財務業務系統基礎檔案和基礎數據的設置，以及業務系統的參數設置來搭建業務系統與財務系統的數據通道。

在薪資管理系統中，通過引入部門檔案和人員檔案，設置薪資費用的分配方案來建立薪資系統與財務系統的數據通道。在固定資產系統中，通過初始化設置，指定折舊方法，以及與財務系統接口的固定資產科目和折舊科目，設置折舊分配方案，來建立財務系統的數據通道。在應收應付系統中，通過設置應收應付受控科目等來搭建財務系統的數據通道。在供應鏈系統中，通過設置各模塊的參數，以及存貨出入庫科目等來搭建財務系統的數據通道。

(三) 日常業務處理

中級會計電算化實務主要核算企業的貨幣資金、應收應付款、投資、存貨、固定資產、無形資產、非貨幣性資產交換、長短期借款、應付職工薪酬、所有者權益、收入費用和利潤以及編製財務報告。

存貨核算是指通過供應鏈管理系統向財務系統傳遞數據從而進行的財務核算。因此，日常的存貨核算是在採購、銷售、庫存管理和存貨核算系統中處理相關業務，由存貨的業務處理帶動存貨的財務處理，在系統總帳中只需對由供應鏈傳入的存貨記帳憑證進行審核記帳。

應收款核算是指在應收款管理系統中對銷售系統傳入的銷售發票進行審核，以及其他應收單據的錄入和審核。應付款核算是指在應付款管理系統中對採購系統傳入的採購發票進行審核，以及其他應付單據的錄入和審核。在總帳系統中，對由應收應付款系統傳入的記帳憑證進行審核和記帳。

固定資產核算是指在固定資產系統中，對固定資產進行增減變化的處理和計提折舊，在總帳系統中對由固定資產系統傳入的記帳憑證進行審核和記帳。

職工薪酬是指在薪資管理系統中進行歸集和分配，並向財務系統傳遞職工工資、福利費等信息，用於工資財務核算。在薪資管理系統中進行職工薪酬信息變化和薪資分攤的處理，在總帳系統中對由薪資管理系統傳入的應付職工薪酬記帳憑證進行審核和記帳。

其他日常經濟業務直接在總帳系統中填製記帳憑證，並對其進行審核和記帳。

(四) 期末轉帳處理

通過日常記錄反應在分類帳戶中的一些交易與事項，有時會影響到跨越幾個會計期間的經營績效。而企業會計確認基礎是權責發生制，它是以權利和責任的發生來決定收入和費用的歸屬期，為能將報告期內已賺取的全部收入與同期有關的全部費用進行配比，這就需要每個會計期末，對本期具有權利收取，但實際並未收到的收入，以及本期具有責任承擔，並未實際支付的費用，進行相關帳項調整處理，即期末轉帳業務處理。

期末轉帳業務的處理，如借款利息的提取、費用的攤銷與預提、製造費用的分攤、銷售成本結轉、匯兌損益和期間損益的結轉等。這些期末轉帳業務通過設置帳務公式提取各分類帳相應的數據，並自動生成轉帳憑證。

(五) 編製財務報告

財務報告是指以財務報表或其他財務報告的形式匯總確認企業的財務狀況、經營業績和現金流量信息的過程。在電算化信息系統中，主要是通過編製財務報表取數公式來匯總各分類帳的信息，從而向會計信息使用者提供財務會計信息。

二、中級會計電算化實務的目標

中級會計電算化實務的目標是通過搭建業務系統與財務系統數據通道，使企業

第一章　總論

業務財務一體化，從而實現從源頭開始對財務進行管控。財務管控的前置扭轉了過去財務管控方面的被動局面，規範了財務控制流程，提升了企業風險防控能力。

在財務業務的一體化體系中，實現業務和財務子系統的高效結合，能大大提升企業業務財務處理的效率。在處理的整個環節中，建立統一的數據系統，能夠對相關業務的資料進行有效共享和傳輸，達到高度集約化的處理效果。企業財務業務的一體化體系內部相關數據實現高度集中，其相關業務的流程相對集成，對過程中涉及的各項冗餘性活動進行消除，促使企業財務的處理流程達到最優化，在財務處理過程中減少人為干預和人為誤差，更好地保障財務數據的真實性。

● 第三節　中級會計電算化實務處理系統

企業通過財務系統收集、存儲、加工和傳輸會計信息，提供企業管理者和決策者對企業經濟活動的全面控制所需要的信息資料，並將財務系統的處理結果以報表形式提供給企業利益攸關者。中級會計電算化實務是在企業財務業務一體化模式下，以規範業務為先導，以業務的發生推動財務的處理，從而讓財務系統能全面、詳細地反應企業各個業務環節的財務信息，為企業的精確管理提供基礎。因此，中級會計電算化實務的處理系統包括：總帳、應收款管理、應付款管理、薪資管理、固定資產管理、採購管理、銷售管理、庫存管理與存貨核算系統。

一、總帳系統

總帳系統主要進行憑證處理、各種分類帳簿管理、單位和個人往來帳管理、部門帳管理、項目核算帳和出納管理等。總帳系統主要實現以下功能：

（1）根據需要增加、刪除或修改會計科目或選用行業標準科目。

（2）通過嚴密的製單控制保證填製憑證的正確性。提供資金赤字控制、支票控制、預算控制、外幣折算誤差控制以及查看科目最新餘額等功能，加強對發生業務的及時管理和控制。製單赤字控制可控制出納科目、個人往來科目、客戶往來科目、供應商往來科目等。

（3）為出納人員提供一個集成辦公環境，加強對現金及銀行存款的管理。提供支票登記簿功能，用來登記支票的領用情況；完成銀行日記帳、現金日記帳，隨時編製出最新資金日報表、餘額調節表以及進行銀行對帳。

（4）自動完成月末分攤、計提、對應轉帳、銷售成本、匯兌損益、期間損益結轉等業務。

（5）進行試算平衡、對帳、結帳、生成月末工作報告。

二、採購管理系統

採購管理系統主要對採購業務進行處理，包括請購、訂貨、到貨、入庫、開票、採購結算等業務；將採購發票傳遞到應付款系統進行應付款管理和帳務處理，將採購成本傳遞到存貨核算系統進行存貨成本核算處理。

三、銷售管理系統

銷售管理系統主要對普通銷售、委託代銷、分期收款、直運、零售、銷售調撥等多種類型的銷售業務進行處理，包括報價、訂貨、發貨、開票、現結業務，以及代墊費用、銷售支出的業務處理；將銷售發票傳遞到應收款系統進行應收款管理和帳務處理，將銷售數量傳遞到存貨核算系統進行銷售成本結轉處理。

四、庫存管理系統

庫存管理系統主要對採購入庫、銷售出庫、產成品入庫、材料出庫、其他出入庫、盤點管理等業務進行處理，並對存貨進行貨位管理、批次管理、保質期管理、出庫跟蹤入庫管理、可用量管理，將出入庫數量傳遞到存貨核算系統進行存貨出入庫成本核算。

五、存貨核算系統

存貨核算系統依據採購系統傳入的採購成本、銷售系統傳入的銷售數量，以及庫存管理系統傳入的出入庫數量，按照存貨計價方式核算其存貨的成本；對相關單據進行記帳，即登記存貨統計臺帳；對存貨出入庫業務生成記帳憑證傳遞到總帳系統。

六、應收款管理系統

應收款管理系統主要通過銷售發票、其他應收單、收款單等單據的錄入、審核與自動生成憑證，向總帳系統傳遞應收款帳務處理數據，對企業的往來帳款進行綜合管理，及時、準確地提供客戶的往來帳款餘額資料，提供各種分析報表，如帳齡分析表等；通過應收款管理企業能合理地進行資金的調配，提高資金的利用效率。

七、應付款管理系統

應付款管理系統主要通過採購發票、其他應付單、付款單等單據的錄入、審核與自動生成憑證，向總帳系統傳遞應付款帳務處理數據，對企業的往來帳款進行綜合管理，及時、準確地提供供應商的往來帳款餘額資料和各種分析報表，進行合理

第一章　總論

的資金調配，提高資金的利用效率。

八、薪資管理系統

薪資管理系統主要進行工資核算、工資發放、工資費用分攤、工資統計分析和個人所得稅核算等，月末自動完成工資分攤、計提、轉帳業務，並將生成的會計憑證傳遞到總帳系統。

九、固定資產管理系統

固定資產管理系統主要對廠房、機器設備等固定資產進行核算與管理、計提折舊等；同時為總帳系統提供固定資產增減會計業務處理的憑證、計提折舊的會計憑證。

十、各系統的數據傳遞關係

總帳系統接收來自應收應付系統、固定資產系統、薪資管理系統、供應鏈系統等子系統的數據，同時為 UFO 報表系統、財務分析系統等子系統提供數據來源，生成財務報表及其他財務分析表。它們之間的關係如圖 1-1 所示。

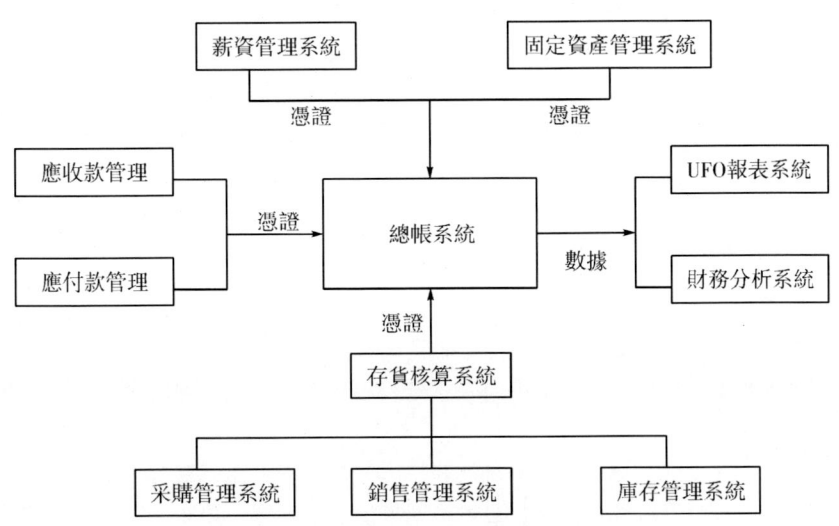

圖 1-1　財務系統與業務系統的數據傳遞關係

第四節　會計電算化帳務處理程序

一、傳統會計的帳務處理程序

傳統會計的帳務處理程序是指在會計循環中，會計主體採用的會計憑證、會計帳簿、會計報表的種類和格式與記帳程序有機結合的方法與步驟。由於帳簿種類、記帳程序和記帳方法不同，傳統會計的帳務處理程序分為記帳憑證核算組織程序、科目匯總表核算組織程序、匯總記帳憑證核算組織程序和日記總帳核算組織程序。

（1）記帳憑證核算組織程序是指會計主體發生的每項經濟業務，根據原始憑證或原始憑證匯總表編製記帳憑證，再直接根據記帳憑證逐筆登記總分類帳，並定期編製會計報表的一種會計核算程序。它的特點是直接根據每一張記帳憑證逐筆登記總分類帳，是一種最基本的核算組織程序，其他核算組織程序都是在此基礎上發展演變而成的。

（2）科目匯總表核算組織程序是指根據原始憑證或原始憑證匯總表填製記帳憑證，然后再根據記帳憑證定期（或月末一次）匯總編製科目匯總表，最后根據科目匯總表登記總帳，並定期編製會計報表的會計核算組織程序。

（3）匯總記帳憑證核算組織程序是指定期把收款憑證、付款憑證和轉帳憑證，按照帳戶的對應關係進行匯總，分別編製成匯總收款憑證、匯總付款憑證和匯總轉帳憑證，然后根據各種匯總記帳憑證登記總分類帳的一種核算形式。

（4）日記總帳核算組織程序是指設置日記總帳，根據經濟業務發生以后所填製的各種記帳憑證直接逐筆登記日記總帳，並定期編製會計報表的帳務處理程序。

二、會計電算化帳務處理程序

隨著社會的發展，企業管理從原來的縱向一體化轉為橫向一體化，企業逐漸開始進行流程重組。會計業務流程重組是企業流程重組的重要組成部分，在會計業務重組中需要以財務業務一體化為導向，充分利用信息技術處理會計業務，即實施會計電算化。

會計電算化改變了原來的記帳規則和組織結構。由於記錄載體的改變，原來訂本式的帳簿現在變為計算機登帳，記帳中如果出現了錯誤，原來的改正方法也不再適用。原來是以事物特徵來劃分組織結構和崗位分工的，現在則是通過判斷數據處理的形態來劃分，改變了原來的人員組成和記帳程序。

企業財務業務一體化發展是社會發展變化的重要體現，會計規則的重心發生變化，體現會計管理的實際職能。由於信息技術和經濟的發展，會計信息處理系統隨之進行改進，對信息的統籌程度越來越高，並不斷簡化會計人員的工作內容，提高會計人員的工作效率。因此，企業會計業務流程的重新組合是適應社會經濟發展和

第一章　總論

企業運轉的需要。因此，會計電算化帳務處理程序如下：

　　第一步，依據ERP業務系統相關信息，或ERP系統外能證明企業經濟業務發生的原始憑證，按照企業財務會計準則或會計制度確認和計量財務信息，完成記帳憑證的填製和審核。

　　第二步，根據審核無誤的記帳憑證，指令計算機自動登記各種明細分類帳、總分類帳和日記帳，自動匯總科目匯總表和匯總記帳憑證。

　　第三步，根據總帳和明細帳的資料編製會計報表。

　　在非財務業務一體化的財務業務流程中，會計進行業務處理是根據會計規則加工並將會計數據存儲到數據庫。財務業務一體化主要實現了業務流程和財務流程的結合。在出現業務活動的情況下，存在大量的業務事件數據，這些數據將會被即時採集，並存儲到業務數據庫中。信息系統會最大限度存儲與業務相關的各類信息，在信息使用者發出請求後，依照相關的規則處理數據，並按要求發送信息給使用者。

● 第五節　會計電算化信息系統內部控制

一、加強會計電算化信息系統內部控制的必要性

　　計算機在會計領域的廣泛應用不僅改變了傳統會計核算手段，使數據處理更快更準確，而且節約了人力、物力，提高了會計工作效率。但會計電算化信息系統同時也改變了會計核算程序、數據存取方式和存儲介質，改變了某些與審計線索有關的關鍵因素，對企業管理提出了更高的要求。為了保證會計信息的真實、正確、完整與及時，保證會計處理程序與方法符合國家會計制度的有關規定，保護企業單位財產的完整性，企業必須建立健全會計電算化信息系統內部控制制度。

　　（一）操作和存儲形式的變化加大了會計信息系統的風險

　　在手工會計信息系統中，會計人員之間很自然地形成一種相互制約、相互監督的關係；將會計核算信息記錄在紙上，直觀性較強，不同的筆跡也可以作為控制的手段；記錄在憑證、帳簿、報表等紙介質上的會計記錄其鉤稽關係較為明確；而在電算化信息系統中，易於辨認的審計線索，如筆跡、印章等已無處可尋；會計信息被存儲在磁盤、軟盤等磁介質上，容易被改動且不易被發覺；磁介質易損壞，會計信息存在丟失或毀壞的危險。

　　（二）內部稽核作用被削弱

　　在手工會計信息系統中，每筆業務操作都必須嚴格遵循監督制約機制，如業務經辦與授權批准控制、收付款項與會計記錄分離控制等，形成嚴格的內部牽制制度。實行會計電算化後，許多業務處理程序由計算機完成，一些內部牽制措施無法執行，導致內部控制效率降低，內部稽核的作用被削弱。

中級會計電算化實務

（三）會計工作質量依賴於計算機系統的可靠性和會計人員的操作水平

在手工會計信息系統下，會計工作質量取決於會計人員的專業水平和職業道德水平。傳統會計信息系統建立在大量實踐的基礎上，累積了豐富的實踐經驗，並形成了一整套完整的管理制度。在會計電算化信息系統下，操作環境的改變使傳統內部控制方法難以發揮作用，會計工作質量與計算機系統的可靠性和會計人員的操作水平關係密切。一旦系統由於自身或操作員的失誤而崩潰，就可能使會計工作陷入癱瘓。

二、會計電算化信息系統的一般控制

一般控制又稱普通控制，包括組織控制、授權控制、職責分工控制、業務處理程序控制、安全保密控制等。

（一）組織控制

組織控制即在會計電算化信息系統中，通過劃分不同的職能部門實施內部控制。如：將財務部門按照職能分為系統開發部門和系統應用部門。

（二）授權控制

授權控制即通過限制會計電算化信息系統有關人員業務處理的權限，實施內部控制，以保證系統內不相容職責相互分離，保證會計信息處理部門與其他部門的相互獨立，有效地減少發生錯誤和舞弊的可能性。如：系統開發部門承擔系統軟件的開發和日常維護工作，不能運用軟件進行日常業務操作；系統應用部門只能應用系統軟件進行日常業務處理，不能對系統軟件進行增、刪、修改。

（三）職責分工控制

職責分工控制即建立崗位責任制，明確各工作崗位的職責範圍，切實做到事事有人管、人人有專責、辦事有要求、工作有檢查。應明確規定不相容職務相分離，如系統管理、填製憑證、審核憑證、出納、會計檔案保管等職務不相容，必須明確分工、責任到人、不得兼任。

（四）業務處理程序控制

業務處理程序控制即通過明確有關業務處理標準化程序及相關制度，實施內部控制。如：規定錄入憑證必須有合法、合理、真實、有效的原始憑證，而且要手續齊全；記帳憑證必須經審核后才能登帳；錄入人員不能反審核或反過帳。

（五）安全保密控制

安全保密控制即通過嚴格執行會計軟件與數據的維護、保管、使用規程和制度，達到內部控制目的。會計電算化信息系統中內部控制既要防止操作失誤造成的數據破壞，也要防止有意的人為數據破壞。為保證會計軟件與數據文件不丟失、不損毀、不洩露、不被非法侵入，可採取設置口令、密碼、保存操作日誌、對數據文件定時備份並加密等手段。同時，還要防止病毒對會計軟件的破壞。

三、會計電算化信息系統的運行控制

運行控制又稱應用控制,包括輸入控制、處理控制和輸出控制等。運行控制是為了使會計電算化信息系統能適應電算化環境下會計處理的特殊要求而建立的各種能防止、檢測及更正錯誤和處置舞弊行為的控制制度與措施,是為保證會計系統運行安全、可靠的內部控制制度和措施,其目的是確保會計數據的安全、完整和有效。

（一）輸入控制

輸入控制的主要目的是保證輸入數據的合法性、完整性和準確性。輸入控制的方法有：①授權審批控制。為保證作為輸入依據的原始憑證的真實性、完整性,在輸入計算機前必須經過適當的授權和審批。②人員控制。應配備專人負責數據錄入工作,同時採用口令加以控制,並對每個會計軟件用戶建立詳細的上機日誌。③數據有效性檢驗。它包括：建立科目名稱與代碼對照文件,以防止會計科目輸錯；在系統軟件中設置科目代碼自動檢驗功能,以保證會計科目代碼輸入的正確性；設置對應關係參照文件,用來判斷對應帳戶是否發生錯誤；試算平衡控制,對每筆分錄進行借貸平衡校驗,防止金額輸入錯誤。

（二）處理控制

處理控制的主要目的是保證數據計算的準確性和數據傳遞的合法性、完整性、一致性。處理控制主要針對業務處理程序、處理方法進行控制,如業務處理流程控制、數據修改控制、數據有效性檢驗和程序化處理檢驗。①業務處理流程控制。會計業務處理具有一定的時序性,如憑證在審核之前不能做登帳處理,記帳后才可以出報表等。通過對業務處理流程的控制,保證業務處理的正確性。②數據修改控制。通過對數據修改過程的控制,防止業務處理的隨意性,降低舞弊發生的可能性。如對於尚未審核的記帳憑證,允許任意修改；但對已經審核的記帳憑證,則不允許在原記帳憑證上直接修改,以體現「有痕跡修改」的原則。對已結帳的憑證與帳簿,系統不提供更改功能；而且,記帳憑證錄入人員不能被授予反覆核、反過帳、反結帳等權限。

（三）輸出控制

輸出控制的主要目的是保證輸出數據的準確性、輸出內容的及時性和適用性。常用的輸出控制方法有：檢查輸出數據是否準確、合法、完整；輸出是否及時,能否及時反應最新的會計信息；輸出格式是否滿足實際工作的需要；數據的表示方式等是否符合工作人員的習慣；只有具有相應權限,才能執行輸出操作,並對輸出操作進行登記,按會計檔案要求保管。通過這些輸出控制方法,限制會計信息輸出,保證會計信息的安全。同時,要嚴格按照財政部有關規定的要求,由專人負責會計檔案管理；做好防磁、防火、防潮、防塵與防毒工作,重要會計檔案應雙備份,並存放在兩個不同的地點；如果採用磁性介質保存會計檔案,要定期進行檢查、定期複製,以防止由於磁性介質損壞導致會計檔案丟失。

第二章 財務初始處理

● 第一節 系統管理

　　用友 ERP-U8 是由多個子系統組成，各個子系統之間相互聯繫，數據共享，完整實現財務、業務一體化的管理。為了實現一體化的管理模式，要求各個子系統具備公用的基礎信息，擁有相同的帳套和年度帳，操作員和操作權限集中管理並且進行角色的集中權限管理，業務數據共用一個數據庫。因此，需要一個平臺來進行集中管理，系統管理模塊的功能就是提供這樣一個操作平臺。其優點是：對於企業的信息化管理人員可以進行方便的管理、及時的監控，隨時可以掌握企業的信息系統狀態。系統管理的使用者為企業的信息管理人員，包括系統管理員（admin）、安全管理員（sadmin）、管理員用戶和帳套主管。

　　系統管理模塊主要能夠實現如下功能：

　　●對帳套的統一管理，包括建立、修改、引入和輸出（恢復備份和備份）。

　　●對操作員及其功能權限實行統一管理，設立統一的安全機制，包括用戶、角色和權限設置。

　　●允許設置自動備份計劃，系統根據這些設置定期進行自動備份處理，實現帳套的自動備份。

　　●對帳套庫的管理，包括建立、引入、輸出、備份帳套庫，重新初始化，清空帳套庫數據。

　　●對系統任務的管理，包括查看當前運行任務、清除指定任務、清退站點等。

第二章　財務初始處理

一、系統註冊

在用友 ERP－U8 V10.1 系統中，與系統管理員（admin）、安全管理員（sadmin）、管理員用戶和帳套主管看到的登錄界面是有差異的，系統管理員、安全管理員登錄界面包括服務器、操作員、密碼、語言區域，而管理員用戶、帳套主管則包括服務器、操作員、密碼、帳套、操作日期、語言區域。

系統管理員（admin）、安全管理員（sadmin）、管理員用戶和帳套主管可操作的權限明細見表2-1。

表2-1　　　　　　　　各類管理員和帳套主管的權限明細表

主要功能	詳細功能1	詳細功能2	系統管理員（admin）	安全管理員（sadmin）	管理員用戶	帳套主管
帳套操作	帳套建立	建立新帳套	Y	N	N	N
		建立帳套庫	N	N	N	Y
	帳套修改		N	N	N	Y
	數據刪除	帳套數據刪除	Y	N	N	N
		帳套庫數據刪除	N	N	N	Y
	帳套備份	帳套數據輸出	Y	N	N	N
		帳套庫數據輸出	N	N	N	Y
	設置備份計劃	設置帳套數據備份計劃	Y	N	N	N
		設置帳套庫數據備份計劃	Y	N	Y	Y
		設置帳套庫增量備份計劃	Y	N	N	Y
	帳套數據引入	帳套數據引入	Y	N	N	N
		帳套庫數據引入	N	N	N	Y
	升級SQL Server數據		Y	N	Y	Y
	語言擴展		N	N	N	Y
	清空帳套庫數據		N	N	N	Y
	帳套庫初始化		N	N	N	Y

13

表2-1(續)

主要功能	詳細功能1	詳細功能2	系統管理員（admin）	安全管理員（sadmin）	管理員用戶	帳套主管
操作員、權限	角色	角色操作	Y	N	Y	N
	用戶	用戶操作	Y	N	Y	N
	權限	設置普通用戶、角色權限	Y	N	Y	Y
		設置管理員用戶權限	Y	N	N	N
其他操作	安全策略		N	Y	N	N
	數據清除及還原	日誌數據清除及還原	N	Y	N	N
		工作流數清除及還原	Y	N	N	N
	清除異常任務		Y	N	N	N
	清除所有任務		Y	N	N	N
	清除選定任務		Y	N	N	N
	清退站點		Y	N	N	N
	清除單據鎖定		Y	N	N	N
	上機日誌		Y	Y	Y	N
	視圖	刷新	Y	Y	Y	Y

註：Y表示具有權限，N表示不具有權限；

管理員用戶可操作的功能，以其實際擁有的權限為準，本表中以最大權限為例。

用戶運行用友U8管理軟件系統管理模塊，登錄註冊的主要操作步驟如下：

（1）啓動系統管理：執行「開始→程序→用友U8V10.1→系統服務→系統管理」命令，啓動系統管理，見圖2-1。

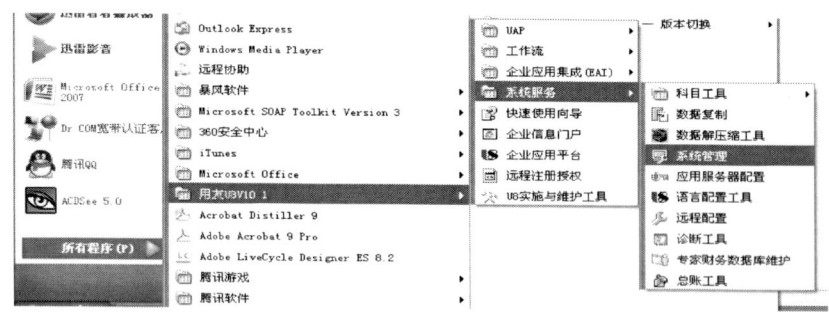

圖2-1　啓動系統管理

（2）執行「系統→註冊」命令，打開登錄系統管理對話框，見圖2-2。

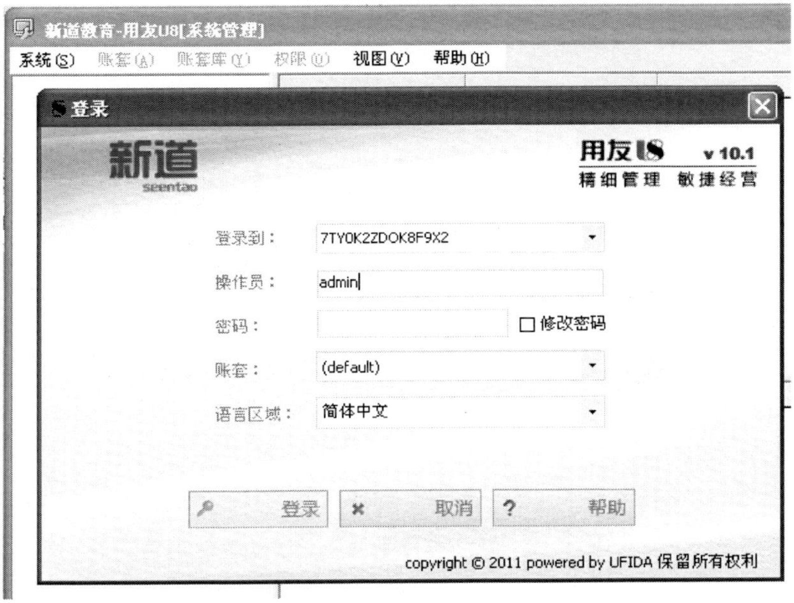

第二章　財務初始處理

圖 2-2　用友 U8 登錄界面

　　選擇登錄到的服務器：在客戶端登錄，則選擇服務端的服務器名稱（標示）；在服務端或單機用戶則選擇本地服務器名稱（標示）。

　　輸入操作員名稱和密碼，如要修改密碼，則單擊「改密碼」選擇鈕。

　　第一次登錄運行系統，操作員選擇系統管理員（admin），密碼為空，選擇系統默認帳套（default），單擊「登錄」按鈕可登錄系統管理。

二、建立帳套

在使用系統之前，首先要新建本單位的帳套。

【實務案例】

（一）實務案例概況

1. 企業基本情況

企業名稱：堯順電子股份有限公司（簡稱：堯順公司）（位於××市東區機場路68號）。企業類型：工業企業。法定代表人：林堯。聯繫電話和傳真均為：0812-3339898。納稅人識別號：08120989868。

2. 企業採用的會計政策和核算方法

（1）企業記帳本位幣為人民幣。

（2）原材料核算採用實際成本法核算。

（3）固定資產折舊方法採用平均年限法（一），按月計提折舊。

（4）增值稅稅率為17%，企業所得稅稅率為25%（企業所得稅實行查帳計徵，

15

按季預繳、年終匯算清繳）；所有涉及的採購及銷售業務均為無稅單價。

（5）月末計算並結轉相關稅費，損益結轉採用帳結法。

（二）企業基礎信息

帳套信息：

帳套號：989。帳套名稱：堯順電子股份有限公司。啟用日期：2016年1月1日。

基礎信息：客戶、供應商不分類，存貨分類，有外幣核算。

編碼方案：科目編碼：42222；部門：22；收發類別：121；其他採用系統默認。

數據精度：採用系統默認。

系統啟用：

啟用總帳、應收款、應付款、固定資產、銷售、採購、庫存、存貨、薪資管理。

啟用日期統一為：2016年1月1日。

【操作步驟】

第一步，以系統管理員admin身分註冊登錄後，執行「帳套→建立」命令，進入「創建帳套」對話框，選擇「新建空白帳套」選項，單擊「下一步」按鈕。

第二步，輸入帳套信息：用於記錄新建帳套的基本信息，見圖2-3。輸入完成後，點擊「下一步」按鈕。

圖2-3　帳套信息輸入界面

界面中的各欄目說明如下：

●已存帳套：系統將現有的帳套以下拉框的形式在此欄目中表示出來，只能查看，而不能輸入或修改。其作用是在建立新帳套時可以明晰已經存在的帳套，避免在新建帳套時重複建立。

●帳套號：用來輸入新建帳套的編號，必須輸入，可輸入3個字符（只能是001~999之間的數字，而且不能是已存帳套中的帳套號）。

第二章　財務初始處理

●帳套名稱：用來輸入新建帳套的名稱，作用是標示新帳套的信息，必須輸入。

●帳套語言：用來選擇帳套數據支持的語種，也可以在以後通過語言擴展對所選語種進行擴充。

●帳套路徑：用來輸入新建帳套所要被保存的路徑，必須輸入，可以參照輸入，但不能是網路路徑中的磁盤。

●啟用會計期：用來輸入新建帳套將被啟用的時間，具體到「月」，必須輸入。

●會計期間設置：因為企業的實際核算期間可能和正常的自然日期不一致，所以系統提供此功能進行設置。在輸入「啟用會計期」后，用鼠標點擊「會計期間設置」按鈕，彈出會計期間設置界面。系統根據前面「啟用會計期」的設置，自動將啟用月份以前的日期標示為不可修改的部分；而將啟用月份以後的日期（僅限於各月的截止日期，至於各月的初始日期則隨上月截止日期的變動而變動）標示為可以修改的部分。可以任意設置。

例如，本企業由於需要，每月25日結帳，那麼可以在「會計日曆-建帳」界面雙擊可修改日期部分（白色部分），在顯示的會計日曆上輸入每月結帳日期，下月的開始日期為上月截止日期+1（26日），年末12月份以12月31日為截止日期。設置完成后，企業每月25日為結帳日，25日以後的業務記入下個月。每月的結帳日期可以不同，但其開始日期為上一個截止日期的下一天。輸入完成后，點擊「下一步」按鈕，進行第二步設置；點擊「取消」按鈕，取消此次建帳操作。

●是否集團帳套：勾選表示要建立集團帳套，可以啟用集團財務等集團性質的子產品。

●建立專家財務評估數據庫並命名。

第三步，輸入單位信息：用於記錄本單位的基本信息，單位名稱為必須輸入項，見圖2-4。輸入完成后，點擊「下一步」按鈕。

第四步，核算類型設置：用於記錄本單位的基本核算信息，見圖2-5。輸入完成后，點擊「下一步」按鈕。

界面的各欄目說明如下：

●本幣代碼：用來輸入新建帳套所用的本位幣的代碼，系統默認的是「人民幣」的代碼RMB。

●本幣名稱：用來輸入新建帳套所用的本位幣的名稱。系統默認的是「人民幣」，此項為必有項。

●帳套主管：用來確認新建帳套的帳套主管，只能從下拉框中選擇輸入。對於帳套主管的設置和定義請參考操作員和劃分權限。

●企業類型：必須從下拉框中選擇輸入與自己企業類型相同或最相近的類型。

●行業性質：必須從下拉框中選擇輸入本單位所處的行業性質。選擇適用於企業的行業性質。這為下一步「是否按行業預置科目」確定科目範圍，並且系統會根據企業所選行業（工業和商業）預制一些行業的特定方法和報表。

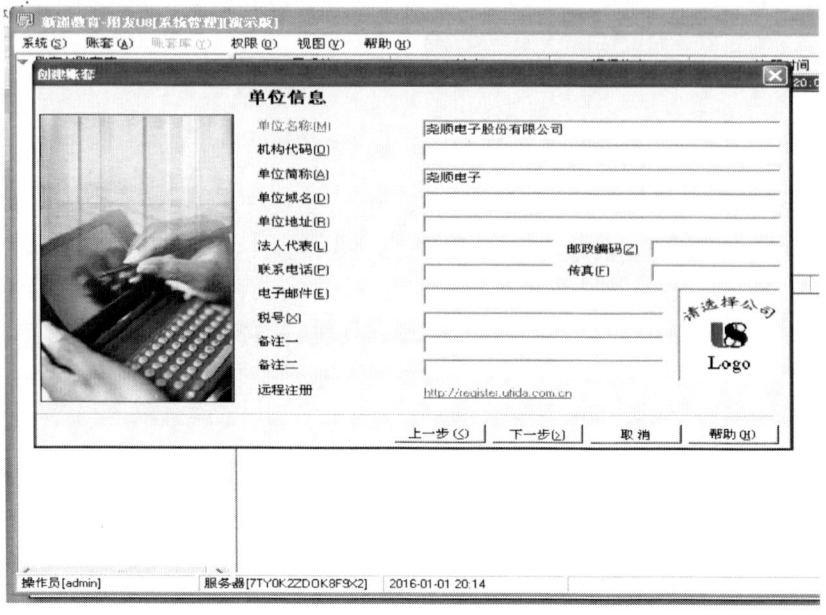

圖 2-4　單位信息輸入界面

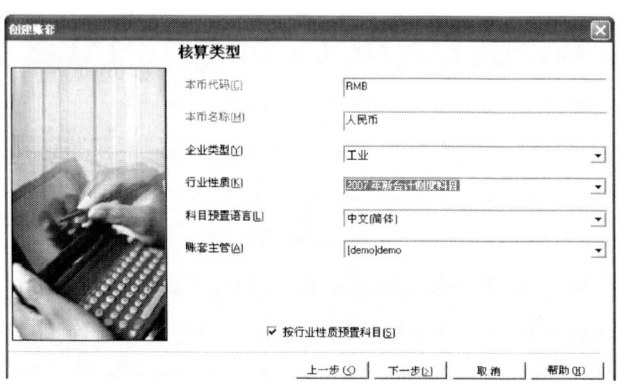

圖 2-5　核算類型設置界面

● 是否按行業預置科目：如果希望採用系統預置所屬行業的標準一級科目，則在該選項前打鈎，那麼進入系統後，會計科目已經由系統自動設置；如果不在該選項前打鈎，則由用戶自己逐一設置會計科目。輸入完成後，點擊「下一步」按鈕，進行基礎信息設置。

第五步，基礎信息設置。

界面的各欄目說明如下：

● 存貨是否分類：如果單位的存貨較多，且類別繁多，可以在存貨是否分類選項前打鈎，表明要對存貨進行分類管理；如果單位的存貨較少且類別單一，也可以

第二章 財務初始處理

選擇不進行存貨分類。注意，如果選擇了存貨要分類，那麼在進行基礎信息設置時，必須先設置存貨分類，然后才能設置存貨檔案。

● 客戶是否分類：如果單位的客戶較多，且希望進行分類管理，可以在客戶是否分類選項前打鉤，表明要對客戶進行分類管理；如果單位的客戶較少，也可以選擇不進行客戶分類。注意，如果選擇了客戶要分類，那麼在進行基礎信息設置時，必須先設置客戶分類，然后才能設置客戶檔案。

● 供應商是否分類：如果單位的供應商較多，且希望進行分類管理，可以在供應商是否分類選項前打鉤，表明要對供應商進行分類管理；如果單位的供應商較少，也可以選擇不進行供應商分類。注意，如果選擇了供應商要分類，那麼在進行基礎信息設置時，必須先設置供應商分類，然后才能設置供應商檔案。

● 是否有外幣核算：如果單位有外幣業務，如用外幣進行交易業務或用外幣發放工資等，可以在此選項前打鉤。

輸入完成后，點擊「完成」按鈕，系統提示「可以創建帳套了麼」，點擊「是」完成上述信息設置，進行下面設置；點擊「否」返回確認步驟界面。點擊「上一步」按鈕，返回第三步設置；點擊「取消」按鈕，取消此次建帳操作。

第六步，建帳完成后，可以繼續進行相關設置，也可以以后從企業應用平臺中進行設置。

繼續操作：系統進入「分類碼設置」，然后進入「數據精度」定義。完成后系統提示「×××帳套建立成功」，可以現在進行系統啟用設置，或以后從「企業應用平臺-基礎設置-基本信息」進入進行系統啟用設置，或修改已設置的信息。

三、操作員及權限設置

（一）角色

角色是指在企業管理中擁有某一類職能的組織，這個角色組織可以是實際的部門，可以是由擁有同一類職能的人構成的虛擬組織。例如，實際工作中最常見的會計和出納兩個角色（他們可以是一個部門的人員，也可以不是一個部門但工作職能是一樣的角色統稱）。在設置角色后，可以定義角色的權限，如果其用戶歸屬此角色，其具有該角色相應的權限。此功能的好處是方便控制操作員的權限，可以依據職能統一進行權限的劃分。本功能可以進行帳套中角色的增加、刪除、修改等維護工作。堯順電子股份有限公司的主要角色為系統默認角色。

（二）用戶（操作員）

本功能主要完成本帳套用戶的增加、刪除、修改等維護工作。設置用戶后系統對於登錄操作，要進行相關的合法性檢查。其作用類似於 Windows 的用戶帳號，只有設置了具體的用戶之后，才能進行相關的操作。

【實務案例】

堯順電子股份有限公司的會計電算化系統操作人員及權限見表 2-2。

表 2-2　　　　　　　　　　　操作員及權限一覽表

操作員編號	操作員姓名	系統權限
201	張紅	帳套主管
202	劉勇	總帳
203	王曉	出納
204	董小輝	應收款管理、應付款管理、薪資管理、固定資產管理
205	吳紅梅	採購管理、銷售管理、庫存管理、存貨管理

【操作步驟】

第一步，在「系統管理」主界面，選擇【權限】菜單中的【用戶】，點擊進入用戶管理功能界面。

第二步，在用戶管理界面，點擊「增加」按鈕，顯示「增加用戶」界面。此時錄入編號、姓名、用戶類型、認證方式、口令、所屬部門、E-mail、手機號、默認語言等內容，並在所屬角色中選中歸屬的內容。然后點擊「增加」按鈕，保存新增用戶信息。

修改：選中要修改的用戶信息，點擊「修改」按鈕，可進入修改狀態，但已啟用用戶只能修改口令、所屬部門、E-mail、手機號和所屬角色的信息。此時系統會在「姓名」後出現「註銷當前用戶」的按鈕，如果需要暫時停止使用該用戶，則點擊此按鈕。此按鈕會變為「啟用當前用戶」，可以點擊繼續啟用該用戶。

刪除：選中要刪除的用戶，點擊「刪除」按鈕，可刪除該用戶。但已啟用的用戶不能刪除。

對於「刷新」功能的應用，是在增加了用戶之後，在用戶列表中看不到該用戶。此時點擊「刷新」，可以進行頁面的更新。

點擊「退出」按鈕，退出當前的功能應用。

(三) 劃分權限

隨著經濟的發展，用戶對管理要求不斷變化、提高，越來越多的信息都表明權限管理必須向更深的方向發展。用友 ERP-U8 提供集中權限管理，除了提供用戶對各模塊操作的權限之外，還相應地提供了金額的權限管理和對於數據的字段級和記錄級的控制，不同的組合方式將為企業的控制提供有效的方法。用友 ERP-U8 可以實現三個層次的權限管理。

功能級權限管理：該權限將提供劃分更為細緻的功能級權限管理功能，包括各功能模塊相關業務的查看和分配權限。

數據級權限管理：該權限可以通過兩個方面進行權限控制。一是字段級的權限控制，二是記錄級的權限控制。

金額級權限管理：該權限主要用於完善內部金額控制，實現對具體金額數量劃

第二章 財務初始處理

分級別。對不同崗位和職位的操作員進行金額級別控制，限制他們製單時可以使用金額的數量，不涉及內部系統控制的不在管理範圍內。

功能權限的分配在系統管理中的權限分配設置，數據權限和金額權限在「企業應用平臺」→「系統服務」→「權限」中進行分配。對於數據級權限和金額級的設置，必須是在系統管理的功能權限分配之后才能進行。

【操作步驟】

以系統管理員身分註冊登錄，然後在「權限」菜單下的「權限」中進行功能權限分配。

首先選定套帳「［989］堯順電子股份有限公司」，然後從操作員列表中選擇操作員，點擊「修改」按鈕后，設置用戶或者角色的權限。系統提供 52 個子系統的功能權限的分配，此時可以點擊☒展開各個子系統的詳細功能，在☐內點擊鼠標使其狀態成為☑后，系統將權限分配給當前的用戶。此時如果選中根目錄的上一級則系統的相應下級全部為選中狀態。見圖 2-6。

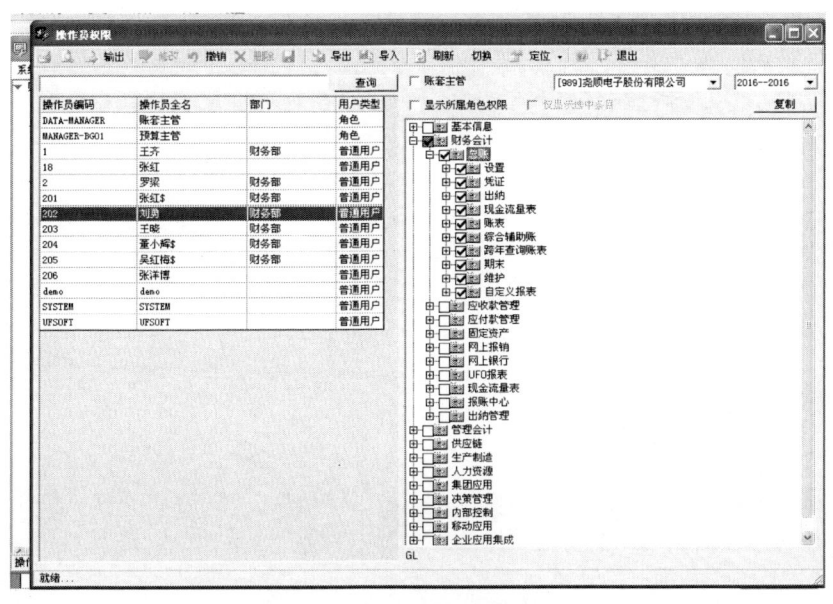

圖 2-6　操作員權限設置窗口

四、帳套管理

（一）修改帳套

當系統管理員建完帳套后，在未使用相關信息的基礎上，需要對某些信息進行調整，以使信息更真實、準確地反應企業的相關內容。只有帳套主管可以修改其具有權限的帳套庫中的信息，系統管理員無權修改。

中級會計電算化實務

【操作步驟】

以帳套主管的身分註冊,選擇相應的帳套進入系統管理界面。

選擇「帳套」菜單中的「修改」,進入修改帳套的功能。

系統註冊進入后,可以修改的信息主要有:

帳套信息:帳套名稱

單位信息:所有信息

核算信息:不允許修改

基礎設置信息:不允許修改

帳套分類信息和數據精度信息:可以修改全部信息

點擊「完成」按鈕,表示確認修改內容;如放棄修改,則點擊「放棄」。

在帳套的使用中,可以對本年未啟用的會計期間修改其開始日期和終止日期。只有沒有業務數據的會計期間可以修改其開始日期和終止日期。使用該會計期間的模塊均需要根據修改后的會計期間來確認業務所在的正確期間。只有帳套管理員才有權限修改相應的帳套。

例如:

若第4會計期間為3月26日—4月25日,現業務數據已經做到第4個會計期間,則不允許修改第4個會計期間的起始日期,只允許將第4個會計期間的終止日期修改成大於4月25日(如4月28日),且不允許將第5會計期間的起始日期修改成小於4月26日(如4月23日)。

(二) 引入帳套

引入帳套功能是指將系統外某帳套數據引入本系統中。該功能的增加將有利於集團公司的操作,子公司的帳套數據可以定期被引入母公司系統中,以便進行有關帳套數據的分析和合併工作。

系統管理員在系統管理界面單擊「帳套」的下級菜單「引入」,則進入引入帳套的功能。

系統管理員在界面上選擇所要引入的帳套數據備份文件和引入路徑,點擊「打開」按鈕表示確認;如想放棄,則點擊「放棄」按鈕。

(三) 輸出帳套

輸出帳套功能是指將所選的帳套數據進行備份輸出。對於企業系統管理員來講,定時將企業數據備份出來存儲到不同的介質上(如常見的U盤、移動硬盤、網路磁盤等),對數據的安全性是非常重要的。如果企業由於不可預知的原因(如地震、火災、計算機病毒、人為的誤操作等),需要對數據進行恢復,此時備份數據就可以將企業的損失降到最低。當然,對於異地管理的公司,此種方法還可以解決審計和數據匯總的問題。

以系統管理員身分註冊,進入系統管理模塊。然后點擊「帳套」菜單下級的「輸出」功能進入帳套輸出界面。

第二章　財務初始處理

在帳套輸出界面中的「帳套號」處選擇需要輸出的帳套，在「輸出文件位置」選擇輸出帳套保存的路徑，點擊「確認」進行輸出。

只有系統管理員（admin）才有權限進行帳套輸出。如果將「刪除當前輸出帳套」同時選中，在輸出完成後系統會確認是否將數據源從當前系統中刪除；正在使用的帳套系統不允許刪除。

五、帳套庫管理

（一）新帳套庫建立

企業的日常工作是一個連續性的工作。用友 ERP-U8 支持在一個帳套庫中保存連續多年數據，理論上一個帳套可以在一個帳套庫中一直使用下去。但是由於某些原因，比如需要調整重要基礎檔案、組織機構、部分業務等，或者一個帳套庫中數據過多影響業務處理性能，需要使用新的帳套庫並重置一些數據，這樣就需要新建帳套庫。

帳套庫的建立是在已有帳套庫的基礎上，通過新帳套庫的建立，自動將老帳套庫的基本檔案信息結轉到新的帳套庫中，對於以前業務產品餘額等信息，需要在帳套庫完成初始化操作後，由老帳套庫自動轉入新庫的下年數據中。

【操作步驟】

用戶首先要以帳套主管的身分登錄，選定需要進行建立新庫的帳套和上年的時間，進入系統管理界面。例如，需要建立 118 帳套的 2015 新帳套庫，此時就要登錄 118 帳套的包含 2014 年數據的那個帳套庫。

然後，用戶在系統管理界面單擊「帳套庫」菜單中的「建立」，進入建立帳套庫的功能。

系統彈出建立帳套庫的界面，顯示當前帳套、將要建立的新帳套庫的起始年度、本帳套庫內業務產品所在會計期間清單和建立新帳套庫的主要步驟及其進度。這些項目都是系統默認顯示內容，不可修改，便於用戶確認建庫的信息。如果需要調整，請點擊「放棄」按鈕，重新註冊登錄選擇。如果確認可以建立新帳套庫，點擊「確定」按鈕；如果放棄新帳套庫的建立可點擊「放棄」按鈕。

在用友 ERP-U8 軟件中，其帳套和帳套庫是有一定的區別的。具體體現在以下幾個方面：

帳套是帳套庫的上一級，帳套由一個或多個帳套庫組成，一個帳套庫含有一年或多年使用數據。一個帳套對應一個經營實體或核算單位，帳套中的某個帳套庫對應這個經營實體的某年度區間內的業務數據。例如，建立帳套「118 正式帳套」後在 2014 年使用，然後在 2015 年的期初建立 2015 帳套庫后使用，則「118 正式帳套」具有兩個帳套庫即「118 正式帳套 2014 年」和「118 正式帳套 2015 年」；如果希望連續使用也可以不建立新帳套庫，直接錄入 2015 年數據，則「118 正式帳套」

具有一個帳套庫即「118 正式帳套 2014—2015 年」。

對於擁有多個核算單位的客戶，可以擁有多個帳套（最多可以擁有 999 個帳套）。

帳套和帳套庫的兩層結構的好處是：便於企業的管理，如進行帳套的上報、跨年度區間的數據管理等；方便數據備份輸出和引入；減少數據的負擔，提高應用效率。

(二) 帳套庫初始化

新建帳套庫后，為了支持新舊帳套庫之間的業務銜接，可以通過帳套庫初始化功能將上一個帳套庫中相關模塊的餘額及其他信息結轉到新帳套庫中。為了統計分析的規整性，每個帳套庫包含的數據都以年為單位，「上一帳套庫的結束年+1」就是新帳套庫的開始年。

用戶以帳套主管的身分註冊進入系統管理，選擇【帳套庫】菜單中的【帳套庫初始化】，進入帳套庫初始化的功能。

【操作步驟】

第一步，系統顯示將要初始化的帳套，以及數據結轉的年度，這些都是用於確認且不可修改的。

第二步，選擇需要結轉的業務檔案和餘額信息，已結轉過的產品置為「粉紅色」，見圖 2-7。

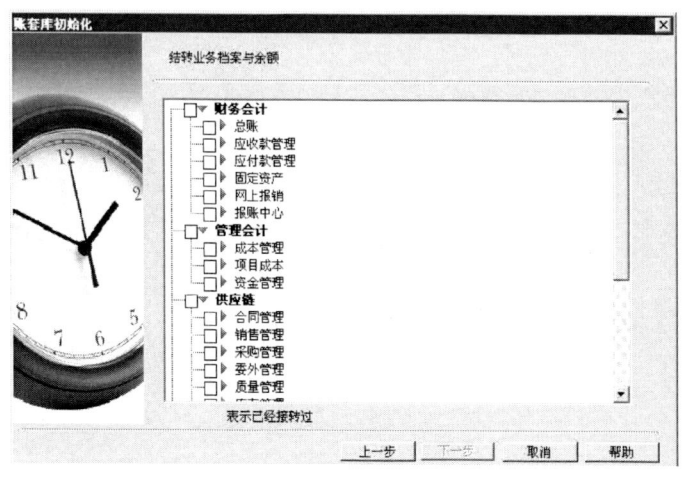

圖 2-7　帳套庫初始化界面

第三步，根據選擇內容進行數據檢查，系統將分別檢查上一帳套庫的數據是否滿足各項結轉要求，並列出詳細檢查結果。如果有產品不滿足結轉要求，則不允許繼續結轉。

第四步，如果檢查全部通過，點擊「下一步」可以看到待結轉產品的列表，點

第二章 財務初始處理

擊「結轉」就開始按照列表逐項結轉。

第五步，如果第三步沒有全部選擇結轉，以後還可以再次進入本功能結轉其他數據，或清空對應業務產品的數據后再次結轉。

【注意事項】

如果登錄帳套庫的上一個帳套庫不存在，不能進行初始化。

該帳套庫如果進行過數據卸出操作，不能進行初始化。

（三）清空帳套庫數據

如帳套庫中的錯誤太多，或不希望將上一帳套庫的餘額或其他信息全部轉到下一年度，可使用清空帳套庫數據的功能。「清空」並不是指將帳套庫的數據全部清空，而是保留一些信息，主要包含基礎信息、系統預置的科目表。保留這些信息主要是為了方便用戶使用清空后的帳套庫重新做帳。

【操作步驟】

第一步，以帳套主管的身分註冊，並且選定帳套和登錄時間，進入系統管理界面。

第二步，在系統管理界面單擊【帳套庫】菜單，再將鼠標移動到【清空帳套庫數據】上，單擊鼠標。

第三步，帳套主管可以在界面中的會計年度欄目確認要清空的帳套庫的年度區間（僅供確認，不可修改），同時做好清空前的備份、選擇輸出路徑，點擊「確定」按鈕表示確認。這時為保險起見，系統還將彈出一個窗口，要求用戶進行確認；如果想放棄，則直接點擊「放棄」按鈕；點擊「確認」后系統自動進行清空帳套庫數據操作。

第四步，帳套庫數據清空后，系統彈出確認窗口。點擊「確認」完成清空帳套庫數據操作。

（四）數據卸出

當一個帳套庫中包含過多年份數據，體積過於龐大而影響業務處理性能時，可以通過數據卸出功能把一些歷史年度的歷史數據卸出，減小本帳套庫的體積，提高運行效率。

數據卸出時，只能以會計年為單位進行處理，從本帳套庫的最小年度開始，到指定年度結束，卸出這個年度區間中所有業務產品的不常用數據。

數據卸出后，系統將自動生成一個帳套庫保留這些卸出的數據，相對當前使用的帳套庫來說，這個包含卸出數據的帳套庫可以稱之為「歷史帳套庫」。

（五）帳套庫的引入與輸出

帳套庫的引入與輸出作用和帳套的引入與輸出作用相同，操作步驟相似。

第二節　財務系統概述

一、系統概述

用友 ERP-U8，以精確管理為基礎，以規範業務為先導，以改善經營為目標，提出「分步實施，應用為先」的實施策略，幫助企業「優化資源，提升管理」。用友 ERP-U8 為企業提供一套企業基礎信息管理平臺解決方案，滿足各級管理者對不同信息的需求：為高層經營管理者提供決策信息，以衡量收益與風險的關係，制定企業長遠發展戰略；為中層管理人員提供詳細的管理信息，以實現投入與產出的最優配比；為基層管理人員提供及時、準確的成本費用信息，以實現預算管理、控制成本費用。

用友 ERP-U8，根據業務範圍和應用對象的不同，劃分為財務會計、管理會計、供應鏈、生產製造、人力資源、決策支持、集團財務等模塊，由 40 多個子系統構成，各系統之間信息高度共享。

（一）財務會計領域

財務會計部分主要包括總帳管理、應收款管理、應付款管理、工資管理、固定資產管理、報帳中心、財務票據套打、網上銀行、UFO 報表等模塊。這些模塊從不同的角度，實現了從預算、核算到報表分析的財務管理的全過程。其中，總帳管理是財務系統中最核心的模塊，企業所有的核算最終在總帳中體現；應收款管理、應付款管理主要用於核算和管理企業銷售與採購業務所引起的資金的流入、流出；薪資管理完成對企業工資費用的計算與管理；固定資產管理提供對設備的管理和折舊費用的核算；報帳中心是為解決單位發生的日常報帳業務的管理系統；財務票據套打解決單位財務部門、銀行部門以及票據交換中心對現有各種票據進行套打、批量套打和打印管理的功能需求；網上銀行解決了企業足不出戶實現網上支付業務的需求；UFO 報表生成企業所需的各種管理分析表和對外報送的財務報表。

（二）管理會計領域

管理會計部分主要包括項目管理、成本管理、資金管理、預算管理、專家財務分析等模塊。項目和成本管理實現了各類工業企業對成本的全面掌控和核算；資金管理主要是通過計算時間軸上各結點將要發生的資金流入量、資金流出量、淨現金流量和資金餘額等數據，預測企業在一段時間內資金的短缺和盈餘情況；預算管理是利用預算對企業內部各部門、各單位的各種財務及非財務資源進行分配、考核和控制，以便有效地組織和協調企業的生產經營活動，完成既定的經營目標；專家財務分析系統及時幫助企業對各種報表進行分析，及時掌握本單位的財務狀況（盈利能力、資產管理效率、償債能力和投資回報能力等）、銷售及利潤分佈狀況、各項費用的明細狀況等，為企業的管理決策提供依據、指明方向。

第二章　財務初始處理

（三）供應鏈管理

供應鏈管理部分主要包括物料需求計劃、採購管理、銷售管理、庫存管理、存貨核算等模塊，主要功能包括：①增加預測的準確性，減少庫存，提高發貨供貨能力；②減少工作流程週期，提高生產效率，降低供應鏈成本；③減少總體採購成本，縮短生產週期，加快市場回應速度。同時，在這些模塊中提供了對採購、銷售等業務環節的控制，以及對庫存資金占用的控制，完成對存貨出入庫成本的核算。使企業的管理模式更加符合實際情況，制定出最佳的企業營運方案，實現管理的高效率、即時性、安全性和科學性。

（四）生產製造

生產製造包括物料清單、主生產計劃、產能管理、需求規劃、生產訂單、車間管理、工序委外、工程變更和設備管理等模塊。

（五）人力資源

人力資源包括人事管理、薪資管理、保險福利管理、計件工資、考勤管理、人事合同管理、招聘管理、培訓管理、績效管理等模塊。

（六）集團財務管理

集團財務管理部分主要包括資金管理、行業報表、合併報表等模塊及分行業的解決方案。資金管理實現了對企業內外部資金的計息與管理；行業報表和合併報表等則為行業和集團型的用戶進行統一管理提供了工具。

二、財務系統功能簡介

財務系統是企業 ERP 應用平臺中的核心模塊。廣義的財務系統包括總帳、應收款管理、應付款管理、固定資產和 UFO 報表；狹義的財務系統是指總帳和 UFO 報表系統。

（一）總帳系統的主要功能

用友 ERP-U8 總帳系統適用於各類企事業單位進行憑證管理、帳簿處理、個人往來款管理、部門管理、項目核算和出納管理等。該模塊主要能夠實現如下功能：

（1）根據需要增加、刪除或修改會計科目或選用行業標準科目。

（2）通過嚴密的製單控制保證填製憑證的正確性。提供資金赤字控制、支票控制、預算控制、外幣折算誤差控制以及查看科目最新餘額等功能，加強對發生業務的及時管理和控制。

（3）憑證填製權限可以控制到科目，憑證審核權限可以控制到操作員。

（4）為出納人員提供一個集成辦公環境，加強對現金及銀行存款的管理；提供支票登記簿功能，用來登記支票的領用情況；並可以完成銀行日記帳、現金日記帳，隨時編製最新資金日報表、餘額調節表以及進行銀行對帳。

（5）自動完成月末分攤、計提、對應轉帳、銷售成本、匯兌損益、期間損益結

轉等業務。

(6) 進行試算平衡、對帳、結帳、生成月末工作報告。

(二) UFO 報表系統的主要功能

UFO 與其他電子表軟件的最大區別在於它是真正的三維立體表，完全實現了三維立體表的四維處理能力。UFO 的主要功能如下：

1. 各行業報表模板（包括現金流量表）

提供 21 個行業的標準財務報表模板，包括最新的現金流量表模塊。提供自定義模板的新功能，可以根據本單位的實際需要定制模板。

2. 文件管理功能

該版塊提供了各類文件管理功能，並且能夠進行不同文件格式的轉換：文本文件、*.MDB 文件、*.DBF 文件、EXCEL 文件、LOTUS1-2-3 文件。

支持多個窗口同時顯示和處理，可以同時打開的文件和圖形窗口多達 40 個。

提供了標準財務數據的「導入」和「導出」功能，可以和其他流行財務軟件交換數據。

3. 格式管理功能

該版塊提供了豐富的格式設計功能，如：設組合單元、畫表格線（包括斜線）、調整行高列寬、設置字體和顏色、設置顯示比例等，可以製作各種要求的報表。

4. 數據處理功能

UFO 以固定的格式管理大量不同的表頁，能將多達 99,999 張具有相同格式的報表資料統一在一個報表文件中管理，並且在每張表頁之間建立有機的聯繫。

該版塊提供了排序、審核、舍位平衡、匯總功能；提供了絕對單元公式和相對單元公式，可以方便、迅速地定義計算公式；提供了種類豐富的函數，可以從帳務、應收、應付、工資、固定資產、銷售、採購、庫存等用友子系統中提取數據，生成財務報表。

5. 圖表功能

該版塊採用「圖文混排」，可以很方便地進行圖形數據組織，製作包括直方圖、立體圖、圓餅圖、折線圖 等 10 種圖式的分析圖表；可以編輯圖表的位置、大小、標題、字體、顏色等，並打印輸出圖表。

三、財務系統與各業務系統之間的主要關係

財務系統是用友 ERP-U8 軟件的核心子系統，它要接收來自應收款系統、應付款系統、固定資產系統、薪資管理系統、成本管理系統、存貨核算系統、網上銀行、報帳中心等子系統的數據，同時又為 UFO 報表系統、管理駕駛艙、財務分析系統等子系統提供數據來源，生成財務報表及其他財務分析表。它們之間的關係如圖 2-8 所示。

第二章　財務初始處理

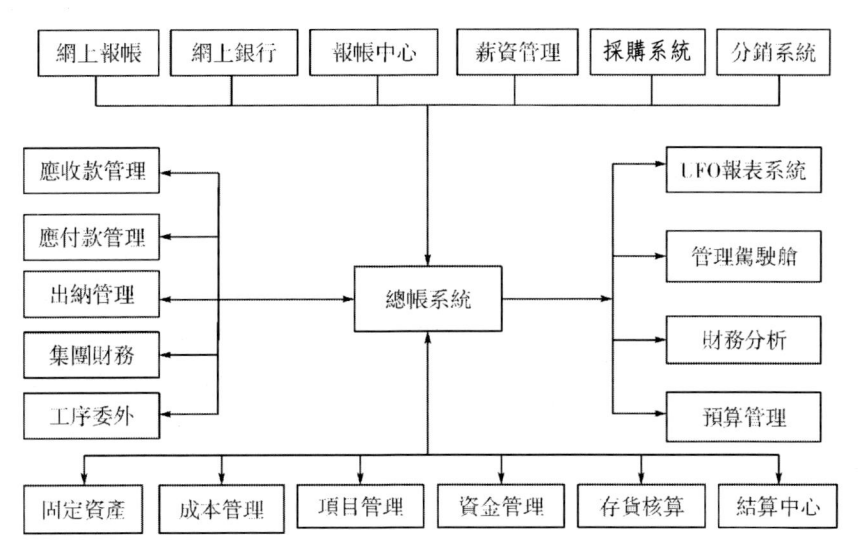

圖 2-8　各系統的數據傳遞關係

四、財務系統處理流程

（一）新用戶的操作流程

第一次使用總帳時，操作流程如圖 2-9 所示。

中級會計電算化實務

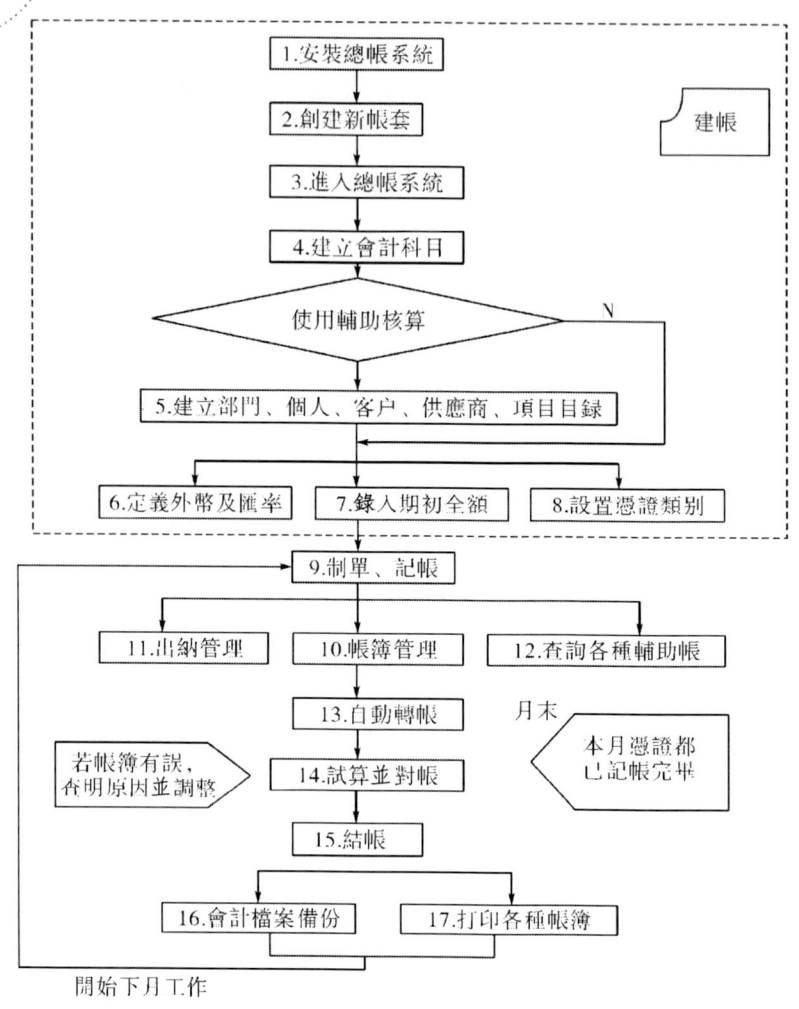

```
1.安裝總帳系統
    ↓
2.創建新帳套
    ↓                            ┐
3.進入總帳系統                    │
    ↓                            │ 建帳
4.建立會計科目                    │
    ↓                            │
  使用輔助核算 ──N──┐             │
    ↓              │             │
5.建立部門、個人、客戶、供應商、項目目錄
    ↓                            │
6.定義外幣及匯率  7.錄入期初全額  8.設置憑證類別
                                 ┘
    ↓
9.制單、記帳
    ↓
11.出納管理  10.帳簿管理  12.查詢各種輔助帳
              ↓
           13.自動轉帳
              ↓           月末
若帳簿有誤，  14.試算並對帳   本月憑證都
查明原因並調整              已記帳完畢
              ↓
           15.結帳
              ↓
     16.會計檔案備份  17.打印各種帳簿
              ↓
         開始下月工作
```

圖 2-9　新用戶的操作流程示意圖

(二) 老用戶的操作流程

老用戶使用以前帳套數據時，應按以下操作次序進行，如圖 2-10 所示。

第二章 財務初始處理

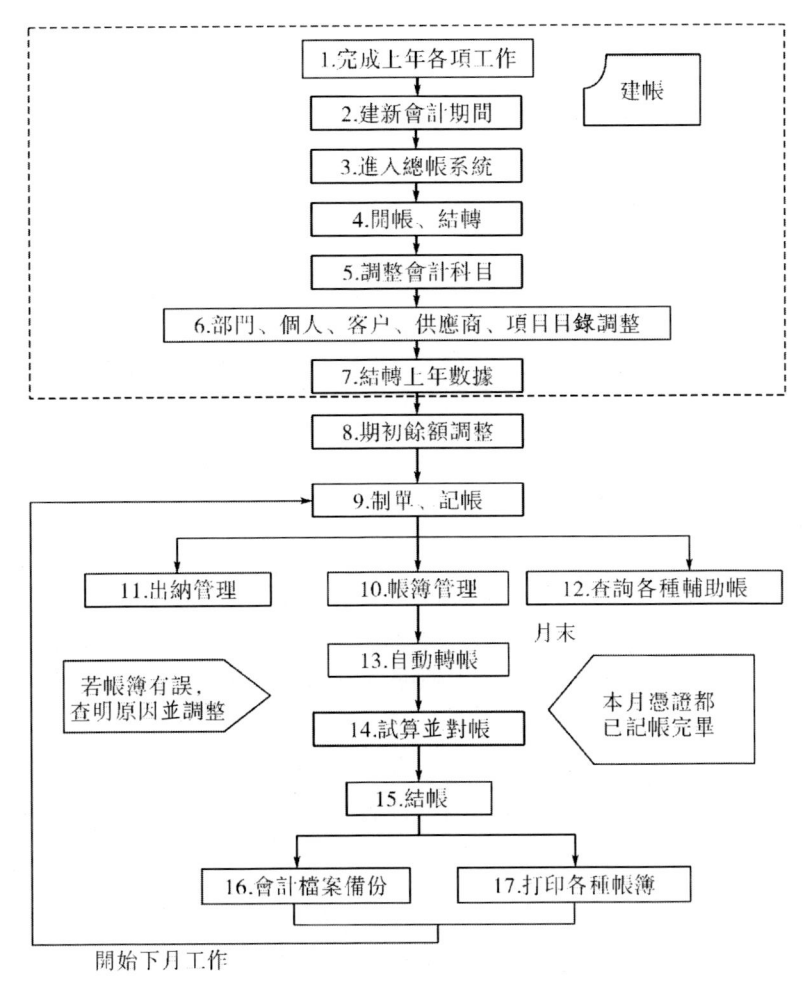

```
建帳
1.完成上年各項工作
2.建新會計期間
3.進入總帳系統
4.開帳、結轉
5.調整會計科目
6.部門、個人、客戶、供應商、項目目錄調整
7.結轉上年數據

8.期初餘額調整
9.制單、記帳
11.出納管理  10.帳簿管理  12.查詢各種輔助帳
                月末
         13.自動轉帳
若帳簿有誤，
查明原因並調整
         14.試算並對帳  ← 本月憑證都已記帳完畢
         15.結帳
16.會計檔案備份   17.打印各種帳簿
開始下月工作
```

圖 2-10　老用戶的操作流程示意圖

第三節　財務控制參數設置

用友 ERP-U8 軟件財務控制參數設置如圖 2-11 所示。

在建立新的帳套後由於具體情況需要，或業務變更，發生一些帳套信息與核算內容不符，可以通過「總帳參數」設置進行帳簿選項的調整和查看。可以對「憑證選項」「帳簿選項」「憑證打印」「預算控制」「權限選項」「會計日曆」「其他選項」「自定義項核算」八部分內容的操作控制選項進行修改。

31

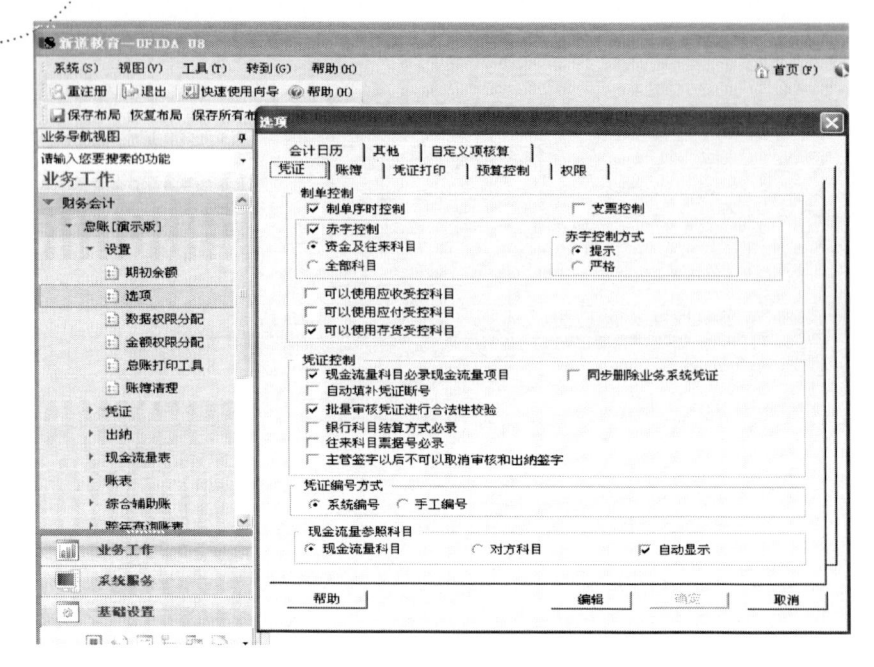

圖 2-11　總帳參數設置界面

（一）憑證選項

（1）製單控制，主要設置在填製憑證時，系統應對哪些操作進行控制。

①製單序時控制：此項和「系統編號」選項聯用，製單時憑證編號必須按日期順序排列，如 10 月 25 日編製 25 號憑證，則 10 月 26 日只能開始編製 26 號憑證，即製單序時，如果有特殊需要可以將其改為不序時製單。

②支票控制：若選擇此項，在製單時，使用銀行科目編製憑證時，系統針對票據管理的結算方式進行登記，如果錄入支票號在支票登記簿中已保存，系統提供登記支票報銷的功能；否則，系統提供登記支票登記簿的功能。

③赤字控制：若選擇了此項，在製單時，當「資金及往來科目」或「全部科目」的最新餘額出現負數時，系統將予以提示。系統提供了提示、嚴格兩種方式，可以根據需要進行選擇。

④使用應收受控科目：若科目為應收款管理系統的受控科目，為了防止重複製單，只允許應收系統使用此科目進行製單，總帳系統是不能使用此科目製單的。所以，如果希望在總帳系統中也能使用這些科目填製憑證，則應選擇此項。注意：總帳和其他業務系統使用了受控科目會引起應收系統與總帳對帳不平。

⑤可以使用應付受控科目：若科目為應付款管理系統的受控科目，為了防止重複製單，只允許應付系統使用此科目進行製單，總帳系統是不能使用此科目製單的。所以，如果希望在總帳系統中也能使用這些科目填製憑證，則應選擇此項。注意：

第二章　財務初始處理

總帳和其他業務系統使用了受控科目會引起應付系統與總帳對帳不平。

⑥可以使用存貨受控科目：若科目為存貨核算系統的受控科目，為了防止重複製單，只允許存貨核算系統使用此科目進行製單，總帳系統是不能使用此科目製單的。所以，如果希望在總帳系統中也能使用這些科目填製憑證，則應選擇此項。注意：總帳和其他業務系統使用了受控科目會引起存貨系統與總帳對帳不平。

（2）憑證控制，指管理流程設置。

①現金流量科目必錄現金流量項目：選擇此項后，在錄入憑證時，如果使用現金流量科目則必須輸入現金流量項目及金額。

②自動填補憑證斷號：如果選擇憑證編號方式為系統編號，則在新增憑證時，系統按憑證類別自動查詢本月的第一個斷號默認為本次新增憑證的憑證號。如無斷號則為新號，與原編號規則一致。

③批量審核憑證進行合法性校驗：批量審核憑證時針對憑證進行二次審核，提高憑證輸入的正確率，合法性校驗與保存憑證時的合法性校驗相同。

④銀行科目結算方式必錄：選中該選項，填製憑證時結算方式必須錄入，錄入的結算方式如果勾選「是否票據管理」，則票據號也控制為必錄，錄入的結算方式如果不勾選「是否票據管理」，則票據號不控制必錄。不選中該選項，則結算方式和票據號都不控制必錄。

⑤往來科目票據號必錄：選中該選項，填製憑證時往來科目必須錄入票據號。

⑥同步刪除外部系統憑證：選中該選項，外部系統刪除憑證時相應地將總帳的憑證同步刪除；否則，將總帳憑證作廢，不予刪除。

（3）憑證編號方式。

系統在「填製憑證」功能中一般按照憑證類別按月自動編製憑證編號，即「系統編號」；但有的企業需要系統允許在製單時手工錄入憑證編號，即「手工編號」。

（4）現金流量參照科目。

該項目用來設置現金流量錄入界面的參照內容和方式。「現金流量科目」選項選中時，系統只參照憑證中的現金流量科目；「對方科目」選項選中時，系統只顯示憑證中的非現金流量科目。「自動顯示」選項選中時，系統依據前兩個選項將現金流量科目或對方科目自動顯示在指定現金流量項目界面中，否則需要手工參照選擇。

（二）權限選項

（1）製單權限控制到科目：要在系統管理的「功能權限」中設置科目權限，再選擇此項，權限設置有效。選擇此項，則在製單時，操作員只能使用具有相應製單權限的科目製單。

（2）製單權限控制到憑證類別：要在系統管理的「功能權限」中設置憑證類別權限，再選擇此項，權限設置有效。選擇此項，則在製單時，只顯示此操作員有權限的憑證類別。同時，在憑證類別參照中按人員的權限過濾出有權限的憑證類別。

中級會計電算化實務

（3）操作員進行金額權限控制：選擇此項，可以對不同級別的人員進行金額大小的控制，如財務主管可以對 10 萬元以上的經濟業務製單，一般財務人員只能對 5 萬元以下的經濟業務製單，這樣可以減少由於不必要的責任事故帶來的經濟損失。如為外部憑證或常用憑證調用生成，則處理與預算處理相同，不做金額控制。

註：用友 U8-ERPV10.1 系統結轉憑證不受金額權限控制；在調用常用憑證時，如果不修改直接保存憑證，此時由被調用的常用憑證生成的憑證不受任何權限的控制，如金額權限控制、輔助核算及輔助項內容的限制等；外部系統憑證是已生成的憑證，得到系統的認可，所以除非進行更改，否則不做金額等權限控制。

（4）憑證審核控制到操作員：如果只允許某操作員審核本部門操作員填製的憑證，則應選擇此選項。

（5）出納憑證必須經由出納簽字：若要求現金，銀行科目憑證必須由出納人員核對簽字後才能記帳，則選擇「出納憑證必須經由出納簽字」。

（6）憑證必須經由主管會計簽字：如果要求所有憑證必須由主管簽字後才能記帳，則選擇「憑證必須經主管簽字」。

（7）允許修改、作廢他人填製的憑證：若選擇了此項，在製單時可以修改或作廢別人填製的憑證，否則不能修改。

（8）可查詢他人憑證：如果允許操作員查詢他人憑證，則選擇「可查詢他人憑證」。

（9）明細帳查詢權限控制到科目：這裡是權限控制的開關，在系統管理中設置明細帳查詢權限，必須在總帳系統選項中打開，才能起到控製作用。

（10）製單、輔助帳查詢控制到輔助核算：設置此項權限，製單時才能使用有輔助核算屬性的科目錄入分錄，輔助帳查詢時只能查詢有權限的輔助項內容。

（三）其他選項

（1）外幣核算。如果企業有外幣業務，則應選擇相應的匯率方式——固定匯率、浮動匯率。「固定匯率」即在製單時，一個月只按一個固定的匯率折算本位幣金額。「浮動匯率」即在製單時，按當日匯率折算本位幣金額。

（2）分銷聯查憑證 IP 地址。在這裡輸入分銷系統的網址，可以聯查分銷系統的單據。

（3）啟用調整期。如果希望在結帳後仍舊可以填製憑證以調整報表數據，可在總帳選項中啟用調整期。調整期啟用後，加入關帳操作，則結帳之后關帳之前為調整期。在調整期內填製的憑證為調整期憑證。

【實務案例】

堯順電子股份有限公司財務系統參數如下：

支票控制，自動填補憑證斷號，出納憑證必須由出納簽字，憑證必須由主管會計簽字，不能使用應收應付以及存貨受控科目，其他參數為系統默認。

第二章　財務初始處理

● 第四節　公共基礎檔案設置

一、基本信息

建帳完成后，如未及時設置編碼方案、數據精度、啟用子系統，或需修改以前設置的編碼方案、數據精度、會計期間以及啟用的子系統，可以執行「開始→程序→用友 ERP-U8 V10.1→企業應用平臺」命令，打開「登錄」對話框，輸入身分為帳套主管的操作員；選擇相應的帳套；單擊「確認」按鈕，進入 UFIDA U8 窗口。從「企業應用平臺-基礎設置-基本信息」進入進行系統啟用設置，或修改已設置的信息。

(一) 系統啟用

「系統啟用」功能用於系統的啟用，記錄啟用日期和啟用人。要對某個系統操作必須先啟用此系統。在企業應用平臺中，單擊「基礎設置-基本信息-系統啟用」選項，打開「系統啟用」對話框，選擇要啟用的系統，在方框內打鉤，只有系統管理員和帳套主管才有系統啟用權限；在啟用會計期間內輸入啟用的年、月數據；按「確認」按鈕后，保存此次的啟用信息，並將當前操作員寫入啟用人。

(二) 編碼方案

為了便於進行分級核算、統計和管理，用友 ERP-U8 V10.1 系統可以對基礎數據的編碼進行分級設置，可以分級設置的內容包括科目編碼、客戶分類編碼、部門編碼、存貨分類編碼、地區分類編碼、貨位編碼、供應商分類編碼、收發類別編碼和結算方式編碼等。

編碼級次和各級編碼長度的設置將決定單位如何編製基礎數據的編號，進而構成分級核算、統計和管理的基礎。

【欄目說明】

科目編碼級次：系統最大限制為十三級四十位，且任何一級的最大長度都不得超過九位編碼。一般單位用 42222 即可。設定的科目編碼級次和長度將決定單位的科目編號如何編製。例如，某單位將科目編碼設為 42222，則科目編號時一級科目編碼是四位長，二至五級科目編碼均為兩位長；又如某單位將科目編碼長度設為 4332，則科目編號時一級科目編碼為四位長，二級科目編碼為三位長，四級科目編碼為兩位長。

客戶分類編碼級次：系統最大限制為五級十二位，且任何一級的最大長度都不得超過九位編碼。

供應商、存貨分類編碼級次、貨位編碼級次、收發類別編碼級次等同理。

在建立帳套時設置存貨（客戶、供應商）不需分類，則在此不能進行存貨分類（客戶分類、供應商分類）的編碼方案設置。

35

二、基礎檔案

設置基礎檔案就是把手工資料經過加工整理，根據本單位建立信息化管理的需要，建立軟件系統應用平臺，是手工業務的延續和提高。

財務基礎檔案的設置順序如圖 2-12 所示。

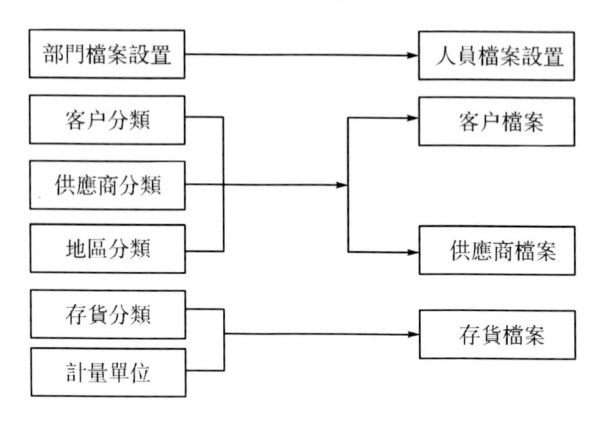

圖 2-12　公共基礎檔案設置順序

（一）機構人員（部門檔案、人員檔案）

1. 部門檔案

部門檔案：主要用於設置企業各個職能部門的信息。部門是指某使用單位下轄的具有分別進行財務核算或業務管理要求的單元體，不一定是實際中的部門機構。

【實務案例】

堯順電子股份有限公司的部門檔案如表 2-3 所示。

表 2-3　　　　　　　　　　　部門檔案一覽表

編號	名稱
01	辦公室
02	財務部
03	生產部
0301	一車間
0302	二車間
04	市場部
0401	採購部
0402	銷售部

【操作步驟】

在企業應用平臺中，執行「基礎設置→基礎檔案→機構人員→部門檔案」命

第二章　財務初始處理

令，進入部門檔案設置主界面，單擊「增加」按鈕，在編輯區輸入部門編碼、部門名稱、負責人、部門屬性、電話、地址、備註、信用額度、信用等級等信息即可，點擊「保存」按鈕，保存此次增加的部門檔案信息后，再次單擊「增加」按鈕，可以繼續增加其他部門信息，如圖 2-13 所示。

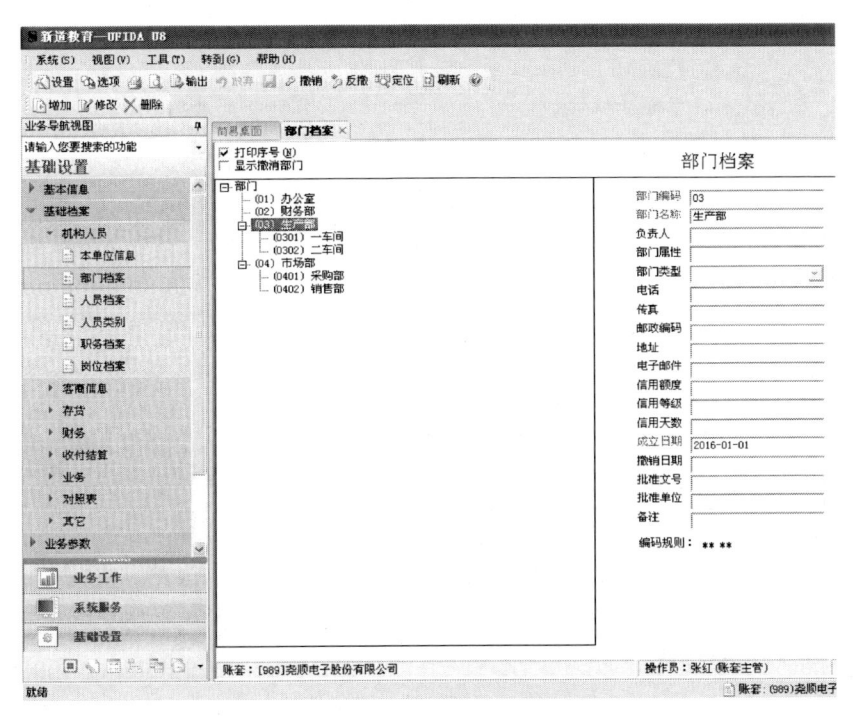

圖 2-13　部門檔案錄入窗口

修改部門檔案：在部門檔案界面左邊，將光標定位到要修改的部門編號上，用鼠標單擊「修改」按鈕。這時界面即處於修改狀態，除部門編號不能修改外，其他信息均可修改。

刪除部門檔案：點擊左邊目錄樹中要刪除的部門，背景顯示藍色表示選中，單擊「刪除」按鈕即可刪除此部門。注意，若部門被其他對象引用后就不能被刪除。

刷新檔案記錄：在網路操作中，可能同時有多個操作員在操作相同的目錄。可以點擊「刷新」按鈕，查看到當前最新目錄情況，即可以查看其他有權限的操作員新增或修改的目錄信息。

2. 人員類別檔案

人員類別檔案是指對企業的人員類別進行分類設置和管理。

【實務案例】

堯順電子股份有限公司的人員類別如表 2-4 所示。

37

表 2-4　　　　　　　　　　　人員類別一覽表

人員類別編碼	人員類別名稱
101	管理人員
102	生產人員
103	採購人員
104	銷售人員

【操作步驟】

在企業應用平臺中，執行「基礎設置→基礎檔案→機構人員→人員類別」命令，進入人員類別設置主界面，單擊功能鍵中的「增加」按鈕，顯示「添加職員類別」空白頁；可以根據自己企業的實際情況，在相應欄目中輸入適當內容，點擊「保存」按鈕；保存此次增加的人員類別信息後，再次單擊「增加」按鈕，可以繼續增加其他類別信息。

3. 人員檔案

人員檔案：主要用於記錄本單位使用系統的職員列表，包括職員編號、名稱、所屬部門及職員屬性等。

【實務案例】

堯順電子股份有限公司的人員檔案如表 2-5 所示。

表 2-5　　　　　　　　　　　人員檔案一覽表

職員編號	職員名稱	性別	所屬部門	是否操作員	是否業務員	人員類別
101	林越	男	辦公室		是	管理人員
201	張紅	女	財務部	是	是	管理人員
202	劉勇	女	財務部	是	是	管理人員
203	王曉	男	財務部	是	是	管理人員
204	董小輝	女	財務部	是	是	管理人員
205	吳紅梅	男	財務部	是		管理人員
301	孫貴武	男	一車間		是	生產人員
302	劉朋	男	一車間		是	生產人員
303	歐陽春	女	二車間			生產人員
401	趙魏	男	採購部		是	採購人員
402	張明玉	女	採購部		是	採購人員
403	吳宇	男	銷售部		是	銷售人員

【操作步驟】

在企業應用平臺中，執行「基礎設置→基礎檔案→機構人員→人員檔案」命令，進入人員檔案設置主界面，在左側部門目錄中選擇要增加人員的末級部門，單

第二章　財務初始處理

擊功能鍵中的「增加」按鈕，顯示「添加職員檔案」空白頁，用戶可以根據自己企業的實際情況，在相應欄目中輸入適當內容。其中，藍色名稱為必輸入項，如圖2-14所示。然後，點擊「保存」按鈕，保存此次增加的人員檔案信息後，再次單擊「增加」按鈕，可以繼續增加其他人員信息。

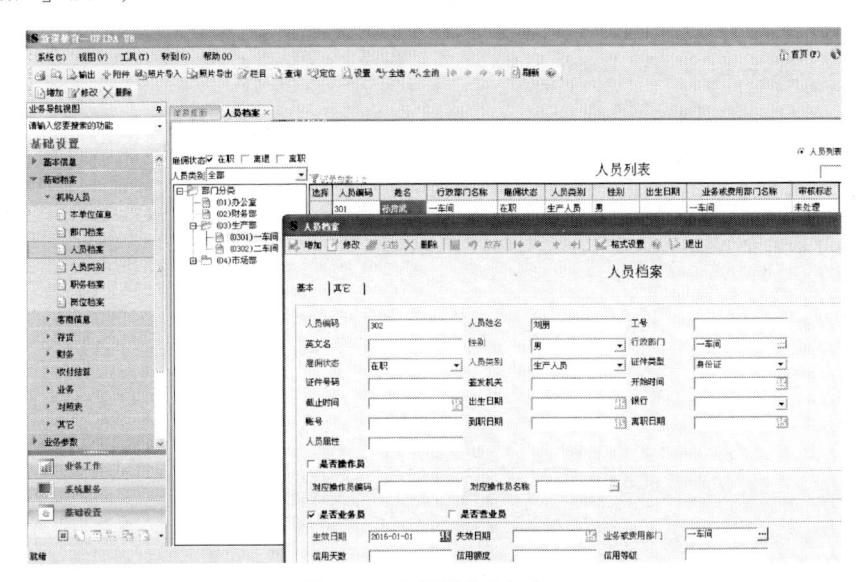

圖2-14　人員檔案錄入窗口

說明：人員檔案設置界面以及其他基礎檔案設置界面的「修改」「刪除」等功能按鈕操作與部門檔案的功能操作類似。

(二) 客商信息

1. 供應商分類

企業可以根據自身管理的需要對供應商進行分類管理，建立供應商分類體系。可以將供應商按行業、地區等進行割分，設置供應商分類后，根據不同的分類建立供應商檔案。

2. 客戶分類

企業可以根據自身管理的需要對客戶進行分類管理，建立客戶分類體系。可以將客戶按行業、地區等進行割分，設置客戶分類后，根據不同的分類建立客戶檔案。

3. 供應商檔案

建立供應商檔案主要是為企業的採購管理、庫存管理、應付帳管理服務。在填製採購入庫單、採購發票和進行採購結算、應付款結算和有關供貨單位統計時都會用到供貨單位檔案，因此必須先設立供應商檔案，以便減少工作差錯。在輸入單據時，如果單據上的供貨單位不在供應商檔案中，則必須在此建立該供應商的檔案。供應商檔案的欄目包括供應商檔案基本頁、供應商檔案聯繫頁、供應商檔案信用頁、供應商檔案其他頁等。

(4) 供應商檔案基本頁，如圖 2-15 所示。

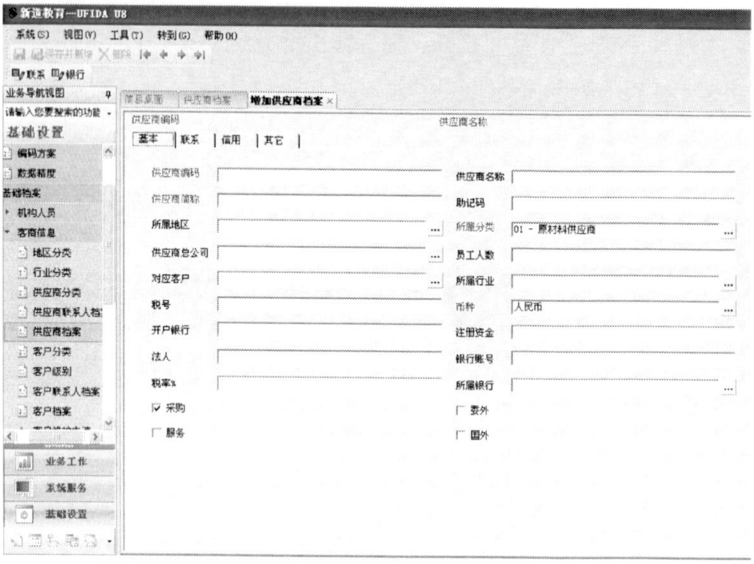

圖 2-15 供應商檔案基本頁界面

本頁中藍字名稱的項目為必填項。

供應商編碼：供應商編碼必須唯一；供應商編碼可以用數字或字符表示，最多可以輸入 20 位數字或字符。

供應商名稱：可以是漢字或英文字母，供應商名稱最多可以寫 49 個漢字或 98 個字符。供應商名稱用於銷售發票的打印，即打印出來的銷售發票的銷售供應商欄目顯示的內容為銷售供應商的名稱。

供應商簡稱：可以是漢字或英文字母，供應商名稱最多可寫 30 個漢字或 60 個字符。供應商簡稱用於業務單據和帳表的屏幕顯示，如屏幕顯示的銷售發貨單的供應商欄目中顯示的內容為供應商簡稱。

助記碼：根據供應商名稱自動生成助記碼，也可以手工修改；在單據上可以錄入助記碼快速找到供應商。

對應客戶：在供應商檔案中輸入對應客戶名稱時不允許記錄重複，即不允許有多個供應商對應一個客戶情況的出現。而且當在 001 供應商中輸入了對應客戶編碼為 666，則在保存該供應商信息的同時需要將 666 客戶檔案中的對應供應商編碼記錄保存為 001。

員工人數：輸入本企業員工人數，只能輸入數值，不能有小數。此信息為企業輔助信息可以不填，可以隨時修改。

所屬分類碼：點擊參照按鈕選擇供應商所屬分類，或者直接輸入分類編碼。

所屬地區碼：可輸入供應商所屬地區的代碼，輸入系統中已存在代碼時，自動

第二章　財務初始處理

轉換成地區名稱，顯示在該欄目的右編輯框內。

總公司編碼：參照供應商檔案選擇供應商總公司編碼，同時自動顯示供應商簡稱。供應商總公司是指當前供應商所隸屬的最高一級的公司，該公司必須是已經通過「供應商檔案設置」功能設定的另一個供應商。在供應商開票結算處理時，具有同一個供應商總公司的不同供應商的發貨業務，可以匯總在一張發票中統一開票結算。

所屬行業：輸入供應商所歸屬的行業，可以輸入漢字。

稅號：輸入供應商的工商登記稅號，用於銷售發票的稅號欄內容的屏幕顯示和打印輸出。

註冊資金：輸入企業註冊資金總額，必須輸入數值，可以有 2 位小數。此信息為企業輔助信息可以不填，可以隨時修改。

註冊幣種：必輸入，可以參照選擇或輸入；所輸入的內容應為幣種檔案中的記錄。默認為本位幣。

法定代表人：輸入供應商的企業法定代表人的姓名，長度 40 個字符，20 個字。

開戶銀行：輸入供應商的開戶銀行的名稱。如果供應商的開戶銀行有多個，在此處輸入該供應商與本企業之間發生業務往來最常用的開戶銀行。

銀行帳號：輸入供應商在其開戶銀行中的帳號，可以輸入 50 位數字或字符。銀行帳號應對應開戶銀行欄目所填寫的內容。如果供應商在某開戶銀行中的銀行帳號有多個，在此處輸入該供應商與辦企業之間發生業務往來最常用的銀行帳號。

稅率：數值類型，大於等於 0。採購單據中，在取單據表體的稅率時，優先按「選項」中設置的取價方式取稅率，如果取不到或取價方式是手工錄入的時候，按供應商檔案上的「稅率%」值、存貨檔案上的「稅率%」值、表頭稅率值的優先順序取稅率。

供應商屬性：請在□採購、□委外、□服務和□國外四種屬性中選擇一種或多種，採購屬性的供應商用於採購貨物時可選的供應商，委外屬性的供應商用於委外業務時可選的供應商，服務屬性的供應商用於費用或服務業務時可選的供應商。

注意：如果此供應商已被使用，則供應商屬性不能刪除修改，可增選其他項。

（2）供應商檔案聯繫頁，如圖 2-16 所示。

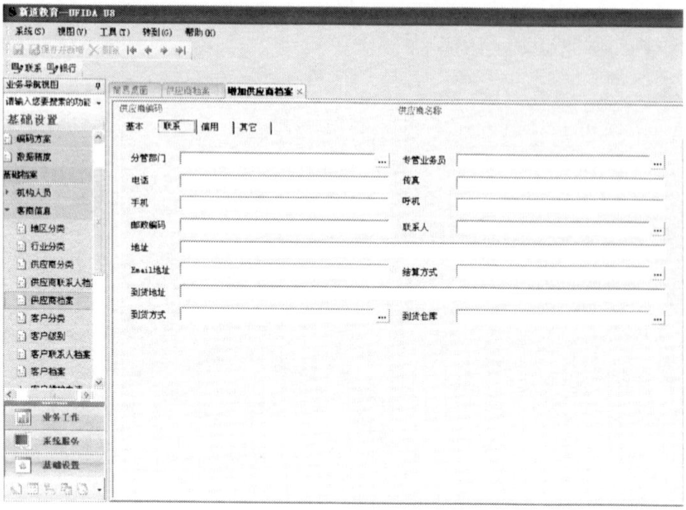

圖 2-16　供應商檔案聯繫頁界面

　　分管部門：該供應商歸屬分管的採購部門。

　　專營業務員：指該供應商由哪個業務員負責聯繫業務。

　　地址：可以用於採購到貨單的供應商地址欄內容的屏幕顯示和打印輸出，最多可以輸入 127 個漢字和 255 個字符。如果供應商的地址有多個，在此處輸入該供應商同本企業之間發生業務往來最常用的地址。

　　電話、手機號碼：可以用於採購到貨單的供應商電話欄內容的屏幕顯示和打印輸出。

　　到貨地址：可以用於採購到貨單中到貨地址欄的缺省取值。

　　Email 地址：最多可以輸入 127 個漢字和 255 個字符，手工輸入，可以為空。

　　到貨方式：可以用於採購到貨單中發運方式欄的缺省取值，輸入系統中已存在代碼時，自動轉換成發運方式名稱。

　　到貨倉庫：可用於採購單據中倉庫的缺省取值，輸入系統中已存在代碼時，自動轉換成倉庫名稱。

　　結算方式：在收、付款單據錄入時可以根據選擇的「供應商」帶出「結算方式」進而帶出「結算科目」。

　　（3）供應商檔案信用頁，如圖 2-17 所示。

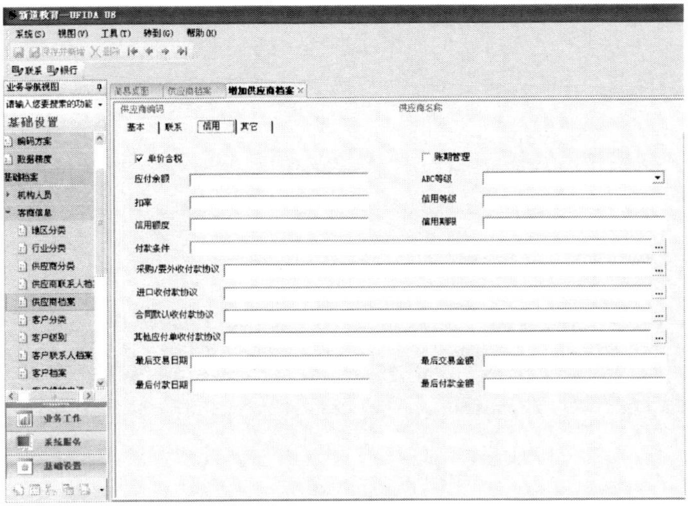

第二章　財務初始處理

圖 2-17　供應商檔案信用頁界面

單價是否含稅：顯示的單價是含稅價格還是不含稅價格。

帳期管理：默認為否可修改。如果選中，則表示要對當前供應商進行帳期的管理。

應付餘額：應付餘額是指供應商當前的應付帳款的餘額。由系統自動維護，不能修改該欄目的內容，點擊供應商檔案主界面上的「信用」按鈕，計算並顯示應付款管理系統中供應商當前應付款餘額。

ABC 等級：可以根據該供應商的表現選擇 A、B、C 三個信用等級符號表示該供應商的信用等級，可以隨時根據實際發展情況予以調整。

扣率：顯示供應商在一般情況下給予的購貨折扣率，可以用於採購單據中折扣的缺省取值。

信用等級：按照自行設定的信用等級分級方法，依據在供應商應付款項方面的表現，輸入供應商的信用等級。

信用額度：內容必須是數字，可以輸入兩位小數，可以為空。

信用期限：可以作為計算供應商超期應付款項的計算依據，其度量單位為「天」。

付款條件：可以用於採購單據中付款條件的缺省取值，輸入系統中已存在代碼時，自動轉換成付款條件表示。

採購/委外收付款協議：默認為空，可以修改，從收、付款協議中選擇。

進口收付款協議：默認為空，可以修改，從收、付款協議中選擇。

其他應付單據收付款協議：默認為空，可以修改，從收付款協議中選擇。

最後交易日期：由系統自動顯示供應商的最後一筆業務的交易日期，即在各種

中級會計電算化實務

交易中業務日期最大的那天。例如：該供應商的最后一筆業務是開具一張採購發票，那麼最后交易日期即為這張發票的發票日期。不能手工修改最后交易日期。

最后交易金額：由系統自動顯示供應商的最后一筆業務的交易金額，即在最后交易日期發生的交易金額。

最后付款日期：由系統自動顯示供應商的最后一筆付款業務的付款日期。

最后付款金額：由系統自動顯示供應商的最后一筆付款業務的付款金額，即最后付款日期發生的金額。金額單位為發生實際付款業務的幣種。

提示：

應付餘額、最后交易日期、最后交易金額、最后付款日期、最后付款金額這五個條件項，是點擊供應商檔案主界面上的「信用」按鈕，在應付款管理系統中計算相關數據並顯示的。如果沒有啟用應付款管理系統，則這五個條件項不可使用。

應付餘額、最后交易日期、最后交易金額、最后付款日期、最后付款金額在基礎檔案中只可查看，不允許修改，是點擊主界面上的「信用」按鈕，由系統自動維護的。

（4）供應商檔案其他頁。

發展日期：該供應商是何時建立供貨關係的。

停用日期：輸入因信用等原因，本企業停止業務往來的供應商被停止使用的日期。停用日期欄內容不為空的供應商，在任何業務單據開具時都不能使用，但可以進行查詢。如果要使被停用的供應商放棄使用，將停用日期欄的內容清空即可。

使用頻度：指供應商在業務單據中被使用的次數。

對應條形碼中的編碼：最多可輸入 30 個字符，可以隨時修改，可以為空，不能重複。

所屬銀行：指付款帳號缺省時所屬的銀行，可輸入可不輸入。

默認委外倉：參照/手工錄入，來源於具有「委外倉」屬性的倉庫檔案，可隨時修改。該倉庫用於指定該委外商倒衝領料的默認委外倉，在委外用料表的倒衝子件的默認倉庫中，系統會自動帶入這裡指定的默認委外倉。

以下四項只能查看不能修改：

建檔人：在增加供應商記錄時，系統自動將該操作員編碼存入該記錄中作為建檔人，以后不管是誰修改這條記錄均不能修改這一欄目，且系統也不能自動進行修改。

所屬的權限組：該項目不允許編輯，只能查看；該項目在數據分配權限中進行定義。

變更人：新增供應商記錄時變更人欄目存放的操作員與建檔人的內容相同，以后修改該條記錄時系統自動將該記錄的變更人修改為當前操作員編碼，該欄目不允許手工修改。

變更日期：新增供應商記錄時變更日期存放當時的系統日期，以后修改該記錄

第二章　財務初始處理

時系統自動將修改時的系統日期替換為原來的信息，該欄目不允許手工修改。

建檔日期：自動記錄該供應商檔案建立日期，建立后不可修改。（如果以供應商資質審批方式加入的供應商，取該供應商錄入供應商檔案的時間）。

【實務案例】

堯順電子股份有限公司的供應商檔案如表 2-6 所示。

表 2-6

編號	名稱	簡稱	稅號	開戶銀行	帳號
001	沈陽吉昌公司	吉昌	12345678901238	工行沈陽分行	12345678901288
002	石家莊天悅公司	天悅	98765432109878	工行石家莊分行	98765432109888
003	浙江天目公司	天目	87654321098768	工行杭州分行	25687991235888
004	濟南鋼鐵公司	濟南鋼鐵	88875619321448	工行濟南分行	56233132666888

【操作步驟】

在企業應用平臺中，執行「基礎設置→基礎檔案→客商信息→供應商檔案」命令，進入供應商檔案設置主界面，單擊「增加」按鈕，進入增加狀態。選擇「基本」「聯繫」「信用」「其他」頁簽，填寫相關內容。如果設置了自定義項，還需要填寫自定義項頁簽。然后，點擊「保存」按鈕，保存此次增加的供應商檔案信息；或點擊「保存並新增」按鈕保存此次增加的供應商檔案信息，並增加空白頁供繼續錄入供應商信息。

4. 客戶檔案

本功能主要用於設置往來客戶的檔案信息，以便於對客戶資料管理和業務數據的錄入、統計、分析。如果建立帳套時選擇了客戶分類，則必須在設置完成客戶分類檔案的情況下才能編輯客戶檔案。客戶檔案的欄目包括客戶檔案基本頁、客戶檔案聯繫頁、客戶檔案信用頁、客戶檔案其他頁等。其各頁面欄目的含義及錄入要求與供應商檔案相似。

【實務案例】

堯順電子股份有限公司的客戶檔案如表 2-7 所示。

表 2-7

編號	名稱	簡稱	稅號
001	遼寧勤力公司	勤力	25689222233588
002	河北益達公司	益達	78906543212388
003	山東海平公司	海平	56789012345688

【操作步驟】

客戶檔案的增加、修改和刪除功能按鈕操作與供應商檔案相同。

(三) 存貨（分類、計量單位和檔案）

1. 存貨分類

企業可以根據對存貨的管理要求對存貨進行分類管理，以便於對業務數據的統計和分析。存貨分類最多可分為 8 級，編碼總長不能超過 30 位，每級級長用戶可以自由定義。存貨分類用於設置存貨分類編碼、名稱及所屬經濟分類。

【實務案例】

堯順電子股份有限公司的存貨分類信息如表 2-8 所示。

表 2-8

存貨分類編碼	存貨分類名稱
01	原材料
02	週轉材料
03	庫存商品

【操作步驟】

在企業應用平臺中，執行「基礎設置→基礎檔案→存貨→存貨分類」命令，進入存貨分類設置主界面，單擊「增加」按鈕，在編輯區輸入分類編碼和名稱等分類信息，點擊「保存」按鈕，保存此次增加的客戶分類後，可以繼續增加其他分類信息。

2. 計量單位

要設置計量單位檔案，必須首先增加計量單位組，然後再在該組下增加具體的計量單位內容。計量單位組分為無換算、浮動換算、固定換算三種類別，每個計量單位組中有一個主計量單位、多個輔助計量單位，可以設置主輔計量單位之間的換算率；還可以設置採購、銷售、庫存和成本系統所默認的計量單位。

無換算計量單位組：在該組下的所有計量單位都以單獨形式存在，各計量單位之間不需要輸入換算率，系統默認為主計量單位。

浮動換算計量單位組：設置為浮動換算率時，計量單位組中只能包含兩個計量單位。此時，需要在該計量單位組中標明主計量單位、輔計量單位。

固定換算計量單位組：設置為固定換算率時，計量單位組中可以包含兩個及以上的計量單位，而且每一個輔計量單位對主計量單位的換算率不為空。

【實務案例】

堯順電子股份有限公司的計量單位信息如表 2-9 所示。

第二章　財務初始處理

表 2-9

計量單位組	計量單位編號	計量單位名稱
01 基本計量單位 （無換算率）	1	噸
	2	個
	3	箱
	4	件
	5	千克
	6	平方米
	7	千米

【操作步驟】

在企業應用平臺中，執行「基礎設置→基礎檔案→存貨→計量單位」命令，進入計量單位設置主界面。

第一步，點擊「分組」進入設置計量單位組界面，單擊「增加」按鈕後，輸入計量單位組編碼和組名稱，點擊「保存」，保存添加的內容。

第二步，設置計量單位，在計量單位設置主界面的左邊選擇要增加的計量單位所歸屬的組名後，按「單位」，彈出計量單位設置窗口；按「增加」，錄入計量相關信息後；按「保存」，保存添加的內容，如圖 2-18 所示。

圖 2-18　計量單位錄入窗口

3. 存貨檔案

存貨主要用於設置企業在生產經營中使用到的各種存貨信息，以便於對這些存貨進行資料管理、實物管理和業務數據的統計、分析。本功能完成對存貨目錄的設立和管理，隨同發貨單或發票一起開具的應稅勞務等也應設置在存貨檔案中。同時，提供基礎檔案在輸入中的方便性，完備基礎檔案中的數據項，提供存貨檔案的多計量單位設置。用友 ERP-U8 系統中存貨檔案各頁面的主要欄目說明如下：

(1) 存貨檔案基本頁

存貨編碼：必須輸入，最多可以輸入 60 位數字或字符。

存貨名稱：存貨名稱為必填項。必須輸入，最多可以輸入 255 位漢字或字符。

計量單位組：可以參照選擇錄入，最多可輸入 20 位數字或字符。

計量單位組類別：根據已選的計量單位組系統自動帶入。

主計量單位：根據已選的計量單位組，顯示或選擇不同的計量單位。

生產計量單位：設置生產製造系統缺省時使用的輔計量單位。對應每個計量單位組均可以設置一個生產訂單系統缺省使用的輔計量單位。

庫存（採購、銷售、成本、零售）系統默認單位：對應每個計量單位組均可以設置一個且最多設置一個庫存（成本、銷售、採購）系統缺省使用的輔計量單位。其中成本默認輔計量單位，不可輸入主計量單位。

存貨分類：系統根據增加存貨前所選擇的存貨分類自動填寫，可以修改。

銷項稅率：錄入，此稅率為銷售單據上該存貨默認的銷項稅稅率，默認為 17，可修改，可以輸入小數位，允許輸入的小數位長根據數據精度對稅率小數位數的要求進行限制，可批改。

進項稅率：默認新增檔案時進項稅=銷項稅=17%，可批改。

存貨屬性：系統為存貨設置了多種屬性。同一存貨可以設置多個屬性，但當一個存貨同時被設置為自制、委外和（或）外購時，MPS/MRP 系統默認自制為其最高優先屬性而自動建議計劃生產訂單；而當一個存貨同時被設置為委外和外購時，MPS/MRP 系統默認委外為其最高優先屬性而自動建議計劃委外訂單。

內銷：具有該屬性的存貨可用於銷售。發貨單、發票、銷售出庫單等與銷售有關的單據參照存貨時，參照的都是具有銷售屬性的存貨。開在發貨單或發票上的應稅勞務，也應設置為銷售屬性，否則開發貨單或發票時無法參照。

外銷：具有該屬性的存貨可用於銷售。發貨單、發票、銷售出庫單等與銷售有關的單據參照存貨時，參照的都是具有銷售屬性的存貨。開在發貨單或發票上的應稅勞務，也應設置為銷售屬性，否則開發貨單或發票時無法參照。新增存貨檔案外銷默認為不選擇。

外購：具有該屬性的存貨可用於採購。到貨單、採購發票、採購入庫單等與採購有關的單據參照存貨時，參照的都是具有外購屬性的存貨。開在採購專用發票、普通發票、運費發票等票據上的採購費用，也應設置為外購屬性，否則開具採購發

第二章　財務初始處理

票時無法參照。

生產耗用：具有該屬性的存貨可用於生產耗用，如生產產品耗用的原材料、輔助材料等。具有該屬性的存貨可用於材料的領用。材料出庫單參照存貨時，參照的都是具有生產耗用屬性的存貨。

委外：具有該屬性的存貨主要用於委外管理。委外訂單、委外到貨單、委外發票、委外入庫單等與委外有關的單據參照存貨時，參照的都是具有委外屬性的存貨。

自制：具有該屬性的存貨可由企業生產自制。如工業企業生產的產成品、半成品等存貨。具有該屬性的存貨可用於產成品或半成品的入庫，產成品入庫單參照存貨時，參照的都是具有自制屬性的存貨。

計劃品：具有該屬性的存貨主要用於生產製造中的業務單據，以及對存貨的參照過濾。計劃品代表一個產品系列的物料類型，其物料清單中包含子件物料和子件計劃百分比。可以使用計劃物料清單來幫助執行主生產計劃和物料需求計劃。與「存貨」其他所有屬性互斥。

選項類：是在 ATO 模型或 PTO 模型物料清單上，對可選子件的一個分類。

備件：具有該屬性的存貨主要用於設備管理的業務單據和處理，以及對存貨的參照過濾。

PTO：使用標準 BOM，既可選擇 BOM 版本，也可選擇模擬 BOM，直接將標準 BOM 展開到單據表體。

ATO：指面向訂單裝配，即接受客戶訂單后方可下達生產裝配。ATO 在接受客戶訂單之前雖可預測，但目的在於事先提前準備其子件供應，ATO 件本身則需按客戶訂單下達生產。本系統中，ATO 一定同時為自制件屬性。若 ATO 與模型屬性共存，則是指在客戶訂購該物料時，其物料清單可列出其可選用的子件物料，即在銷售管理或出口貿易系統中可以按客戶要求訂購不同的產品配置。

模型：在其物料清單中可列出其可選配的子件物料。本系統中，模型可以是 ATO 或者 PTO。屬性為「ATO+模型」，則供需政策自動選擇 LP（批量供應法）。

PTO+模型：指面向訂單挑選出庫。本系統中，PTO 一定同時為模型屬性，是指在客戶訂購該物料時，其物料清單可列出其可選用的子件物料，即在銷售管理或出口貿易系統中可以按客戶要求訂購不同的產品配置。ATO 模型與 PTO 模型的區別在於，ATO 模型需選配后下達生產訂單組裝完成再出貨，PTO 模型則按選配子件直接出貨。

資產：「資產」與「受託代銷」的屬性互斥。「資產」屬性的存貨不參與計劃，「計劃方法」（MRP 頁簽）只能選擇 N。資產存貨，默認倉庫只能錄入和參照倉庫檔案中的資產倉；非「資產」存貨，默認倉庫只能錄入和參照倉庫檔案中的非資產倉。

工程物料：企業在進行新品種大批量生產之前，小批量試製用到的新物料。這種物料在採購時需要進行單次採購數量的限制。

計件：選中，表示該產品或加工件需要核算計件工資，可批量修改。

應稅勞務：指開具在採購發票上的運費費用、包裝費等採購費用或開具在銷售發票或發貨單上的應稅勞務。應稅勞務屬性應與「自制」「在制」「生產耗用」屬性互斥。

服務項目：默認為不選擇。

服務配件：默認為不選擇，同「服務項目」選擇互斥，與備件屬性的控制規則相同。

服務產品：服務單選擇故障產品時，只可參照該標誌的存貨。服務產品控制規則同服務配件控制規則。

是否折扣：即折讓屬性，若選擇是，則在採購發票和銷售發票中錄入折扣額。該屬性的存貨在開發票時可以沒有數量，只有金額；或者在藍字發票中開成負數。它與「生成耗用」「自制」「在制」的屬性互斥，即不能與它們三個中任一個屬性同時錄入。

是否受託代銷：在建立帳套時，企業類型為商業和醫藥流通才可以啟用受託代銷業務。(要選此項，需要先在「庫存管理」選項設置中選中「有無受託代銷業務」選項)

是否成套件：選擇是，則該存貨可以進行成套業務。(要選此項需要先在「庫存管理」選項設置中選中「有無成套件管理」選項)

保稅品：進口的被免除關稅的產品被稱為保稅品。只要有業務發生，該存貨就不能變為非保稅存貨。

(2) 存貨檔案成本頁

該頁簽中的各種屬性主要用於在進行存貨的成本核算過程中提供價格計算的基礎依據。具體屬性說明如下：

在存貨核算系統選擇存貨核算時必須對每一個存貨記錄設置一個計價方式，缺省選擇全月平均，若前面已經有新增記錄，則計價方式與前面新增記錄相同。

當存貨核算系統中已經使用該存貨，就不能修改該計價方式。

費用率：錄入，可以為空，可以修改。用於存貨核算系統，計提存貨跌價準備。

計劃單價/售價：採用計劃價法核算的帳套必須設置，因為在單據記帳等處理中必須使用該單價；計算差異和差異率也以該價格為基礎，工業企業使用計劃價對存貨進行核算，商業企業使用售價對存貨進行核算，根據核算方式的不同，分別按照倉庫、部門、存貨設置計劃價/售價核算。核算體系為標準成本時，該價格特指材料計劃價，採購屬性的存貨在此錄入，半成品或產成品的材料計劃價由系統自動計算，無須手工錄入。

最高進價：指進貨時企業參考的最高進價。如果企業在採購管理系統中選擇要進行最高進價控制，則在填製採購單據時，如果此次進價高於最高進價，系統會要求輸入口令，如果口令輸入正確，方可高於最高進價採購，否則不行。

第二章　財務初始處理

參考成本：指非計劃價或售價核算的存貨填製出入庫成本時的參考成本。採購商品或材料暫估時，參考成本可作為暫估成本。存貨負出庫時，參考成本可作為出庫成本。該屬性比較重要，建議都進行填寫。在存貨核算系統該值可以和「零成本出庫單價確認」「入庫成本確認方式」「紅字回衝單成本確認方式」「最大最小單價控制方式」等選項配合使用。如果各種選項設置為參考成本，則在各種成本確認的過程中都會自動取該值作為成本。

最新成本：指存貨的最新入庫成本，可修改。存貨成本的參考值，不進行嚴格的控制。產品材料成本、採購資金預算是以存貨檔案中的計劃售價、參考成本和最新成本為依據，所以如果要使用這兩項功能，在存貨檔案中必須輸入計劃售價、參考成本和最新成本，可隨時修改。如果使用了採購管理產品，那麼在做採購結算時，提取結算單價作為存貨的最新成本，自動更新存貨檔案中的最新成本。

最低售價：指存貨銷售時的最低銷售單價。在錄入最低售價時，根據報價是否含稅錄入無稅售價或含稅售價。

參考售價：可錄入。根據報價是否含稅錄入無稅售價或含稅售價。

主要供貨單位：指存貨的主要供貨單位，如商業企業商品的主要進貨單位或工業企業材料的主要供應商等。

銷售加成率：錄入百分比。「銷售管理」設置取價方式為最新成本加成，則銷售報價＝存貨最新成本×（1+銷售加成率）。

零售價格：用於零售系統錄入單據時缺省帶入的銷售價格。

本階標準人工費用、本階標準變動製造費用、本階標準固定製造費用、本階標準委外加工費：指用於存貨在物料清單子件產出類型為「聯產品或副產品」時，計算單位標準成本及標準成本時引用此數據作為計算本階主、副、聯產品的權重。

前階標準人工費用、前階標準變動製造費用、前階標準固定製造費用、前階標準委外加工費：指用於存貨在物料清單子件產出類型為「聯產品或副產品」時，計算單位標準成本及標準成本時引用此數據作為計算前階主、副、聯產品的權重。

投產推算關鍵子件：成本管理在產品分配率選擇「按約當產量」時，勾選此選項，可作為成本管理推算產品投產數量的依據。此字段屬性會直接帶到 BOM 子件中。成本管理「月末在產品處理表」取數選擇「按關鍵子件最大套數」或「按關鍵子件最小套數」時，將根據此選擇取出產品的投產數量。注意：在存貨檔案修改「投產推算關鍵子件」屬性，僅影響新增 BOM 子件。

（3）存貨檔案控制頁

最高庫存：指存貨在倉庫中所能儲存的最大數量，超過此數量就有可能形成存貨的積壓。最高庫存不能小於最低庫存。在填製出入庫單時，如果某存貨的目前結存量高於最高庫存，系統將予以報警。庫存管理系統需要設置此選項，才能報警。

最低庫存：指存貨在倉庫中應保存的最小數量，低於此數量就有可能形成短缺，影響正常生產。如果某存貨當前可用量小於此值，在庫存管理系統填製出庫單及登

錄產品時系統將予以報警。

　　安全庫存：指在庫存中，為了預防需求或供應方面不可預料的波動保存的貨物項目數量。在庫管理中，根據庫存量來進行安全預警。如果補貨政策選擇「按再訂貨點（ROP）」方法，庫存管理再訂貨點運算、再訂貨點維護以及查詢安全庫存預警報表時以此處的設置為基準。

　　積壓標準：指輸入存貨的週轉率。呆滯積壓存貨分析根據積壓標準進行統計，即週轉率小於積壓標準的存貨，在庫存管理中要進行統計分析。在庫存管理系統進行呆滯積壓存貨分析時，用實際存貨週轉率與該值進行比較，以確定存貨在庫存中存放的狀態（呆滯、積壓或非呆滯積壓狀態）。

　　替換件：指可作為某存貨的替換品的存貨，來源於存貨檔案。替換件：錄入可替換當前存貨（被替換品）的存貨（替換品）。錄入庫存單據時，如果發現被替換品存量不足，可以用替換品代替原存貨出庫。

　　貨位：指存貨的默認存放貨位。在庫存系統填製單據時，系統會自動將此貨位作為存貨的默認貨位，但用戶可修改。在企業中倉庫的存放貨位一般用數字描述。例如：3-2-12 表示第 3 排第 2 層第 12 個貨架。貨位可以分級表示。貨位的形式既可以是三維立體形式，也可以是二維平面表示。

　　請購超額上限：設置根據請購單生成採購訂單時，可以超過來源請購單訂貨的上限範圍。指「採購管理」選項設置為「允許超請購訂貨」時，訂貨可超過請購量的上限值，具體請參見「採購管理」幫助中「業務及權限控制」部分的說明。

　　採購數量上限：用於採購時需要進行單次採購數量的限制。如果在基本頁簽中的工程物料被選中，則可以錄入；否則，不可以錄入。

　　入庫、出庫超額上限：指設置根據來源單據做出入庫單時，可以超過來源單據出庫或入庫的上限範圍。

　　訂貨超額上限：控制訂貨時不能超過所需量的上限數量。參照 MPR/MPS 建議在訂貨量生成採購訂單的時候，訂購量可超過建議訂貨量的上限值。

　　發貨允超上限：指發貨允許超出訂單的上限。

　　ABC 分類法：指定每一存貨的 ABC 類別，只能輸入 A、B、C 三個字母其中之一。其基本原理是：按成本比重高低將各成本項目分為 A、B、C 三類，對不同類別的成本採取不同控制方法。這一方法符合抓住關鍵少數、突出重點的原則，是一種比較經濟合理的管理方法。該方法既適用於單一品種各項成本的控制，又可以用於多品種成本控制，也可以用於某項成本的具體內容的分類控制。A 類成本占 A、B、C 三類成本總和的比重最大，一般應為 70% 以上，但實物數量則不超過 20%；B 類成占 A、B、C 三類成本總和的比重為 20% 左右，其實物量則一般不超過 30%；C 類項目實物量不低於 50%，但其成本占 A、B、C 三類成本總和的比重則不超過 10%。按照 ABC 分類法的要求，A 類項目是重點控制對象，必須逐項嚴格控制；B 類項目是一般控制對象，可分不同情況採取不同措施；C 類項目不是控制的主要對象，只

第二章　財務初始處理

需採取簡單控制的方法即可。顯然，按 ABC 分類法分析成本控制對象，可以突出重點，區別對待，做到主次分明，抓住成本控制的主要矛盾。

合理損耗率：可以手工輸入小數位數最大為 6 位的正數，可以空，可以隨時修改。其用途如下：①庫存盤點時使用，庫存管理進行存貨盤點時可以根據實際損耗率與此值進行比較，確定盤虧存貨的處理方式；②作為 BOM 中子件損耗率默認值。

領料批量：可空，可輸入小數。如果存貨設置成切除尾數，則不允許錄入小數。如果設置了領料批量，在根據生產訂單、委外訂單進行領料及調撥時，系統將執行的領料量調整為領料批量的整數倍。

最小分割量：在進行配額分配時，對於有些採購數量較小的採購需求，企業並不希望將需求按照比例在多個供應商間進行分割，而是全部給實際完成率比較低的那個供應商。因此，這個參數針對存貨設置。在進行配額前，系統可以根據企業的設置和這個參數自動判斷是否需要分給多個供應商。

ROHS 物料：標示當前存貨是不是 ROHS 物料。某些企業在採購 ROHS 涉及的物料時需要從通過 ROHS 認證的供應商處採購。

是否保質期管理：指存貨是否要進行保質期管理。如果某存貨要進行保質期管理，可用鼠標點擊選擇框選擇「是」，且錄入入庫單據時，系統將要求輸入該批存貨的失效日期。

保質期單位：設置保質期值對應的單位，可設為年、月、天，默認為天，可隨時修改。只有保質期管理的存貨才能選擇保質期單位；保質期單位和保質期必須同時輸入或不輸入，不能一個為空另一個不為空；輸入保質期之前必須先選擇保質期單位。

是否條形碼管理：可以隨時修改該選項。在庫存系統可以對條形碼管理的存貨分配條形碼規則。可以隨時修改該選項。只有設置為條形碼管理的存貨才可以在庫存系統中分配條形碼規則。

對應條形碼：最多可以輸入 30 位數字或字符，可以隨時修改，可以為空。但不允許有重複的條形碼存在。庫存生成條形碼時，作為存貨對應條形碼的組成部分。

是否批次管理：指存貨是否需要批次管理。只有在庫存選項設置為「有批次管理」時，此項才可選擇。如果存貨是批次管理，錄入出、入庫單據時，系統將要求輸入出、入庫批號。

用料週期：指物料從上次出庫到下次出庫的時間間隔。此參數用於庫存進行用料週期分析時使用。用料週期分析用於分析若幹時間內沒有做過出庫業務的物料，以便統計物料的使用週期及呆滯積壓情況。

領料切除尾數：指經過 MRP/MPS 運算后得到的領料數量是否要切除小數點后的尾數。如果選擇是，當領料批量存在小數時，給出提示，可修改。

是否序列號管理：默認為「否」，隨時可改。存貨啟用序列號管理作用於「服務管理」和「庫存管理」兩個子系統。服務管理：服務選項設置為「啟用序列號管

53

理」時，則服務單執行完工操作時必須輸入產品的序列號。庫存管理：庫存選項設置為「啟用序列號管理」時，對於有序列號的存貨，在填出入庫時可以維護其對應序列號信息。

是否呆滯積壓：用於設置該存貨是否為呆滯積壓存貨。只有設置成此項時才可以在庫存管理的「呆滯積壓備查簿」裡查詢。

是否單獨存放：用於設置該存貨是否需要單獨存放，可以隨時修改。

是否來料須依據檢驗結果入庫：用於對入庫物料的控制，如果設置為來料須依據檢驗結果入庫，則根據來料檢驗單生成採購入庫單時系統控制累計入庫量不得大於檢驗合格量+讓步接受量。

是否出庫跟蹤入庫：可以修改，但是若需要將該選項從不選擇狀態改為選擇狀態，則需要檢查該存貨有無期初數據或者出入庫數據，在有數據的情況下不允許修改。只有設置此項時，在錄入出庫單時需要指定對應的入庫單，才可以跟供應商對應存貨收發存情況。

產品須依據檢驗結果入庫：庫管部門做入庫時，有些企業或同一企業的某些品種，能夠嚴格按照質量部門確定的檢驗合格量入庫，而對有些企業來說，入庫量與檢驗合格量之間允許有一定的容差。可以通過勾選進行操作。

（4）存貨檔案 MPS/MRP 頁

如果是工業帳套，則需要顯示並輸入存貨檔案 MPS/MRP 頁的相關信息資料。

成本相關：表示該物料是否包含在物料清單中其母件的成本累計中。如果存貨屬性內銷/外銷不選、生產耗用不選而允許 BOM 子件勾選，則成本相關默認不選。

是否切除尾數：一種計劃修正手段，說明由 MRP/MPS 系統計算物料需求時，是否需要對計劃訂單數量進行取整。選擇「是」時，系統會對數量進行向上進位取整。切除尾數的例子：計算出的數量為 3.4，選擇切除尾數后，MPS/MRP 會把此數量修正為 4。

是否令單合併：當供需政策為 LP 時，可選擇同一銷售訂單或同一銷售訂單行號或同一需求分類號（視需求跟蹤方式設定）的淨需求是否予以合併。

是否重複計劃：表示此存貨是按重複計劃方式還是按離散的任務方式進行計劃與生產管理。選擇「是」時，MPS/MRP 將重複的日產量方式編製計劃和管理生產訂單。若不選擇此選項，系統則以傳統的離散計劃方式來管理。只有自制件才可以設置為重複計劃。

MPS 件：本欄位用於區分此物料是 MPS 件還是 MRP 件，供主生產計劃系統和物料需求計劃之用，可選擇或不選擇。若選擇，則表明此存貨為主生產計劃對象，稱為 MPS 件。列入 MPS 件範圍的，通常為銷售品、關鍵零組件、供應提前期較長或占用產能負荷大或作為預測對象的存貨等。MPS 件的選擇可按各階段需要而調整，以求適量。若不選擇，則不列為主生產計劃對象，即為 MRP 展開對象，也稱為非 MPS 件。未啟用主生產計劃系統之前，可將全部存貨設定為非 MPS 件，即將全

第二章 財務初始處理

部存貨列為 MRP 計算對象。在啟用主生產計劃或需求規劃系統之前,本欄位可不選擇。

預測展開:可選擇是/否。選項類、PTO 模型屬性的存貨默認為「是」不可改,ATO 模型、計劃品屬性的存貨默認為「是」可改,其他屬性的存貨默認為「否」不可改。設置為「是」的存貨,在產品預測訂單按計劃、模型或選項類物料清單執行預測展開時,將視為被展開對象。

允許 BOM 母件:如果存貨屬性為「計劃品、ATO、PTO、選項類、自制、委外件」時,該屬性默認為「是」可改,如果該存貨為「外購件」,則該屬性默認為「否」可改,其他存貨屬性一律為「否」不可改。

允許 BOM 子件:「計劃品、ATO、PTO、選項類、自制、委外件、外購件」默認為「是」可改,其他存貨屬性一律為「否」不可改。

允許生產訂單:「自制」屬性默認為「是」可改;「委外、外購」屬性默認為「否」可改;其他存貨屬性一律為「否」不可改。

關鍵物料:是指在交期模擬計算時是否考慮該物料。

生產部門:該自制存貨通常負責的生產部門。

計劃員:說明該存貨的計劃資料由誰負責,須首先在職員檔案中建檔。

計劃方法:可選擇 R/N。R 表示此存貨要列入 MRP/MPS 計算的對象,編製 MPS/MRP 計劃;N 表示該存貨及其以下子件都不計算需求,不列入 MRP/MPS 展開。如量少價低、可隨時取得的物料,可採用再訂購點或其他方式計劃其供應。如果存貨屬性內銷/外銷不選、生產耗用不選而允許 BOM 子件勾選,計劃方法默認為 N。

需求時柵:在計算 MPS/MRP 時,在某一時段,對某物料而言,其獨立需求來源可能是按訂單或按預測或兩者都有,系統是按各物料所對應的時柵內容而運作的。系統讀取時柵代號的順序為:先以物料在存貨主檔中的時柵代號為準,若無則按 MPS/MRP 計劃參數中設定的時柵代號。

計劃時柵天數:可輸入最多三位正整數,可不輸入。

重疊天數:可輸入最多三位正/負整數,可不輸入。

供需政策:各存貨的供應方式,可以選擇 PE 或 LP。本欄位為主生產計劃及需求規劃系統,規劃計劃訂單之用。對應存貨在「現存量」表中有記錄則不允許「LP、PE」轉換。

PE(Period):表示期間供應法。在計算 MPS/MRP 時,按設定期間匯總淨需求一次性供應,即合併生成一張計劃訂單。此方式可增加供應批量、減少供應次數,但需求來源(如銷售訂單)變化太大時,將造成庫存太多、情況不明的現象。若供需政策採用 PE 且為非重複計劃物料,則可在「供應期間類型、供應期間、時格代號」欄位輸入相關值,並選擇「可用日期」參數。

LP(Lot Pegging):表示批量供應法,按各時間的淨需求各自分別供應。所有淨

55

需求都不合併，按銷售訂單不同各自生成計劃訂單。此方式可使供需對應關係明朗化，庫存較低，但供應批量可能偏低，未達到經濟規模。若供需政策選用 LP，則可選擇「是否令單合併」欄位。

需求跟蹤方式：如果供需政策為 LP，可選擇「訂單號/訂單行號/需求分類代號」三種需求跟蹤方式之一，分別表示按銷售訂單號、銷售訂單行或需求分類號來對物料的供需資料分組。

替換日期：因某些原因（如技術、經濟上原因等），而確定存貨將在該日期被另一存貨所替代，但在該存貨被另一存貨替代之前，該存貨的現有庫存將被使用完畢。將 MRP 展開時，一旦該存貨庫存在替換日期之後被完全使用完畢，系統自動將該存貨的相關需求分配給另一存貨（替換料）。

固定供應量：一種計劃修正手段，在編製 MPS/MRP 時使用。此處輸入存貨的最低供應量，若該存貨有結構性自由項，則新增存貨時為各結構自由項默認的固定供應量，如果要按各結構自由項分別設置不同的固定供應量，請按結構自由項個別修改。在計算 MPS/MRP 時，按各存貨（或存貨加結構自由項）的固定供應量，將淨需求數量調整為固定的計劃訂單數量，即在淨需求不能達到固定供應量時，系統將建議固定供應量；而在淨需求超過固定供應量時，系統將為建議多個計劃數量等於固定供應量的計劃訂單。

最低供應量：一種計劃修正手段，在編製 MPS/MRP 時使用。輸入存貨的最低供應量，若該存貨有結構性自由項，則新增存貨時為各結構自由項默認的最低供應量，如果要按各結構自由項分別設置其不同的最低供應量，請按結構自由項個別修改。在計算 MPS/MRP 時，如果淨需求數量小於最低供應量，將淨需求數量修改為最低供應量；否則，保持原淨需求數量不變。

供應倍數：一種計劃修正手段，在編製 MPS/MRP 時使用。輸入存貨的供應倍數，若該存貨有結構性自由項，則新增存貨時為各結構自由項默認的供應倍數，如果要按各結構自由項分別設置不同的供應倍數，請按結構自由項個別修改。在計算 MPS/MRP 時，按各存貨（或存貨加結構自由項）的供應倍數，將淨需求數量修正為供應倍數的整數倍，即各計劃訂單數量一定為供應倍數的整數倍。註：此供應倍數可以為小數。

變動基數：如果有變動提前期考慮時，每日產量即為變動基數。

總提前期的計算公式：$\dfrac{總需求量}{變動基數} \times 變動提前期 + 固定提前期$

固定提前期：從發出需求訊息，到接獲存貨為止所需的固定提前期。以採購件為例，即不論需求量多少，從發出採購訂單到可收到存貨為止的最少需求時間，稱為此採購件的固定提前期。

變動提前期：指生產或採購或委外時，因數量造成生產或採購或委外時間不一致的這段時間。

第二章 財務初始處理

工程圖號：輸入工程圖號，備註用。

供應類型：用以控制如何將子件物料供應給生產訂單和委外訂單、如何計劃物料需求以及如何計算物料成本。此處定義的供應類型將帶入物料清單，成為子件供應類型的默認值。

領用：可按需要直接領料而供應給相應的生產訂單和委外訂單。

入庫倒衝：在用友 ERP-U8 倒衝在生產訂單和委外訂單母件完成入庫時，系統自動產生領料單，將子件物料發放給相應的生產訂單和委外訂單。

工序倒衝：在生產訂單母件工序完工時，系統自動產生領料單，將子件物料發放給相應的生產訂單。

虛擬件：虛擬件是一個無庫存的裝配件，它可以將其母件所需物料組合在一起，產生一個子裝配件。MPS/MRP 系統可以通過虛擬件直接展開到該虛擬件的子件，就好似這些子件直接連在該虛擬件的母件上。在成本管理系統中計算產品成本時，這些虛擬件的母件的裝配成本將會包括虛擬件的物料成本，但不包含人工及製造費用等成本要素。

直接供應：在生產過程中，如果子件直接由上階訂單生產，且子件實體不必進入庫存，則這些子件稱為直接供應子件。

低階碼：又稱為低層代碼，表示該存貨在所有物料清單中所處的最低層次，由「物料清單」系統中「物料低階碼自動計算」功能計算得到。在計算 MPS/MRP 時，使用低階碼來確保在計算出此子件的所有毛需求之前不會對此存貨進行淨需求。

計劃品編碼：可輸入一個計劃品的存貨編碼，目的在於建立存貨與某一計劃品的對應關係，與「轉換因子」欄位值配合，用於將存貨的銷售訂單與該計劃品的需求預測進行預測消抵。只有銷售屬性的存貨才可輸入；輸入的計劃品其「預測展開」設置為否；輸入計劃品的 MPS/MRP 屬性與原存貨相同。

轉換因子：輸入計劃品編碼時必須輸入，默認為 1 可改，須大於零。

檢查 ATP：系統默認為「不檢查」，可改為「檢查物料」。如果選擇為「檢查物料」，則在生產訂單和委外管理系統中，可以檢查該物料的可承諾數量，以進行缺料分析與處理。

ATP 規則：可參照輸入自定義的 ATP 規則，資料來源於 ATP 規則檔案，可不輸入，支持批改。ATP 規則可以定義供應和需求來源、時間欄參數等。執行生產訂單/委外訂單子件 ATP 數量查詢時，如果子件「檢查 ATP」設置為「檢查物料」，則在此處輸入 ATP 規則，若未輸入則以生產製造參數設定中的 ATP 規則為準。

安全庫存方法：選擇 MPS/MRP/SRP 自動規劃時安全庫存的處理方式。默認為「靜態」，可改為「靜態/動態」之一。如果設置為「靜態」，MPS/MRP/SRP 計算以物料檔案中輸入的安全庫存量為準；如果設置為「動態」，則系統自動計算物料基於需求的安全庫存量。

期間類型：MPS/MRP/SRP 計算動態安全庫存量，首先必須確定某一期間內物

料的需求量。本欄位供選擇確定此期間的期間類型，系統依該欄位值與「期間數」輸入值確定計算物料需求量的期間長度。如期間類型為天、期間數為12，則期間長度為12天。系統默認為「天」，可改為「天/周/月」之一，安全庫存方法選擇為「動態」時必須輸入。

期間數：安全庫存方法選擇為「動態」時必須輸入。

動態安全庫存方法：選擇動態安全庫存量是以覆蓋日平均需求量的天數來計算，或以動態安全庫存期間內總需求量的百分比來計算。默認為「覆蓋天數」，可改為「覆蓋天數/百分比」之一，安全庫存方法選擇為「動態」時必須輸入。

覆蓋天數：動態安全庫存方法選擇為「覆蓋天數」時必須輸入。

百分比：動態安全庫存方法選擇為「百分比」時必須輸入。

BOM展開單位：指執行BOM展開時，是以子件的基本用量或是以輔助基本用量作為子件使用數量的計算基準。

允許提前天數：輸入天數。需求規劃進行供需平衡時，如果需求之後存在供應，且供應日期減需求日期小於或等於允許提前天數，則該筆供應的重規劃日提前至需求日期；若供應日期減需求日期大於允許提前天數，則不修改該供應的重規劃日。

允許延後天數：輸入天數。需求規劃進行供需平衡時，如果供應之後存在需求，且需求日期減供應日期大於或等於允許延後天數，則該筆供應的重規劃日延後至需求日期；若需求日期減供應日期小於允許延後天數，則不修改該供應的重規劃日。

銷售跟單：如果供需政策為PE，可選擇銷售跟單選項。銷售跟單選項需要配合需求跟蹤方式使用以確定計劃訂單帶入的跟蹤號是「訂單號/訂單行號/需求分類代號」之一。PE物料的銷售跟單只是將跟蹤號帶入計劃訂單中顯示，其作用僅僅表示計劃訂單最初是根據哪一個需求跟蹤號產生的，再次計劃時並不按照需求跟蹤號來進行供需平衡。

領料方式：可以選擇「直接領料/申請領料」之一，直接領料表示生產時按照生產訂單進行領料作業，申請領料表示生產時需要預先按照生產訂單申請領料，再進行領料作業。

供應期間類型：對於非重複計劃的PE件，選擇其進行淨需求合併的供應期間的期間類型。除了採用時格進行供應期間割分外，其他供應期間類型皆與「供應期間」欄位輸入值一併確定供應期間長度。如供應期間類型為天、供應期間為12，則供應期間長度為12天。系統默認為「天」，可改為「天/周/月/時格」之一。

供應期間：輸入供應期間數。該欄位值與供應期間類型一起（選擇時格時除外），用於計算淨需求合併的供應期間長度。

時格代號：如果供應期間類型選擇為「時格」，則參照時格檔案輸入。

可用日期：表示同一供應期間內的淨需求合併之后，其需求日期如何確定。系統默認為「第一需求日」，可選擇「第一需求日/期間開始日/期間結束日」之一。

第二章　財務初始處理

（5）存貨檔案計劃頁

在此頁簽輸入存貨檔案計劃頁的相關信息資料。用於庫存管理的再訂貨點法（ROP，Re-Order Point），是一種傳統的庫存規劃方法，該方法考慮了安全庫存和採購提前期，當庫存量降到再訂貨點時，按照批量規則進行訂購。現主要針對未在 BOM 中體現的低值易耗品、勞保用品。如果該存貨補貨政策為再訂貨點，則需要在此頁簽進行相關信息的設置。

ROP 件：設置為外購屬性+ROP 的存貨，在庫存系統中可以參與 ROP 運算，生成 ROP 採購計劃。

再訂貨點方法：設置為 ROP 件時，必選其一。（手工：由手工輸入再訂貨點。自動：由系統自動計算再訂貨點，不可手工修改，可錄入日均耗量）再訂貨點＝日均耗量×固定提前期+安全庫存。

ROP 批量規則：此處選定的批量規則決定庫存系統 ROP 運算時計劃訂貨量的計算規則。

保證供應天數：錄入不小於零的數字，默認為 1。當 ROP 批量規則選擇歷史消耗量時，根據此值計算計劃訂貨量。計劃訂貨量＝日均耗量×保證供應天數。

日均耗量：在庫存系統進行日均耗量與再訂貨點維護時，系統自動填寫該項。日均耗量＝歷史耗量/計算日均耗量的歷史天數，可修改。

固定供應量：即經濟批量。考慮批量可以使企業在採購或生產時按照經濟、方便的批量訂貨或組織生產，避免出現拆箱或量小不經濟的情況，多餘庫存可作為意外消耗的補充、瓶頸工序的緩解、需求變動的調節等。採用 ROP 批量規則選擇固定批量時，根據此值計算計劃訂貨量。

固定提前期：從訂貨到貨物入庫的週期。再訂貨點方法選擇「自動」時，系統根據此值計算再訂貨點。

累計提前期：指從取得原物料開始到完成製造該存貨所需的時間，可逐層比較進而取得其物料清單下各層子件的最長固定提前期，再將本存貨與其各層子件中最長的提前期累加而得。該值由 MPS/MRP 系統中「累計提前期天數推算」作業自動計算而得。

【實務案例】

堯順電子股份有限公司的存貨檔案如表 2-10 所示。

表 2-10

存貨編碼	存貨名稱	所屬分類碼	計量單位	稅率	存貨屬性
101	塑料	01	千克	17%	外購、生產耗用
102	合金	01	千克	17%	外購、生產耗用
103	推式開關	01	個	17%	外購、生產耗用

表2-10(續)

存貨編碼	存貨名稱	所屬分類碼	計量單位	稅率	存貨屬性
104	腳踏開關	01	個	17%	外購、生產耗用
105	2平方米電線	01	平方米	17%	外購、生產耗用
106	4平方米電線	01	平方米	17%	外購、生產耗用
107	木材	01	噸	17%	外購、生產耗用
108	玻璃纖維	01	噸	17%	外購、生產耗用
109	鋁材	01	噸	17%	外購、生產耗用
201	潤滑油	02	噸	17%	外購、生產耗用
202	包裝箱	02	個	17%	外購、生產耗用
301	臥室臺燈	03	個	17%	自制、內銷
302	落地臺燈	03	個	17%	自制、內銷

【操作步驟】

在企業應用平臺中，執行「基礎設置→基礎檔案→存貨→存貨檔案」命令，進入存貨檔案設置主界面，在左邊的樹型列表中選擇一個末級的存貨分類（如果在建立帳套時設置存貨不分類，則不用進行選擇），單擊「增加」按鈕，進入增加狀態。選擇「基本」「成本」「控制」「其他」「計劃」「MPS/MRP」「圖片」「附件」頁簽，填寫相關內容。然后，點擊「保存」按鈕，保存此次增加的存貨檔案信息；或點擊「保存並新增」按鈕保存此次增加的存貨檔案信息，並增加空白頁供繼續錄入存貨信息。

第五節　財務基礎設置

一、憑證類型

許多單位為了便於管理或登帳方便，一般對記帳憑證進行分類編製。如果是第一次進行憑證類別設置，可以按以下幾種常用分類方式進行定義。①記帳憑證；②收款、付款、轉帳憑證；③現金、銀行、轉帳憑證；④現金收款、現金付款、銀行收款、銀行付款、轉帳憑證。

【實務案例】

堯順電子股份有限公司的會計憑證類別如表2-11所示。

第二章　財務初始處理

表 2-11

類別字	類別名稱	限制類型	限制科目
收	收款憑證	借方必有	1001，1002
付	付款憑證	貸方必有	1001，1002
轉	轉帳憑證	憑證必無	1001，1002

【操作步驟】

在企業應用平臺中，執行「基礎設置→基礎檔案→財務→憑證類別」命令，進入憑證類別設置主界面，單擊「增加」按鈕，在表格中新增的空白行中填寫憑證類別字、憑證類別名稱並參照選擇限制類型及限制科目等欄目。

「限制類型及科目」的含義如下：

「借方必有」指填製收款憑證時，借方必須有 1001 或 1002 科目，即 1001 和 1002 中至少有一個科目。如果沒有，則為不合法憑證，不能保存。

「貸方必有」指填製付款憑證時，貸方必須有 1001 或 1002 科目，即 1001 和 1002 中至少有一個科目。如果沒有，則為不合法憑證，不能保存。

「憑證必無」填製轉帳憑證時，憑證借貸方均不能有 1001 或 1002 科目。如果有，則為不合法憑證，不能保存。

若限制科目為非末級科目，則在製單時，其所有下級科目都將受到同樣的限制。如限制科目為 1002，且 1002 科目下有 100201、100202 兩個下級科目，那麼，在填製轉帳憑證時，將不能使用 100201 和 100202 科目。

已經使用的憑證類別不能刪除。

二、結算方式

該功能用來建立和管理企業在經營活動中所涉及的結算方式，如現金結算、支票結算等。結算方式最多可以分為 2 級。結算方式一旦被引用，便不能進行修改和刪除的操作。

【實務案例】

堯順電子股份有限公司的結算方式如表 2-12 所示。

表 2-12

結算方式編號	結算方式名稱	是否票據管理
1	現金結算	否
2	支票	否
201	現金支票	是
202	轉帳支票	是

61

表2-12(續)

結算方式編號	結算方式名稱	是否票據管理
3	匯兌	否
301	信匯	否
302	電匯	否
4	銀行本票	否
5	銀行匯票	否
6	委託收款	否
7	托收承付	否

【操作步驟】

在企業應用平臺中，執行「基礎設置→基礎檔案→收付結算→結算方式」命令，進入結算方式設置主界面，單擊「增加」按鈕，輸入結算方式編碼、結算方式名稱和是否票據管理。點擊「保存」按鈕，便可將本次增加的內容保存，並在左邊部分的樹形結構中添加和顯示。

三、銀行檔案及本單位開戶銀行

【實務案例】

銀行檔案信息：銀行編碼：01　銀行名稱：中國工商銀行　帳號長度：14位

【操作步驟】

在企業應用平臺中，執行「基礎設置→基礎檔案→收付結算→銀行檔案」命令，進入銀行檔案設置主界面，單擊「增加」按鈕，輸入銀行檔案相關信息後，點擊「保存」按鈕，便可將本次增加的內容保存。

【實務案例】

本單位開戶銀行：編號：001　銀行帳號：67676767676789

開戶銀行名稱：中國工商銀行攀枝花市炳草崗支行

【操作步驟】

在企業應用平臺中，執行「基礎設置→基礎檔案→收付結算→本單位開戶銀行」命令，進入本單位開戶銀行設置主界面，單擊「增加」按鈕，輸入開戶銀行相關信息後，點擊「保存」按鈕，便可將本次增加的內容保存。

四、外匯及匯率

為便於製單時調用外匯，減少錄入匯率的次數和差錯，需先對外匯及匯率進行設置。在用友ERP中，「填製憑證」所用的外匯及匯率應先進行定義。

對於使用固定匯率（即使用月初或年初匯率）作為記帳匯率的企業，在填製每

第二章　財務初始處理

月的憑證前，應預先在此錄入當月的記帳匯率，否則在填製當月外幣憑證時，將會出現匯率為零的錯誤。

對於使用變動匯率（即使用當日匯率）作為記帳匯率的企業，在填製當天的憑證前，應預先在此錄入當天的記帳匯率。

【實務案例】

堯順電子股份有限公司的外匯及匯率：「美元」採用固定匯率 6.28 進行核算。

五、會計科目

會計科目是對會計對象具體內容分門別類進行核算所規定的項目，也是填製會計憑證、登記會計帳簿、編製會計報表的基礎。會計科目設置的完整性影響著會計過程的順利實施，會計科目設置的層次深度直接影響會計核算的詳細、準確程度。除此之外，電算化系統會計科目的設置是應用系統的基礎，它是實施各個會計手段的前提。

一般來說，為了充分體現計算機管理的優勢，在企業原有會計科目的基礎上，應對以往的一些科目結構進行調整，以便充分發揮計算機的輔助核算功能。如果企業原來有許多往來單位、個人、部門、項目是通過設置明細科目來進行核算管理的，那麼，在使用總帳系統后，最好改用輔助核算進行管理，即將這些明細科目的上級科目設為輔助核算科目，並將這些明細科目設為相應的輔助核算目錄。總帳系統中一共可設置十一種輔助核算，包括部門、個人、客戶、供應商、項目五種輔助核算以及部門客戶、部門供應商、客戶項目、供應商項目、部門項目及個人項目六種組合輔助核算。一個科目設置了輔助核算后，它所發生的每一筆業務都會登記在輔助總帳和輔助明細帳上。

（一）新增會計科目

單擊「增加」按鈕，進入會計科目頁編輯界面，根據欄目說明輸入科目信息，「確定」後保存。

（二）修改會計科目

選擇要修改的科目，單擊「修改」按鈕或雙擊該科目，即可進入會計科目修改界面，可以在此對需要修改的會計科目進行調整。單擊「第一頁」「前頁」「后頁」「最后頁」找到下一個需要修改的科目，重複上述步驟即可。

沒有會計科目設置權的只能在此瀏覽科目的具體定義，而不能進行修改。已使用的科目可以增加下級，新增第一個下級科目為原上級科目的全部屬性。

（三）刪除會計科目

刪除選中的科目，但已使用的科目不能刪除。

已有授權系統、已錄入科目期初餘額、已在多欄定義中使用、已在支票登記簿中使用、已錄入輔助帳期初餘額、已在憑證類別設置中使用、已在轉帳憑證定義中

中級會計電算化實務

使用、已在常用摘要定義中使用、已製單、記帳或錄入待核銀行帳期初的科目均為已使用科目。

【實務案例】

堯順電子股份有限公司的會計科目表如下：

（1）對照系統中預置的會計科目表，增加如表 2-13 所示的會計科目。

表 2-13　　　　　　　　　　2016 年 1 月本單位會計科目表

科目編碼	科目名稱	外幣幣種	計量單位	輔助帳類型	帳頁格式	餘額方向	受控系統	銀行帳	日記帳
1001	庫存現金				金額式	借			Y
1002	銀行存款				金額式	借		Y	Y
100201	工行存款				金額式	借		Y	Y
100202	中行存款	美元			外幣金額式	借		Y	Y
1012	其他貨幣資金				金額式	借			
101201	存出投資款				金額式	借			
101202	銀行本票				金額式	借			
101203	信用卡				金額式	借			
101299	其他				金額式	借			
1101	交易性金融資產			項目核算	金額式	借			
110101	成本			項目核算	金額式	借			
110102	公允價值變動			項目核算	金額式	借			
1111	買入返售金融資產				金額式	借			
1121	應收票據			客戶往來	金額式	借	應收系統		
1122	應收帳款			客戶往來	金額式	借	應收系統		
1123	預付帳款			供應商往來	金額式	借	應付系統		
1131	應收股利				金額式	借			
1132	應收利息				金額式	借			
1221	其他應收款			個人往來	金額式	借			
1231	壞帳準備				金額式	貸			
1401	材料採購				金額式	借			
1402	在途物資				金額式	借			
1403	原材料				金額式	借			
140301	塑料		千克		數量金額式	借			
140302	合金		千克		數量金額式	借			
140303	推式開關		個		數量金額式	借			
140304	腳踏開關		個		數量金額式	借			

第二章　財務初始處理

表2-13(續)

科目編碼	科目名稱	外幣幣種	計量單位	輔助帳類型	帳頁格式	餘額方向	受控系統	銀行帳	日記帳
140305	2平方米電線		平方米		數量金額式	借			
140306	4平方米電線		平方米		數量金額式	借			
140307	木材		噸		數量金額式	借			
140308	玻璃纖維		噸		數量金額式	借			
140309	鋁材		噸		數量金額式	借			
1404	材料成本差異				金額式	借			
1405	庫存商品				金額式	借			
140501	臥室臺燈		個		數量金額式	借			
140502	落地臺燈		個		數量金額式	借			
1408	委託加工物資				金額式	借			
1411	週轉材料				金額式	借			
141101	潤滑油		噸		數量金額式	借			
141102	包裝箱		個		數量金額式	借			
1461	融資租賃資產				金額式	借			
1471	存貨跌價準備				金額式	貸			
1501	持有至到期投資			項目核算	金額式	借			
150101	成本			項目核算	金額式	借			
150102	利息調整			項目核算	金額式	借			
150103	應計利息			項目核算	金額式	借			
1502	持有至到期投資減值準備				金額式	貸			
1503	可供出售金融資產			項目核算	金額式	借			
150301	成本			項目核算	金額式	借			
150302	公允價值變動			項目核算	金額式	借			
1511	長期股權投資			項目核算	金額式	借			
151101	投資成本			項目核算	金額式	借			
151102	損益調整			項目核算	金額式	借			
1512	長期股權投資減值準備				金額式	貸			
1521	投資性房地產				金額式	借			
1531	長期應收款				金額式	借			
1532	未實現融資收益				金額式	貸			
1541	存出資本保證金				金額式	借			
1601	固定資產				金額式	借			
1602	累計折舊				金額式	貸			

表2-13(續)

科目編碼	科目名稱	外幣幣種	計量單位	輔助帳類型	帳頁格式	餘額方向	受控系統	銀行帳	日記帳
1603	固定資產減值準備				金額式	貸			
1604	在建工程			項目核算	金額式	借			
1605	工程物資				金額式	借			
1606	固定資產清理				金額式	借			
1611	未擔保餘值				金額式	借			
1701	無形資產				金額式	借			
1702	累計攤銷				金額式	貸			
1703	無形資產減值準備				金額式	貸			
1711	商譽				金額式	借			
1801	長期待攤費用				金額式	借			
1901	待處理財產損溢				金額式	借			
2001	短期借款				金額式	貸			
2201	應付票據			供應商往來	金額式	貸	應付系統		
2202	應付帳款			供應商往來	金額式	貸	應付系統		
2203	預收帳款			客戶往來	金額式	貸	應收系統		
2211	應付職工薪酬				金額式	貸			
2221	應交稅費				金額式	貸			
222101	應交增值稅				金額式	貸			
22210101	進項稅額				金額式	貸			
22210105	銷項稅額				金額式	貸			
22210109	轉出多交增值稅				金額式	貸			
222102	未交增值稅				金額式	貸			
222103	應交營業稅				金額式	貸			
222106	應交所得稅				金額式	貸			
2231	應付利息				金額式	貸			
2232	應付股利				金額式	貸			
2241	其他應付款				金額式	貸			
2501	長期借款			項目核算	金額式	貸			
250101	本金			項目核算	金額式	貸			
250102	應付利息			項目核算	金額式	貸			
2502	應付債券			項目核算	金額式	貸			
250201	面值			項目核算	金額式	貸			
250202	利息調整			項目核算	金額式	貸			

第二章 財務初始處理

表2-13(續)

科目編碼	科目名稱	外幣幣種	計量單位	輔助帳類型	帳頁格式	餘額方向	受控系統	銀行帳	日記帳
250203	應計利息			項目核算	金額式	貸			
2701	長期應付款				金額式	貸			
2702	未確認融資費用				金額式	借			
2711	專項應付款				金額式	貸			
2801	預計負債				金額式	貸			
2901	遞延所得稅負債				金額式	貸			
4001	實收資本				金額式	貸			
4002	資本公積				金額式	貸			
400201	資本增值				金額式	貸			
400202	其他資本公積				金額式	貸			
4101	盈餘公積				金額式	貸			
4102	一般風險準備				金額式	貸			
4103	本年利潤				金額式	貸			
4104	利潤分配				金額式	貸			
410401	提取法定盈餘公積				金額式	貸			
410402	提取任意盈餘公積				金額式	貸			
410403	未分配利潤				金額式	貸			
4201	庫存股				金額式	借			
5001	生產成本				金額式	借			
500101	直接材料			項目核算	金額式	借			
500102	直接人工			項目核算	金額式	借			
500103	製造費用			項目核算	金額式	借			
5101	製造費用				金額式	借			
6001	主營業務收入				金額式	貸			
600101	臥室臺燈		個		數量金額式	貸			
600102	落地臺燈		個		數量金額式	貸			
6051	其他業務收入				金額式	貸			
6061	匯兌損益				金額式	貸			
6101	公允價值變動損益				金額式	貸			
6111	投資收益				金額式	貸			
6301	營業外收入				金額式	貸			
630101	債務重組收益				金額式	貸			
630102	處置非流動資產淨收益				金額式	貸			
630103	罰沒收入				金額式	貸			

表2-13(續)

科目編碼	科目名稱	外幣幣種	計量單位	輔助帳類型	帳頁格式	餘額方向	受控系統	銀行帳	日記帳
630199	其他				金額式	貸			
6401	主營業務成本				金額式	借			
640101	卧室臺燈		個		數量金額式	借			
640102	落地臺燈		個		數量金額式	借			
6402	其他業務成本				金額式	借			
6403	營業稅金及附加				金額式	借			
6601	銷售費用				金額式	借			
6602	管理費用			部門核算	金額式	借			
660201	工資費用			部門核算	金額式	借			
660202	辦公費用			部門核算	金額式	借			
660203	折舊費用			部門核算	金額式	借			
660204	其他費用			部門核算	金額式	借			
6603	財務費用				金額式	借			
660301	利息支出				金額式	借			
660302	其他				金額式	借			
6701	資產減值損失				金額式	借			
6711	營業外支出				金額式	借			
6801	所得稅費用				金額式	借			

【操作步驟】

在企業應用平臺中，執行「基礎設置→基礎檔案→財務→會計科目」命令，進入會計科目設置主界面，單擊「增加」按鈕，進入會計科目頁編輯界面，輸入科目信息，「確定」後保存。

（2）指定現金、銀行存款和現金流量科目：現金科目為「庫存現金」；銀行存款科目為「銀行存款」；現金流量科目為「庫存現金」以及銀行存款、其他貨幣資金下的所有明細科目。

（3）科目成批複製：由1405複製到6001和6401，數量核算；由6602複製到5101，部門核算。注意將6001下的明細科目的餘額方向改為「貸」方。

六、項目檔案

【實務案例】

企業在實際業務處理中會對多種類型的項目進行核算和管理，如在建工程、生產成本、對外投資、技術改造項目、合同等。

（1）項目大類名稱：生產成本，選擇「普通項目」。項目級次：12。項目結構

第二章　財務初始處理

為默認值。

核算科目：500101，500102，500103。

項目分類：基本生產產品、輔助生產產品。

項目目錄：101. 臥室臺燈，所屬分類為基本生產產品；102. 落地臺燈，所屬分類為基本生產產品。

(2) 項目大類名稱：對外投資，選擇「普通項目」。項目級次：12。項目結構為默認值。核算科目如表 2-14 所示。項目分類如表 2-15 所示。項目目錄如表 2-16 所示。

表 2-14　　　　　　　　對外投資項目核算項目一覽表

科目編碼	科目名稱
1101	交易性金融資產
110101	成本
110102	公允價值變動
1501	持有至到期投資
150101	成本
150102	利息調整
150103	應計利息
1503	可供出售金融資產
150301	成本
150302	公允價值變動
1511	長期股權投資
151101	投資成本
151102	損益調整

表 2-15　　　　　　　　對外投資項目分類一覽表

分類編碼	分類名稱
1	交易性金融資產
2	可供出售金融資產
3	持有至到期投資
4	長期股權投資

表 2-16　　　　　　　　對外投資項目目錄一覽表

項目編號	項目名稱	是否結算	所屬分類碼	所屬分類名稱
101	廣電網路	否	1	交易性金融資產

69

表2-16(續)

項目編號	項目名稱	是否結算	所屬分類碼	所屬分類名稱
201	浙報傳媒	否	2	可供出售金融資產
301	淮北債券	否	3	持有至到期投資
302	三峽債券	否	3	持有至到期投資
401	兗州煤業	否	4	長期股權投資

（3）項目大類名稱：對外籌資，選擇「普通項目」。項目級次：12。項目結構為默認值。核算科目如表2-17所示。項目分類如表2-18所示。項目目錄如表2-19所示。

表2-17　　　　　　　　　　對外籌資項目核算科目一覽表

科目編碼	科目名稱
2501	長期借款
250101	本金
250102	應付利息
2502	應付債券
250201	面值
250202	利息調整
250203	應計利息

表2-18　　　　　　　　　　對外籌資項目分類一覽表

分類編碼	分類名稱
1	長期借款
2	應付債券

表2-19　　　　　　　　　　對外籌資項目目錄一覽表

項目編號	項目名稱	是否結算	所屬分類碼	所屬分類名稱
101	農行借款（2015年1月31日農行2年期年利率為12%的借款）	否	1	長期借款
102	工行借款（2015年1月31日工行5年期年利率為7%的借款）	否	1	長期借款
201	公司債券（2014年1月31日發行的面值500,000元、2年期、票面利率為6%的債券）	否	2	應付債券

（4）項目大類名稱：在建工程成本，選擇「普通項目」。項目級次：12。項目

第二章　財務初始處理

結構為默認值。

核算科目：在建工程。

項目分類：包工不包料、包工包料。

項目目錄：201 辦公樓。

所屬分類：包工包料。

（5）項目大類名稱：無形資產，選擇「普通項目」。項目級次：12。項目結構為默認值。

核算科目：無形資產。

項目分類：專利權、非專利技術、商標權、著作權、土地使用權、特許經營權。

項目目錄：101 專利權 A、102 專利權 B、103 專利權 C、201 非專利技術 A。

（6）項目大類名稱：累計攤銷，選擇「普通項目」。項目級次：12。項目結構為默認值。

核算科目：累計攤銷。

項目分類：專利權、非專利技術、商標權、著作權、土地使用權、特許經營權。

項目目錄：101 專利權 A、102 專利權 B、103 專利權 C、201 非專利技術 A。

第六節　財務期初餘額錄入

【實務案例】

堯順電子股份有限公司 2016 年 1 月的期初餘額信息如下：

（一）期初餘額表

期初餘額表見表 2-20。

表 2-20　　　　　　　　　2016 年 1 月 1 日期初餘額一覽表

科目名稱	方向	幣別/計量	期初餘額
庫存現金（1001）	借		5,914.67
銀行存款（1002）	借		8,664,888.90
工行存款（100201）	借		8,664,888.90
其他貨幣資金（1012）	借		6,000,000.00
存出投資款（101201）	借		6,000,000.00
交易性金融資產（1101）	借		110,000.00
成本（110101）	借		90,000.00
公允價值變動（110102）	借		20,000.00
應收票據（1121）	借		84,240.00

71

表2-20(續)

科目名稱	方向	幣別/計量	期初餘額
應收帳款（1122）	借		168,480.00
其他應收款（1221）	借		17,472.00
壞帳準備（1231）	貸		1,000.00
原材料（1403）	借		349,600.00
塑料（140301）	借		349,600.00
	借	千克	13,984.00
庫存商品（1405）	借		335,000.00
卧室臺燈（140501）	借		225,000.00
	借	個	1,000.00
落地臺燈（140502）	借		110,000.00
	借	個	1,000.00
週轉材料（1411）	借		159,400.00
潤滑油（141101）	借		149,400.00
	借	噸	40.00
包裝箱（141102）	借		10,000.00
	借	個	1,000.00
持有至到期投資（1501）	借		224,400.00
面值（150101）	借		200,000.00
利息調整（150102）	借		-1,600.00
應計利息（150103）	借		26,000.00
可供出售金融資產（1503）	借		15,300.00
成本（150301）	借		15,000.00
公允價值變動（150302）	借		300.00
長期股權投資（1511）	借		26,500,000.00
投資成本（151101）	借		25,000,000.00
損益調整（151102）	借		1,500,000.00
固定資產（1601）	借		1,746,000.00
累計折舊（1602）	貸		222,586.67
在建工程（1604）	借		4,000,000.00
無形資產（1701）	借		799,600.00
累計攤銷（1702）	貸		320,000.00

第二章　財務初始處理

表2-20(續)

科目名稱	方向	幣別/計量	期初餘額
短期借款（2001）	貸		163,600.00
應付帳款（2202）	貸		581,350.00
應付職工薪酬（2211）	貸		76,000.00
應交稅費（2221）	貸		51,280.00
未交增值稅（222102）	貸		43,680.00
應交所得稅（222106）	貸		7,600.00
應付利息（2231）	貸		58,850.00
其他應付款（2241）	貸		6,000.00
長期借款（2501）	貸		2,400,000.00
本金（250101）	貸		2,400,000.00
應付債券（2502）	貸		500,330.00
面值（250201）	貸		500,000.00
利息調整（250202）	貸		330.00
實收資本（4001）	貸		38,003,000.00
資本公積（4002）	貸		3,878,320.00
資本增值（400201）	貸		3,000,000.00
其他資本公積（400202）	貸		878,320.00
盈餘公積（4101）	貸		2,768,160.00
利潤分配（4104）	貸		499,258.90
未分配利潤（410403）	貸		499,258.90
生產成本（5001）	借		349,440.00
直接材料（500101）	借		203,840.00
直接人工（500102）	借		93,184.00
製造費用（500103）	借		52,416.00

（二）輔助核算帳戶期初餘額

（1）「應收票據（1121）」輔助帳期初餘額表（見表2-21）。

表2-21

日期	憑證號	客戶	摘要	方向	金額	業務員
2015-12-21	轉-21	勤力	賒銷臥室臺燈351個，單價240元	借	84,240	吳宇

（2）「應收帳款（1122）」輔助帳期初餘額表（見表2-22）。

73

表 2-22

日期	憑證號數	客戶	摘要	方向	金額	業務員
2015-12-22	轉-28	益達	賒銷臥室臺燈 702 個，單價 240 元	借	168,480	吳宇

（3）「其他應收款（1221）」輔助帳期初餘額表（見表 2-23）。

表 2-23

日期	憑證號數	部門名稱	個人名稱	摘要	方向	金額
2015-12-25	轉-32	辦公室	林越	出差借款	借	17,472

（4）「應付帳款（2202）」輔助帳期初餘額表（見表 2-24）。

表 2-24

日期	憑證號數	供應商	摘要	方向	金額	業務員
2015-11-21	轉-11	天目	購買塑料 3,159 千克，單價 25 元	貸	78,975	趙巍
2015-12-31	轉-46	天悅	購買塑料 4,095 千克，單價 25 元	貸	102,375	趙巍
2015-12-31	轉-101	濟南鋼鐵	購買塑料 1,600 千克，單價 25 元	貸	400,000	趙巍

（5）生產成本項目核算輔助帳期初餘額表（見表 2-25）。

表 2-25

科目名稱	項目名稱	金額
生產成本		349,440.00
直接材料	臥室臺燈	101,920.00
	落地臺燈	101,920.00
直接人工	臥室臺燈	46,592.00
	落地臺燈	46,592.00
製造費用	臥室臺燈	26,208.00
	落地臺燈	26,208.00

（6）對外投資項目核算輔助帳期初餘額表（見表 2-26）。

表 2-26

科目編碼	科目名稱	項目名稱	方向	金額
1101	交易性金融資產		借	110,000.00
110101	成本	廣電網路	借	90,000.00
110102	公允價值變動	廣電網路	借	20,000.00

第二章 財務初始處理

表2-26(續)

科目編碼	科目名稱	項目名稱	方向	金額
1501	持有至到期投資		借	224,400.00
150101	成本	淮北債券	借	100,000.00
		三峽債券	借	100,000.00
150102	利息調整	淮北債券	貸	1,600.00
150103	應計利息	淮北債券	借	6,000.00
		三峽債券	借	20,000.00
1503	可供出售金融資產		借	15,300.00
150301	成本	浙報傳媒	借	15,000.00
150302	公允價值變動	浙報傳媒	借	300.00
1511	長期股權投資		借	26,500,000.00
151101	投資成本	兗州煤業	借	25,000,000.00
151102	損益調整	兗州煤業	借	1,500,000.00

（7）對外籌資項目核算輔助帳期初餘額表（見表2-27）。

表2-27

科目編碼	科目名稱	項目名稱	方向	金額
2501	長期借款		貸	2,400,000.00
250101	本金	農行借款（2015年1月31日農行2年期年利率為12%的借款）	貸	2,000,000.00
250101	本金	工行借款（2015年1月31日工行5年期年利率為7%的借款）	貸	400,000.00
2502	應付債券		貸	500,330.00
250201	面值	公司債券（2014年1月31日發行的面值500,000元、2年期、票面利率為6%的債券）	貸	500,000.00
250202	利息調整	公司債券（2014年1月31日發行的面值500,000元、2年期、票面利率為6%債券）	貸	330.00

（8）在建工程成本項目核算「在建工程」期初餘額全部為「辦公樓」期初餘額。

（9）無形資產項目核算期初餘額表（見表2-28）。

表 2-28

科目編碼	科目名稱	項目名稱	方向	金額
1701	無形資產		借	799,600.00
		專利權 B	借	120,000.00
		專利權 C	借	600,000.00
		非專利技術	借	79,600.00

（10）累計攤銷項目核算期初餘額表（見表 2-29）。

表 2-29

科目編碼	科目名稱	項目名稱	方向	金額
1702	累計攤銷		貸	320,000.00
		專利權 B	貸	96,000.00
		專利權 C	貸	224,000.00

註：錄入總帳期初數據后，進行試算平衡（期初平衡餘額為 48,986,148.90）和對帳；錄入應收應付、供應鏈以及固定資產等模塊初始數據后，再在各子系統中進行對帳。此為財務帳與業務帳核對。

【操作步驟】

在總帳系統中，執行「設置→期初餘額」命令，進入期初餘額錄入界面，單擊需要輸入數據的餘額欄，直接輸入數據即可。有輔助核算的科目餘額，需雙擊對應餘額欄，進入其明細錄入界面后，再錄入輔助核算的明細餘額。錄完所有餘額后，點擊「試算」按鈕進行試算平衡，點擊「對帳」按鈕檢查總帳、明細帳、輔助帳的期初餘額是否一致。

【說明】

「試算」顯示期初試算平衡表，顯示試算結果是否平衡。如果計算結果不平衡，請重新調整至平衡后再進行下一步工作。

「查找」輸入科目編碼或名稱，或通過科目參照輸入要查找的科目，可快速顯示此科目所在的記錄行。如果在錄入期初餘額時使用查找功能，可以提高輸入速度。

「清零」，期初餘額清零功能。當此科目的下級科目的期初數據互相抵消使本科目的期初餘額為零時，清除此科目的所有下級科目的期初數據。存在已記帳憑證時此按鈕置灰。

「對帳」，期初餘額對帳。核對總帳與部門帳、核對總帳與客戶往來帳、核對總帳與供應商往來帳、核對總帳與個人往來帳、核對總帳與項目帳等。

如果對帳后發現有錯誤，可按「顯示對帳錯誤」按鈕，系統將把對帳中發現的問題列出來。

第三章　業務初始處理

● 第一節　業務系統概述

業務系統泛指 ERP 中除財務系統外的其他子系統，如採購管理、銷售管理、庫存管理、存貨核算、薪資管理、固定資產管理以及往來款管理等子系統。

一、採購管理

採購管理系統是 ERP 供應鏈的重要子系統，能對採購業務的全部流程進行管理，提供請購、訂貨、到貨、入庫、開票、採購結算的完整採購流程。本系統適用於各類工業企業和商業批發、零售企業、醫藥、物資供銷、對外貿易、圖書發行等商品流通企業的採購部門和採購核算財務部門。

採購管理系統既可以單獨使用，又可以與合同管理系統、主生產計劃系統、需求規劃系統、庫存管理系統、銷售管理系統、存貨核算系統、應付款管理系統、質量管理系統、GSP 質量管理系統、售前分析系統、商業智能系統、出口管理系統、資金管理系統、預算管理系統等模塊集成使用，提供完整、全面的業務和財務流程處理。採購管理系統與其他系統的主要關係如圖 3-1 所示。

中級會計電算化實務

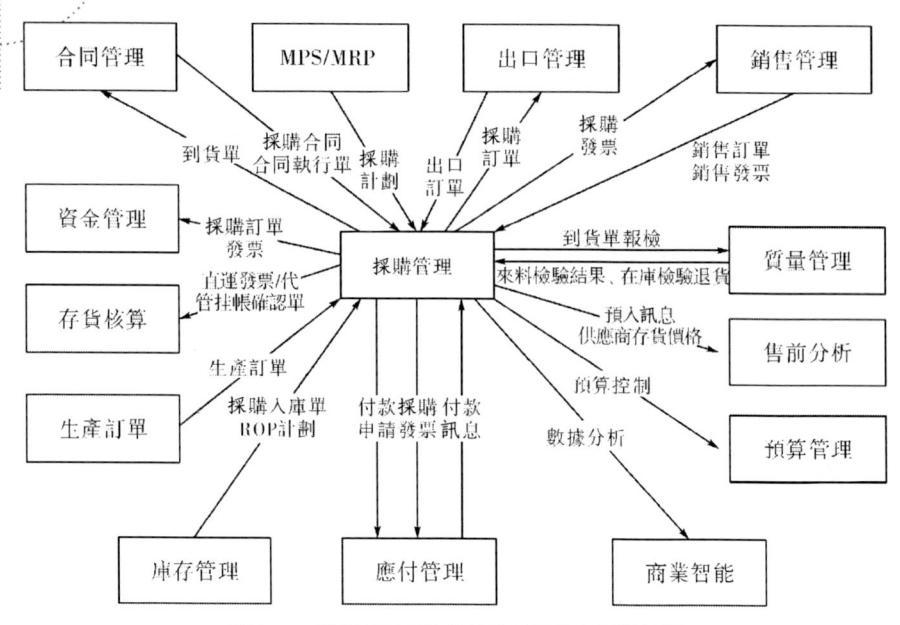

[圖 3-1 採購管理系統與其他系統的主要關係圖]

二、銷售管理

銷售是企業生產經營成果的實現過程，是企業經營活動的中心。銷售管理系統是 ERP 供應鏈的重要組成部分，提供了報價、訂貨、發貨、開票的完整銷售流程，支持普通銷售、委託代銷、分期收款、直運、零售、銷售調撥等多種類型的銷售業務，並可對銷售價格和信用進行即時監控。

銷售管理系統可以單獨使用，也可以與其他系統集成使用。銷售管理系統與庫存管理系統、採購管理系統、質量管理系統、存貨核算系統等集成使用，可以實現物流的管理；銷售管理系統與應收款管理系統集成使用，可以實現物流與資金流的管理；銷售管理系統與生產製造的主生產計劃系統、需求規則系統、生產訂單系統集成使用，可以實現從訂單到計劃、從計劃到生產的管理；銷售管理系統與售前分析系統集成使用，為 ATP 模擬運算提供預計發貨量，為模擬報價提供已選配的 ATO 模型、PTO 模型的客戶 BOM。銷售管理系統能夠根據模擬報價生成實際的報價單；銷售管理系統與合同管理系統集成使用，可以實現從簽訂銷售合同到執行銷售合同的管理；銷售管理系統與商業智能系統集成使用，可以實現對銷售數據的綜合統計功能。

三、庫存管理

庫存管理系統能夠滿足採購入庫、銷售出庫、產成品入庫、材料出庫、其他出

第三章　業務初始處理

入庫、盤點管理等業務需要，提供倉庫貨位管理、批次管理、保質期管理、出庫跟蹤入庫管理、可用量管理、序列號管理等全面的業務應用。

庫存管理系統可以單獨使用，也可以與採購管理系統、進口管理系統、委外管理系統、銷售管理系統、出口管理系統、質量管理系統、GSP 質量管理系統、存貨核算系統、售前分析系統、成本管理系統、預算管理系統、項目成本系統、商業智能系統、主生產計劃系統、需求規劃系統、車間管理系統、生產訂單系統、物料清單系統、設備管理系統、售後服務系統、零售管理系統等集成使用，發揮更加強大的應用功能。

庫存管理系統與其他系統的主要關係如圖 3-2 所示。

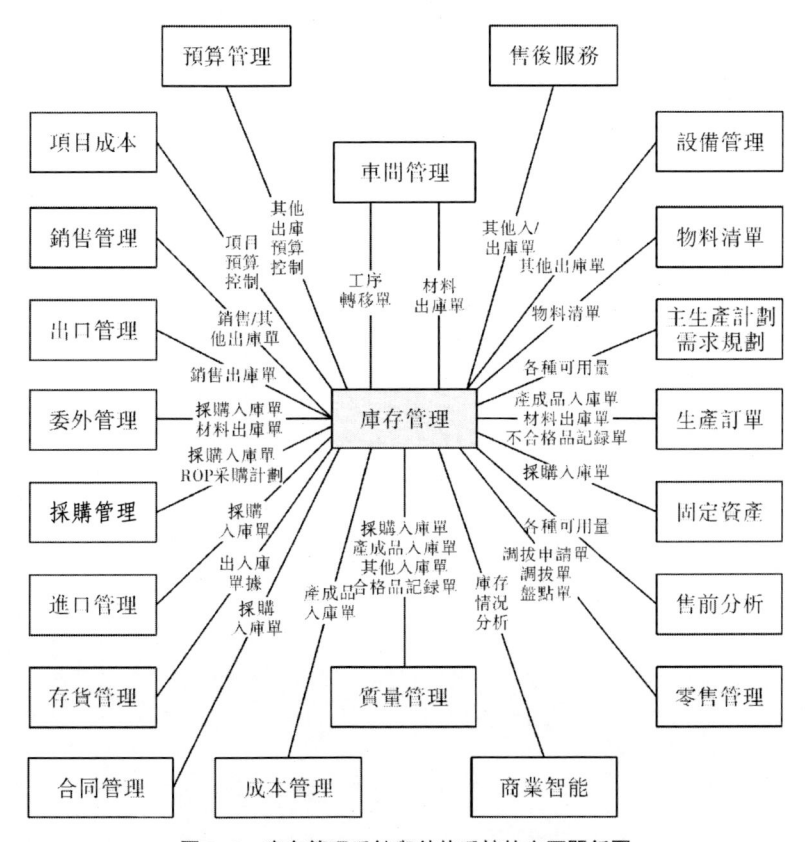

圖 3-2　庫存管理系統與其他系統的主要關係圖

四、存貨核算

存貨是指企業在生產經營過程中為銷售或耗用而儲存的各種資產，包括商品、產成品、半成品、在產品以及各種材料、燃料、包裝物、低值易耗品等。

存貨是保證企業生產經營過程順利進行的必要條件。為了保障生產經營過程連

中級會計電算化實務

續不斷地進行，企業要不斷地購入、耗用或銷售存貨。存貨是企業的一項重要的流動資產，其價值在企業流動資產中佔有很大的比重。

存貨的核算是企業會計核算的一項重要內容，進行存貨核算，應正確計算存貨購入成本，促使企業努力降低存貨成本；反應和監督存貨的收發、領退和保管情況；反應和監督存貨資金的占用情況，促進企業提高資金的使用效果。

在企業中，存貨成本直接影響利潤水平。尤其在市場經濟條件下，存貨品種日益更新，存貨價格變化較快，企業領導層更為關心存貨的資金占用及週轉情況，因而使得存貨會計人員的核算工作量越來越大。存貨核算系統能減輕財務人員繁重的手工勞動，不僅能提高核算的準確度，而且更重要的是能提高及時性、可靠性和準確性。

存貨核算系統主要針對企業存貨的收發存業務進行核算，掌握存貨的耗用情況，及時、準確地把各類存貨成本歸集到各成本項目和成本對象上，為企業的成本核算提供基礎數據。並可動態地反應存貨資金的增減變動情況，提供存貨資金週轉和占用的分析，在保證生產經營的前提下，降低庫存量，減少資金積壓，加速資金週轉，具有及時性、可靠性和準確性。

存貨核算系統與其他系統的主要關係如圖3-3所示。

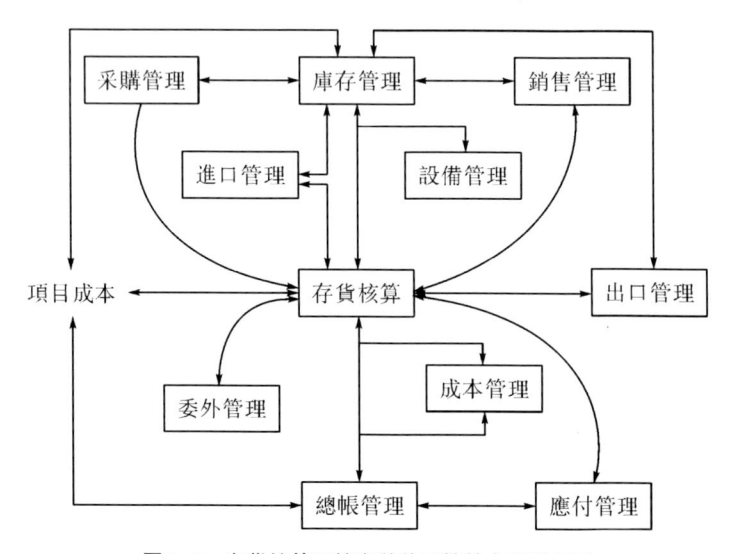

圖3-3 存貨核算系統與其他系統的主要關係圖

五、薪資管理

薪資管理系統能對各類企業、行政事業單位進行工資核算、工資發放、工資費用分攤、工資統計分析和個人所得稅核算等。薪資管理系統既可以與總帳系統集成使用，將工資憑證傳遞到總帳中，也可以與成本管理系統集成使用，為成本管理系

統提供人工費用信息。

在用友 ERP 中，如果啟用了人力資源系統的 HR 基礎設置和人事管理兩個模塊，則系統菜單下又會顯示「薪資標準」和「薪資調整」兩組功能，薪資標準功能可以模擬企業的薪酬體系，根據薪資標準調整員工的檔案工資，並記錄生效時間。調整后的檔案工資不會自動進入當月的工資表，需要手工設置工資項目從薪資檔案（工資基本情況表）中獲取數據的取數公式，並在工資變動模塊執行取數功能。

六、固定資產管理

固定資產管理系統能對各類企業和行政事業單位進行資產增加（錄入新卡片）、資產減少、卡片修改（涉及原值或累計折舊時）、資產評估（涉及原值或累計折舊變化時）、原值變動、累計折舊調整、計提減值準備調整、轉回減值準備調整、折舊分配、增值稅調整等，能將有關數據通過記帳憑證的形式傳輸到總帳系統，同時通過對帳保持固定資產帳目的平衡，為成本管理系統提供固定資產的折舊費用依據。

七、應收款管理

應收款管理系統是通過發票、其他應收單、收款單等單據的錄入，對企業的往來帳款進行綜合管理，及時、準確地提供客戶的往來帳款餘額資料，提供各種分析報表，如帳齡分析表等。通過各種分析報表，能幫助企業合理地進行資金的調配，提高資金的利用效率。

八、應付款管理

應付款管理系統是通過發票、其他應付單、付款單等單據的錄入，對企業的往來帳款進行綜合管理，及時、準確地提供供應商的往來帳款餘額資料，提供各種分析報表，幫助企業合理地進行資金的調配，提高資金的利用效率。

● 第二節　業務控制參數設置

一、採購參數設置

系統選項也稱系統參數、業務處理控制參數，是指在企業業務處理過程中所使用的各種控制參數。系統參數的設置將決定企業使用系統的業務流程、業務模式、數據流向。

在進行選項設置之前，一定要詳細瞭解選項開關對業務處理流程的影響，並結合企業的實際業務需要進行設置。由於有些選項在日常業務開始后不能隨意更改，

中級會計電算化實務

最好在業務開始前進行全盤考慮，尤其一些對其他系統有影響的選項設置更要考慮清楚。

（一）業務及權限控制

在用友 ERP-U8V10.1 採購系統中，業務及權限控制參數選項如圖 3-4 所示。

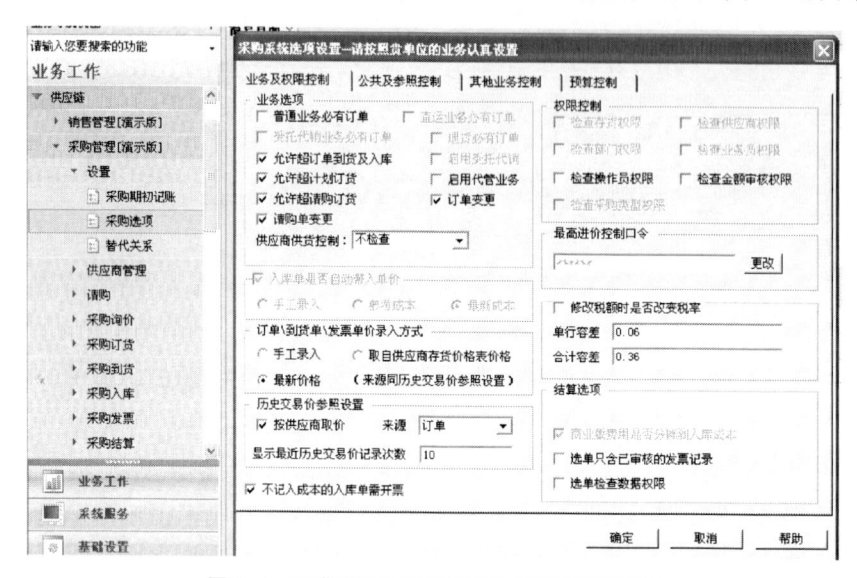

圖 3-4　採購業務及權限控制參數選項設置界面

選項說明：

1. 業務選項

普通業務必有訂單：打鈎選擇，可隨時修改。

直運業務必有訂單：顯示銷售管理系統選項，不可修改。其設置在銷售管理系統的銷售選項設置中勾選「是否有直運銷售業務」和「直運銷售必有訂單」。

受託代銷業務必有訂單：打鈎選擇，可隨時修改。只有在建立帳套時選擇企業類型為「商業」或「醫藥流通」的帳套，才能選擇此項。

退貨必有訂單：只有在啟用「普通業務必有訂單」時才可用。在必有訂單時，如果啟用「退貨必有訂單」，則在做採購退貨單時，只能參照來源單據生成；否則，可手工新增。

允許超訂單到貨及入庫：打鈎選擇，可隨時修改。如果不允許，則參照訂單生成到貨單、入庫單時，不可超訂單數量。

允許超計劃訂貨：打鈎選擇，可隨時修改。如果不允許，則參照採購計劃（MPS/MRP、ROP）生成採購訂單時，累計訂貨量不可超過採購計劃的核定訂貨量。

允許超請購訂貨：打鈎選擇，可隨時修改。如果不允許，則參照請購單生成採購訂單時，累計訂貨量不可超過請購單量。

是否啟用代管業務：如果不啟用代管業務，則不能進行代管業務的處理，代管

第三章　業務初始處理

業務菜單將看不見；如果啟用代管業務，可以進行代管業務處理。

訂單變更：打鉤選擇，可隨時修改。如果選中，則系統記錄變更歷史供查詢。

供應商供貨控制：不檢查：不控制供應商存貨的對應關係。檢查的方式分為兩種，①檢查提示：只給出是否控制的提示。②嚴格控制：嚴格按照供應商存貨價格表進行控制。

2. 價格管理

入庫單是否自動帶入單價：單選，可隨時更改。只有在採購管理系統不與庫存管理系統集成使用，即採購入庫單在採購管理系統填製時可設置。

訂單\到貨單\發票單價錄入方式：單選，可隨時修改。手工錄入：手動直接錄入。取自供應商存貨價格表價格：帶入供應類型為「採購」的無稅單價、含稅單價、稅率，可修改。最新價格：系統自動取最新的訂單、到貨單、發票上的價格，包括無稅單價、含稅單價、稅率，可修改。

歷史交易價參照設置：填製單據時可參照的存貨價格，最新價格的取價規則也在此設置，可隨時更改。

來源：單選，可選擇在業務中作為價格基準的單據，在參照歷史交易價和取最新價格時取該單據的價格。選擇內容為訂單、到貨單、發票。

是否按供應商取價：打鉤選擇。選中，則按照當前單據的供應商帶入歷史交易價。按照供應商取價能夠更加精確地反應交易價，因為同一種存貨，從不同供應商取得的進價可能有所差異。

最高進價控制口令：錄入，系統默認為「system」，可修改，可為空。設置口令，則在填製採購單據時，如超過最高進價，系統提示，並要求輸入控制口令，口令不正確不能保存採購單據。

修改稅額時是否改變稅率：打鉤選擇，默認為不選中。稅額一般不用修改，在特定情況下，如系統和手工計算的稅額相差很少，可以調整稅額尾差。

若選擇是，則稅額變動反算稅率，不進行容差控制。

若選擇否，則稅額變動不反算稅率，在調整稅額尾差（單行）、保存單據（合計）時，系統檢查是否超過容差：單行容差：錄入，默認為 0.005。修改稅額超過容差時，系統提示，取消修改，恢復原稅額。合計容差：錄入，默認為 0.03。保存單據超過合計容差時，系統提示，返回單據。

3. 結算選項

商業版費用（採購費用等）是否分攤到入庫成本：打鉤選擇。如果選中，則記入成本倉庫對應入庫單，可以生成採購發票，但不參與採購結算。它適用於如辦公用品採購，採購發票直接轉費用，不進行存貨核算。如果未選中，則不記入成本倉庫對應入庫單，不能生成採購發票，對應入庫單也不參與採購結算。它適用於如贈品業務的處理，不需要生成採購發票，也不需要進行存貨核算。

選單只含已審核的發票記錄：打鉤選擇，可隨時修改。如果選中，則自動結算

和手工結算時只包含已審核的發票記錄。

選單檢查數據權限：打鈎選擇，可隨時修改。如果選中，手工結算及費用折扣結算過濾入庫單及發票時，根據採購選項/權限控制選中的需要檢查的權限進行數據權限控制，控制存貨、部門、供應商、業務員、採購類型的查詢權限（不要求必須有錄入權限）。

4. 權限控制

檢查存貨權限：打鈎選擇。如檢查，查詢時只能顯示有查詢權限的存貨及其記錄；填製單據時只能參照錄入有錄入權限的存貨。

檢查部門權限：打鈎選擇。如檢查，查詢時只能顯示有查詢權限的部門及其記錄；填製單據時只能參照錄入有錄入權限的部門。

檢查操作員權限：打鈎選擇。如控制，則查詢、修改、刪除、審核、棄審、關閉、打開單據時，只能對單據製單人有權限的單據進行操作；對單據審核人有權限的單據進行操作；對單據關閉人有權限的單據進行操作；變更不控制操作員數據權限，僅判斷當前操作員是否有變更功能權限和其他幾項數據的錄入權限。

檢查供應商權限：打鈎選擇。如檢查，查詢時只能顯示有查詢權限的供應商及其記錄；製單時只能參照錄入有錄入權限的供應商。

檢查業務員權限：打鈎選擇。如檢查，查詢時只能顯示有查詢權限的業務員及其記錄；填製單據時只能參照錄入有錄入權限的業務員。

檢查採購類型權限：打鈎選擇。如檢查，查詢時只能顯示有查詢權限的採購類型及其記錄；填製單據時只能參照錄入有錄入權限的採購類型。

提示：以上數據權限如果沒有在「企業應用平臺–系統服務–權限–數據權限控制設置」中進行設置，則相應的選項置灰，不可選擇。

檢查金額審核權限：打鈎選擇。如檢查，則訂單審核時檢查當前訂單總金額與當前操作員採購限額，在「企業應用平臺–系統服務–權限–金額分配權限–採購訂單級別」設置當前操作員的採購限額。「訂單金額≤採購限額」保存成功，將當前操作員信息寫入訂單，訂單狀態變為已審核。「訂單金額>採購限額」，提示「對不起，您的訂單審核上限為××××元，您不能審核×××號單據。」。

（二）其他業務控制

用友 ERP-U8 V10.1 採購系統中，其他業務控制參數選項如圖 3-5 所示。

選項說明：

1. 採購預警設置

提前預警天數：錄入天數，默認值為空。默認值為空時，表示不對臨近記錄進行預警。

逾期報警天數：錄入天數，默認值為空。默認值為空時，表示不對過期記錄進行報警。

設置完成後，系統可以根據設置的預警和報警天數進行預警和報警，預警/報警

第三章　業務初始處理

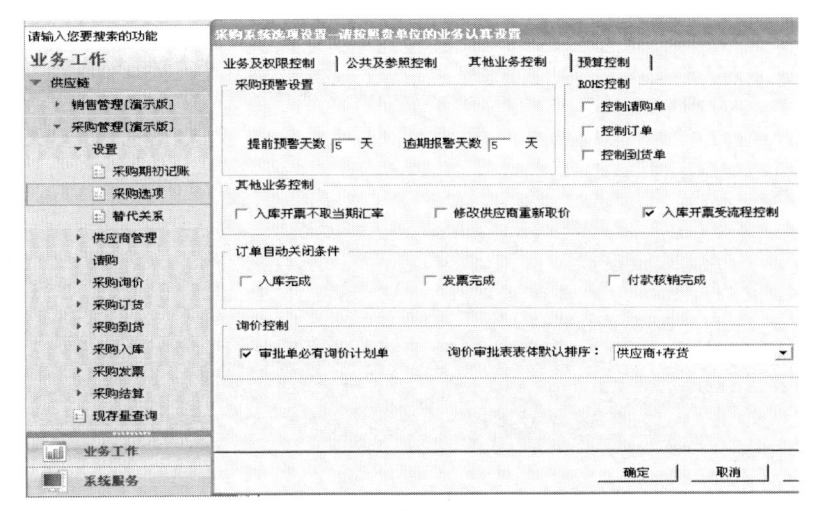

圖 3-5　採購系統中其他業務控制參數選項設置界面

的方式是在預警平臺中設置的，可以有三種方式：郵件、短信、應用平臺通知。當選擇應用平臺通知時，對於有採購訂單預警/報警表查詢權限的操作員在錄入企業應用平臺時，可以在任務中心看到預警/報警的信息。

2. ROHS 控制

選擇哪些單據需要對 ROHS 存貨進行控制，可多選，可隨時修改。

請購單：如果選中，請購單在保存時對 ROHS 存貨進行校驗，否則不校驗。

採購訂單：如果選中，採購訂單在保存時對 ROHS 存貨進行校驗，否則不校驗。

到貨單：如果選中，到貨單在保存時對 ROHS 存貨進行校驗，否則不校驗。

3. 其他業務控制

入庫開票不取當期匯率：如果選中，發票拷貝入庫單生成時，匯率取入庫單匯率；如果未選中，發票拷貝入庫單生成時，匯率取當月匯率。入庫單批量生發票不受此選項控制，取入庫單匯率。

修改供應商重新取價：如果選中，當取價方式為供應存貨價格表或最新價格時（勾選按供應商取價），修改供應商時會自動取價；如果未選中，當取價方式為供應存貨價格表或最新價格時（勾選按供應商取價），修改供應商表體價格保持不變。

入庫開票受流程控制：如果選中，發票拷貝入庫單，只有相同流程分支的入庫單允許生成同一張發票；如未選中，發票拷貝入庫單不考慮入庫單的流程模式，允許不同流程的入庫單生成同一張發票。入庫單批量生發票不受此選項控制。

4. 訂單自動關閉條件

打鈎選擇，可多選，可隨時修改。如果多選，訂單必須同時滿足條件才可以自動關閉，自動關閉調用定時任務，關閉人為定時任務中指定的執行人，執行人需要具有訂單關閉的功能權限和相應的數據權限。

85

5. 詢價控制

審批單必有詢價計劃單：如果選中，採購詢價審批單只能通過參照採購詢價計劃單生單；如果未選中，可以通過參照採購詢價計劃單生單，也可以手工錄入單據。

詢價審批表表體默認排序：下拉選擇「供應商+存貨」「存貨+供應商」；設置控制採購詢價審批單表體的排序規則。

二、銷售業務參數設置

（一）業務控制選項

在用友 ERP-U8V10.1 銷售管理系統中，業務控制參數選項如圖 3-6 所示。

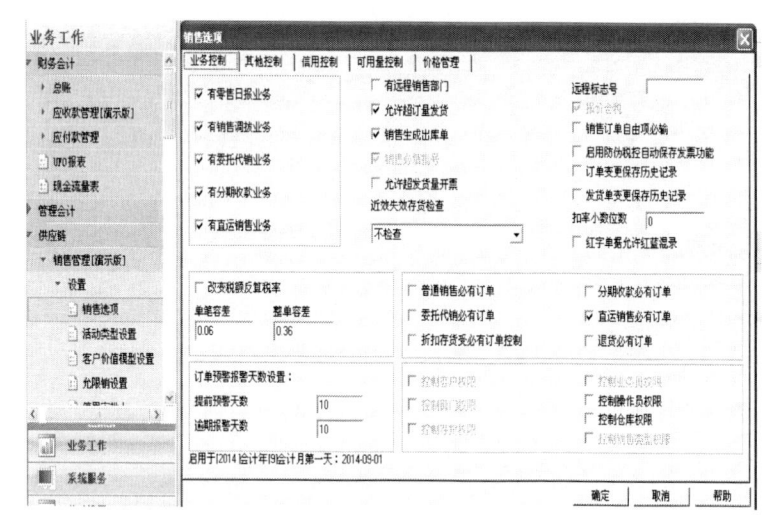

圖 3-6　銷售業務控制參數選項設置界面

選項說明：

（1）業務選項：可選定是否有零售日報業務、銷售調撥業務、委託代銷業務、分期收款業務、直運銷售業務。

（2）業務控制選項：可選定是否允許超訂量發貨、超發貨量開票、銷售生成出庫單等。

（3）業務流程選項：可選定普通銷售、委託代銷、分期收款銷售和直運銷售是否必有訂單。

（4）數據權限控制選項：可選定是否控制客戶權限、部門權限、存貨權限、業務員權限、操作員權限和倉庫權限。

對銷售管理系統是否進行以上檔案的數據權限控制進行設置。以上權限如果沒有在「企業應用平臺-系統服務-權限-數據權限控制設置」中進行設置，則相應的選項置灰，不可選擇。

第三章　業務初始處理

（5）銷售訂單預警天數設置：設定提前預警天數和逾期報警天數后，可以在「任務中心」查看「銷售訂單預警和報警」報表，可以通過預警平臺將符合條件的報警信息通過短信或郵件發送給有關人員，也可以直接查詢「銷售訂單預警和報警」，包括符合條件的未關閉的銷售訂單記錄。

（二）其他控制

（1）生單選項：可選定新增發貨單、新增退貨單、新增發票的默認值。

（2）可設定訂單自動關閉的條件，如出庫完成、開票完成和收款核銷完成。

（3）可設定質量檢驗的條件，如發貨檢驗和退貨檢驗。

（4）可設定自動指定批號的條件。

（5）可設定自動匹配入庫單的條件。

（三）信用控制

信用控制是指對客戶、部門、業務員的信用控制範圍的設置。進行信用控制時，根據信用檢查點，在保存、審核銷售單據時（控制信用的單據），若當前客戶（或按照部門、業務員控制）的應收帳款餘額（應收帳款期間）超過了該客戶（或部門、業務員）檔案中設定的信用額度（信用期限），系統會提示當前客戶（或部門、業務員）已超過檔案中設定的信用額度（信用期限），並根據需要的信用額度進行控制。

（1）可設定信用控制對象，如客戶信用、部門信用和業務員信用。

（2）可設定信用檢查點，如單據保存時或單據審核時。

（3）可設定額度檢查公式、期間檢查公式和立帳單據檢查公式。

（四）可用量控制

（1）可設定是否允許非批次存貨超可用量發貨，是否允許批次存貨超可用量發貨。

（2）可設定發貨單、發票非追蹤型存貨可用量控制公式和其預計庫存量查詢公式。

（3）可設定訂單非追蹤型存貨預計庫存量查詢公式。

（五）價格管理

價格管理選項設置取價方式、報價參照、價格政策、最低售價控制等。

三、庫存參數設置

（一）通用設置

在用友 ERP-U8V10.1 庫存管理系統中，通用設置參數選項如圖 3-7 所示。

中級會計電算化實務

圖 3-7　庫存管理系統通用設置界面

選項說明：

1. 業務設置

有無組裝拆卸業務：打鉤選擇，不可隨時修改。有組裝拆卸業務時，系統增加組裝拆卸菜單，可以使用組裝單、拆卸單，可以查詢「組裝拆卸匯總表」；無組裝拆卸業務時，不顯示組裝拆卸菜單。

有無形態轉換業務：打鉤選擇，不可隨時修改。有形態轉換業務時，系統增加形態轉換菜單，可以使用形態轉換單，可以查詢「形態轉換匯總表」；無形態轉換業務時，不顯示形態轉換菜單。

有無委託代銷業務：打鉤選擇，不可隨時修改。有委託代銷業務時，銷售出庫單的業務類型增加「委託代銷」，可以查詢「委託代銷備查簿」；無委託代銷業務時，不能進行以上操作。有無委託代銷業務可以在庫存管理系統設置，也可以在銷售管理系統設置，在其中一個系統的設置，同時改變在另一個系統的選項。

有無受託代銷業務：打鉤選擇，不可隨時修改。只有商業版才能選擇有受託代銷業務，工業版不能選擇有受託代銷業務。有受託代銷業務時，可在「存貨檔案」中設置受託代銷存貨。採購入庫單的業務類型增加受託代銷，可查詢「受託代銷備查簿」；沒有受託代銷業務時，不能進行以上操作。有無受託代銷業務可以在庫存管理系統設置，也可以在採購管理系統設置，在其中一個系統的設置，同時改變在另一個系統的選項。

第三章　業務初始處理

有無成套件管理：打鉤選擇，默認為否，不可隨時修改。有成套件管理時，可在存貨檔案中設置某存貨為成套件，可設置成套件檔案。「收發存匯總表」「業務類型匯總表」可將成套件按照組成單件展開進行統計。沒有成套件管理時，不能進行以上操作。

有無批次管理：打鉤選擇，默認為否，不可隨時修改。有批次管理時，可在存貨檔案中設置批次管理存貨、是否建立批次檔案。出入庫時，批次管理存貨需要指定批號。可執行「其他業務處理」下的「批次凍結」，可查詢「批次臺帳」「批次匯總表」；否則，不能設置和查詢。

有無保質期管理：打鉤選擇，默認為否，不可隨時修改。有保質期管理時，可在存貨檔案中設置保質期管理存貨。出入庫時，保質期管理存貨需要指定生產日期、失效日期。可執行「其他業務處理」下的「失效日期維護」，可查詢「保質期預警」。沒有保質期管理時，沒有以上功能。

失效日期反算保質期：打鉤選擇，默認為否，可隨時修改。參見保質期管理。選擇此選項，在單據上修改失效日期時，生產日期不變，反算保質期；否則，修改失效日期時，保質期不變，反算生產日期。

有無序列號管理：打鉤選擇，默認為否，可隨時更改。

2. 修改現存量時點

採購入庫審核時改現存量、銷售出庫審核時改現存量、材料出庫審核時改現存量、產成品入庫審核時改現存量和其他出入庫審核時改現存量選項：打鉤選擇，默認為否，可隨時修改。

提示：企業根據實際業務的需要，有些單據在保存時進行實物出入庫，而有些單據在單據審核時才進行實物出入庫。為了解決單據和實物出入庫的時間差問題，可以根據不同的單據制定不同的現存量更新時點。該選項會影響現存量、可用量、預計入庫量、預計出庫量。

3. 浮動換算率的計算規則

浮動換算率的計算規則屬於供應鏈公共選項，任一模塊（包括採購、委外、銷售、庫存、質量管理）修改其他模塊都自動關聯更新。單選，選擇內容為以數量為主、以件數為主。其計算公式為：數量＝件數×換算率。

以數量為主：浮動換算率存貨，數量、件數、換算率三項都有值時，修改件數，數量不變，反算換算率；修改換算率，數量不變，反算件數；修改數量，換算率不變，反算件數。

以件數為主：浮動換算率存貨，數量、件數、換算率三項都有值時，修改件數，換算率不變，反算數量；修改換算率，件數不變，反算數量；修改數量，件數不變，反算換算率。

4. 出庫自動分配貨位規則

出庫自動分配貨位規則：單選，可隨時修改，設置出庫時系統自動分配貨位的

先後順序。

優先順序：根據貨位存貨對照表中設置的優先順序分配貨位。量少先出：根據結存量的大小，先從結存量小的貨位出庫。

5. 業務校驗

檢查倉庫存貨對應關係：打鈎選擇，默認為否，可隨時修改。不檢查，填製出入庫單據時參照存貨檔案中的存貨。如檢查，填製出入庫單據時可以參照倉庫存貨對照表中該倉庫的存貨；手工錄入其他存貨時，系統提示「存貨××在倉庫存貨對照表中不存在，是否繼續？」如果繼續，則保存錄入的存貨。否則返回重新錄入。

檢查存貨貨位對應關係：打鈎選擇，默認為否，可隨時修改。不檢查，填製出入庫單據時參照表頭倉庫的所有貨位。如檢查，填製出入庫單據時參照存貨貨位對照表中表頭倉庫的當前存貨的所有貨位；手工錄入存貨貨位對照表以外的貨位時，系統提示「貨位××在存貨貨位對照表中不存在，是否繼續？」如果繼續，則保存錄入的貨位。否則返回重新錄入。

調撥單只控制出庫權限：設置調撥單錄入時倉庫、部門權限控制方式。打鈎選擇，默認為否，可隨時修改。若選擇是，則只控制出庫倉庫、部門的權限，不控制入庫倉庫、部門的權限；若選擇否，出庫、入庫的倉庫、部門權限都要控制。該選項在檢查倉庫權限、檢查部門權限設置時有效；如不檢查倉庫、部門權限，則該選項不起作用。

調撥單查詢權限控制方式：設置調撥單查詢時倉庫、部門權限控制方式。若選擇「同調撥單錄入」，則按照「調撥單只控制出庫權限」的設置做相應控制。若選擇「轉入或轉出」，則只要有出庫倉庫、部門或入庫倉庫、部門中任一方權限就可以查詢。

調撥申請單只控制入庫權限和調撥單批覆/查詢權限，其控制方式設置及規則與上述內容相似。

審核時檢查貨位：打鈎選擇，默認為是，可隨時修改。若選擇是，則單據審核時，如果單據表頭倉庫是貨位管理，該單據所有記錄的貨位信息必須填寫完整才可審核，否則不能審核；若選擇否，則審核單據時不進行貨位檢查，貨位可以在單據審核后再指定。進行貨位管理時，最好設置該選項，可以避免漏填貨位。

庫存生成銷售出庫單：打鈎選擇，默認為否，可隨時修改，該選項主要影響庫存管理系統與銷售管理系統集成使用的情況。銷售管理系統的發貨單、銷售發票、零售日報、銷售調撥單在審核/復核時，自動生成銷售出庫單；庫存管理系統不可修改出庫存貨、出庫數量，即一次發貨一次全部出庫。由銷售管理系統生成的銷售出庫單，允許修改部分數據項，包括單價、金額、貨位等。銷售出庫單由庫存管理系統參照上述單據生成，不可手工填製；在參照時，可以修改本次出庫數量，即可以一次發貨多次出庫；生成銷售出庫單后不可修改出庫存貨、出庫數量。

記帳后允許取消審核：打鈎選擇，默認選中。當存貨核算系統選項「單據審核

第三章　業務初始處理

后才允許記帳」為否時，可隨時修改。當存貨核算系統選項「單據審核后才允許記帳」為是時，該選項不允許選中。如果「記帳后允許取消審核」為否，則棄審（包括批棄）出入庫單據時，任意一行記錄已經記帳的單據不允許取消審核。

出庫跟蹤入庫存貨，入庫單審核后才能出庫：打鈎選擇，默認為否，可隨時修改。若選擇此項，則出庫跟蹤入庫時只能參照已審核的入庫單。此選項庫存管理系統、銷售管理系統共用。

倒衝材料出庫單自動審核：打鈎選擇，默認為否，可隨時修改。若選擇此項，則倒衝生成的材料出庫單及盤點補差生成的材料出庫單自動審核。

紅字銷售出庫允許錄入系統中未維護的序列號、紅字其他出庫允許錄入系統中未維護的序列號和紅字材料出庫允許錄入系統中未維護的序列號選項：打鈎選擇，默認為否。

6. 權限控制

以下權限如果沒有在「企業應用平臺-基礎設置-數據權限-數據權限控制設置」中進行設置，則相應的選項置灰，不可選擇。

檢查倉庫權限、檢查存貨權限、檢查貨位權限、檢查部門權限、檢查操作員權限、檢查供應商權限、檢查客戶權限以及檢查收發類別權限選項：打鈎選擇。如檢查，查詢時只能顯示有查詢權限的記錄單據；填製單據時只能參照錄入有錄入權限的相應單據。

7. 遠程應用

遠程應用是指庫存管理系統、採購管理系統、銷售管理系統、應付款管理系統、應收款管理系統共用，即在一個系統中改變設置，在其他四個系統中也同時更改。

有無遠程應用：默認為否，可隨時修改。有遠程應用時，可設置遠程標示號，可執行遠程應用功能。標示號可設定為兩位，最大為99，可隨時修改。總部與各分支機構之間分配的唯一標示號，此編號必須唯一，以保證數據傳遞接收時不重號。

8. 其他選項設置

自動指定批號（CTRL+B）：單選，可隨時修改，自動指定批號時的分配規則。填製出庫單據時，可使用快捷鍵「CTRL+B」，系統根據分配規則自動指定批號。庫存管理系統、銷售管理系統分別設置。批號先進先出：按批號的順序從小到大進行分配。近效期先出：當批次管理存貨同時為保質期管理存貨時，按失效日期的順序從小到大進行分配，適用於對保質期管理進行較嚴格的存貨，如食品、醫藥等；非保質期管理的存貨，按批號先進先出進行分配。

自動出庫跟蹤入庫（CTRL+Q）：單選，可隨時修改。自動指定入庫單號時，系統分配入庫單號的規則。填製出庫單據時，可使用快捷鍵「CTRL+Q」，系統根據分配規則自動指定出庫單號。庫存管理系統、銷售管理系統分別設置。先進先出：先入庫的先出庫，按入庫日期從小到大進行分配。先入庫的先出庫，適用於醫藥、食品等對存貨的時效性要求較嚴格的企業。后進先出：按入庫日期從大到小進行分配。

91

后入庫的后出庫，適用於存貨體積重量比較大的存貨，先入庫的放在裡面，后入庫的放在外面，這樣出庫時只能先出庫放在外面的存貨。

出庫默認換算率：單選，默認值為檔案換算率，可隨時更改。填製出庫單據時，浮動換算率存貨自動帶入的換算率，可再進行修改。檔案換算率：取計量單位檔案裡的換算率，可修改。結存換算率為該存貨最新的現存數量和現存件數之間的換算率，可修改。結存換算率＝結存數量/結存件數。批次管理的存貨取該批次的結存換算率。出庫跟蹤入庫的存貨取出庫對應入庫單記錄的結存換算率。不帶換算率：手工直接輸入。

系統啟用月份：根據庫存管理系統的啟用會計月帶入，不可修改。

單據進入方式：單選，默認值為空白單據，可隨時修改。進入庫存單據時，單據進入方式的設置。空白單據：進入單據卡片時，不顯示任何信息。最後一張單據：進入單據卡片時，顯示最後一次操作的單據。

(二) 專用設置

在用友 ERP-U8V10.1 庫存管理系統中，專用設置參數選項如圖 3-8 所示。

圖 3-8　庫存管理系統專用設置界面

選項說明：

1. 業務開關

允許超發貨單出庫、允許超調撥單出庫、允許超調撥申請單調撥、允許貨位零出庫、允許超生產訂單領料、允許超限額領料、允許未領料的產成品入庫、允許超

第三章　業務初始處理

生產訂單入庫和允許超領料申請出庫等選項：打鈎選擇，默認為否，可隨時修改。在填製相應的出入庫單的數量超過對應可發入貨數量時，可以保存；否則，不予保存。

允許超採購訂單入庫、允許超委外訂單入庫、允許超委外訂單發料和允許超作業單出庫選項：打鈎選擇，默認為否，在庫存管理系統中只能查詢，不能修改；與採購管理系統、委外管理系統用同一個選項，在採購管理系統、委外管理系統中修改。

允許修改調撥單生成的其他出入庫單據：打鈎選擇，默認為否，可隨時修改。選中時，調撥生成的其他出入庫單可以修改；否則，不可以修改。

倒衝材料領料不足倒衝生成其他入庫單：打鈎選擇，默認為否，可隨時修改。選擇此項，倒衝倉庫盤點單中盤盈記錄審核生成單據（補差），如果盤點會計期間有材料耗用，但補差之後導致生產訂單或委外訂單已領料量<0時，則補差只補到已領料量等於0為止，差額部分生成其他入庫單。不選中此項，出現補差之後導致生產訂單或委外訂單已領料量<0的情況時，盤點單審核不通過。

生產領料考慮損耗率：打鈎選擇，默認為是，可隨時修改。選擇此項，按生產訂單領料及調撥時，應領料量為生產訂單子件的應領料量。不選擇此項，按生產訂單領料及調撥時，應領料量為生產訂單子件的應領料量／（1+子件損耗率）。

生產領料允許替代：打鈎選擇，默認為否，可隨時修改。選擇此項，按生產訂單領料時，在材料出庫單、配比出庫時允許執行替代操作。未選，則不可執行。

領料必有來源單據：打鈎選擇，默認為否，可隨時修改。選擇此項，則領料類的業務單據不允許手工新增，只能參照來源單據生單。但單據修改不受限制。不選擇此項，則領料類的業務單據既可以手工新增也可以參照來源單據生單。領料類業務單據包括藍字材料出庫單、配比出庫等。

退料必有來源單據：打鈎選擇，默認為否，可隨時修改。選擇此項，則退料類的業務單據不允許手工新增，只能參照來源單據生單。但單據修改不受限制。不選擇此項，則退料類的業務單據既可以手工新增也可以參照來源單據生單。退料類業務單據：紅字材料出庫單。

補料必有來源單據：打鈎選擇，默認為否，可隨時修改。選擇此項，則補料類的業務單據不允許手工新增，只能參照來源單據生單。但單據修改不受限制。不選擇此項，則補料類的業務單據既可以手工新增也可以參照來源單據生單。補料類業務單據：材料出庫單（補料業務）。

2. 預警設置

保質期存貨報警：打鈎選擇，默認為否，可隨時修改。設置保質期存貨報警，在填製單據時如果失效日期或有效期至小於當前日期則系統給出提示。

PE預留臨近預警天數：默認0，可以錄入任意正整數。未過失效日期的，用臨近預警天數與距離天數進行比較，對距離天數≤臨近預警天數的記錄進行預警。

PE預留逾期報警天數：默認0，可以錄入任意正整數。已過失效日期的，用逾期報警天數與距離天數進行比較，對距離天數≥逾期報警天數的記錄進行報警。

在庫檢驗臨近預警天數：默認0，可以錄入任意正整數。未過檢驗週期的，用臨近預警天數與距離天數進行比較，對距離天數≤臨近預警天數的記錄進行預警。

在庫檢驗逾期報警天數：默認0，可以錄入任意正整數。已過檢驗週期的，用逾期報警天數與距離天數進行比較，對距離天數≥逾期報警天數的記錄進行報警。

最高最低庫存控制：打鈎選擇，默認為否，可隨時修改。保存單據時，若存貨的預計可用量低於最低庫存量或高於最高庫存量，則系統提示報警的存貨，可選擇是否繼續。如果繼續，則系統保存單據。如果選擇否，則需重新輸入數量。提示：預計可用量包括當前單據存貨未保存前的數量。

按倉庫控制最高最低庫存量：打鈎選擇，默認為否，可隨時修改。選擇按倉庫控制，則最高最低庫存量根據倉庫存貨對照表帶入，預警和控制時考慮倉庫因素；若當前存貨在倉庫存貨對照表中沒有設置，取存貨檔案的最高最低庫存量。若不選擇，則最高最低庫存量根據存貨檔案帶入，預警和控制時不考慮倉庫因素。

安全庫存預警也按此設置處理：若選擇按倉庫控制最高最低庫存量，則安全庫存量根據倉庫存貨對照表帶入；否則，安全庫存量根據存貨檔案帶入，預警時不考慮倉庫因素。

按供應商控制最高最低庫存量：打鈎選擇，默認為否，可隨時修改。選擇按供應商控制，則最高、最低及安全庫存量根據倉庫存貨對照表中針對代管商錄入的最高、最低及安全庫存量帶入，預警和控制時考慮代管商因素。不選擇按供應商控制，則不考慮代管商。

按倉庫控制盤點參數：打鈎選擇，默認為否，可隨時修改。選擇此項，則每個倉庫可以設置不同的盤點參數，系統從倉庫存貨對照表中取盤點參數；否則，盤點參數適用於所有倉庫，系統從存貨檔案中取盤點參數。

3. 自動帶出單價的單據

自動帶出單價的單據：復選，默認為否，可隨時修改。選擇內容為採購入庫單、銷售出庫單、產成品入庫單、材料出庫單、其他入庫單、其他出庫單、調撥單、調撥申請單、盤點單、組裝單、拆卸單、形態轉換單、不合格品記錄單、不合格品處理單。

（三）預計可用量控制

在用友ERP-U8V10.1庫存管理系統中，預計可用量控制設置參數選項如圖3-9所示。

第三章　業務初始處理

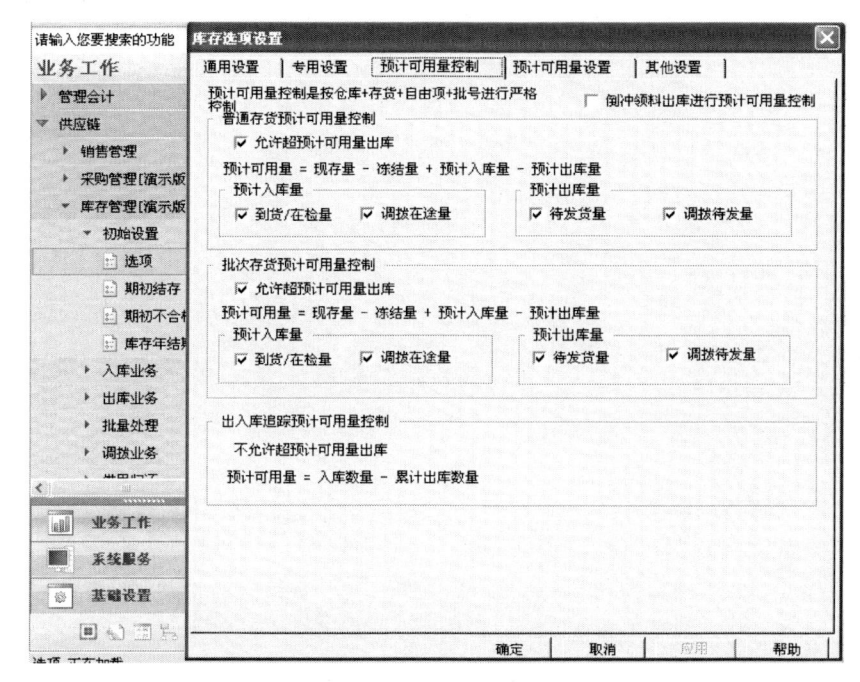

圖 3-9　庫存管理系統預計可用量控制設置界面

選項說明：

預計可用量控制：嚴格控制，非 LP 件按照「倉庫+存貨+自由項+批號+代管商」進行控制；LP 件按照「倉庫+存貨+自由項+批號+代管商銷售訂單類別+銷售訂單號+銷售訂單行號」進行控制。可用量控制在庫存管理系統、銷售管理系統、出口管理系統分別設置。

普通存貨預計可用量控制：可用量=現存量−凍結量+預計入庫量−預計出庫量。

允許超預計可用量出庫：打鈎選擇。選擇否，則不能超過可用量出庫；選擇是，則可以超過可用量出庫。

批次存貨預計可用量控制：選擇否，則不能批次零出庫；選擇是，則可以批次零出庫。其他同上。

倒衝領料出庫預計可用量控制：默認不進行可用量控制，可隨時修改。非批次管理存貨預計入庫量和預計出庫量組成按照普通存貨可用量控制中的設置；批次管理存貨預計入庫量和預計出庫量組成按照批次存貨可用量控制中的設置。選擇不進行可用量控制，在自動倒衝生成材料出庫單時，不進行可用量控制，允許超過可用量出庫；否則進行可用量控制，自動倒衝生成材料出庫單時，如果預計可用量<0 則不允許保存單據（包括材料出庫單、工序倒衝時的工序轉移單、產成品入庫倒衝時的產成品入庫單、委外倒衝時的採購入庫單）。

95

(四) 預計可用量設置

選項說明：

1. 預計可用量檢查公式

出入庫檢查預計可用量：打鉤選擇，默認為不選。

預計可用量＝現存量－凍結量＋預計入庫量－預計出庫量

預計入庫量：復選，選擇內容為已請購量、採購在途量、到貨/在檢量、生產訂單量、委外訂單量、調撥在途量。

預計出庫量：復選，選擇內容為銷售訂單量、待發貨量、調撥待發量、備料計劃量、生產未領量、委外未領量。

2. 預計可用量公式

預計可用量＝現存量－凍結量，即不考慮預計入庫量、預計出庫量，可隨時修改。

預計入庫量：復選，選擇內容為已請購量、採購在途量、到貨/在檢量、生產訂單量、委外訂單量、調撥在途量。

預計出庫量：復選，選擇內容為已訂購量、待發貨量、調撥待發量、備料計劃量、生產未領量、委外未領量。

(五) 其他設置

選項說明：

倒衝盤點補差按代管商合併：打鉤選擇，默認為否，可隨時修改。選擇此項，如果盤點倉庫是代管倉（同時是現場倉或委外倉），倒衝倉庫盤點單中盈/虧記錄審核生成單據。系統查找盤點會計期間的倒衝材料出庫單時，忽略當前盤點單上的代管商，按所有代管商的材料耗用分攤盈虧量。不選擇此項，查詢盤點會計期間的倒衝材料出庫單時，按盈/虧記錄中的代管商查找盤點會計期間的倒衝材料出庫單，按對應代管商的材料耗用分攤盈虧量。

生產補料必有補料申請單：打鉤選擇，默認為否，可隨時修改。選中時，藍字補料材料出庫單不允許手工錄入，也不允許參照生產訂單錄入，只能參照子件補料申請單錄入。

領料批量處理業務：可以選擇材料出庫單、調撥單、倒衝材料出庫單。材料出庫單和調撥單默認選中。選中時，相應業務根據存貨檔案中設置的領料批量進行處理。

切除尾數處理業務：可以選擇材料出庫單、調撥單、倒衝材料出庫單。材料出庫單和調撥單默認選中。選中時，如果存貨檔案設置為領料切除尾數，則相應業務進行切除尾數的處理。

自動指定代管商：代管倉出庫時，系統可根據此選項的設置自動指定代管商。系統包括以下幾種自動指定代管商的規則：存貨檔案默認的供應商、代管商庫存孰低先出、代管商庫存孰高先出和供應商配額。

第三章　業務初始處理

指定貨位換行時自動保存：如果選擇此選項，在單據上指定貨位時，換行時自動保存上一行的貨位數據，不用再按「保存」按鈕。

生單時匯率取值方式：根據採購訂單或到貨單生成採購入庫單時，對於外幣業務，匯率可按上游單據的匯率確定，也可取最新的匯率。生單時匯率取值方式：可以選擇當月匯率或來源單據匯率兩種方式。此選項可以隨時修改。如果選擇當月匯率，則採購入庫單的匯率直接從幣種檔案中已設置的當月匯率取值；如果選擇取來源單據匯率，則直接帶上游的採購訂單或到貨單的匯率。

收發存匯總表查詢方式：為提高報表查詢效率，在每月月結時系統會將當月的數據匯總記入相應的數據表中，數據表的匯總方式可在庫存選項其他設置頁簽下的收發存匯總表中的查詢方式中設置。系統默認是按明細數據記錄的，因此數據量可能會比較大，如果收發存匯總表不需要按單據自定義項或項目進行查詢時，建議在庫存選項中修改此選項，以減少存儲的數據量。修改規則：一旦確定了收發存匯總表的查詢方式，最好不要頻繁修改，尤其不要把粗的維度改為細的維度。

卸載數據時計算庫齡是否包括紅單：數據卸載時，系統會按庫存選項中設置的卸載參數重新計算庫齡，以卸載日期作為計算結存的日期，然後按庫齡分析的算法計算庫齡，並將有結存的單據保留下來不允許卸載。如果選擇包括紅單，則計算庫齡時紅字出庫單統計在內，否則不包括紅字出庫單。注意：此選項與結存統計無關，只與庫齡算法相關。修改規則：此選項一定要在數據卸載前確定。

四、存貨核算參數設置

(一) 核算方式設置

用友 ERP-U8V10.1 存貨核算系統的核算方式選項如圖 3-10 所示。

選項說明：

核算方式：初建帳套時，可以選擇按倉庫核算、按部門核算、按存貨核算。如果按倉庫核算，則在倉庫檔案中按倉庫設置計價方式，並且每個倉庫單獨核算出庫成本；如果按部門核算，則在倉庫檔案中按部門設置計價方式，並且相同所屬部門的各倉庫統一核算出庫成本；如果按存貨核算，則按在存貨檔案中設置的計價方式進行核算。只有在期初記帳前，核算方式才能改變。系統默認按倉庫核算。

銷售成本核算方式：即銷售出庫成本確認標準。普通銷售與出口銷售共同使用該選項，單選項。當普通銷售系統啓動而出口管理系統沒有啓動，可選擇用銷售發票或銷售出庫單記帳，默認為銷售出庫單。當出口管理系統啓動不論普通銷售系統是否啓動，選項都為按銷售出庫單核算。修改銷售出庫成本核算方式選項的條件是：在本月沒有對銷售單據記帳前，當銷售單據（發貨單、發票）的業務全部處理完畢（即發貨單已全部生成出庫單和發票、發票全部生成出庫單和發貨單）方可修改。

委託代銷成本核算方式：委託代銷記帳單據。如果選擇按發出商品核算，則按

圖 3-10　用友 ERP-U8V10.1 存貨核算系統的核算方式設置界面

發貨單+發票記帳；如果選擇按普通銷售核算，則按銷售發票或銷售出庫單進行記帳。

　　暫估方式：如果與採購系統或委外系統集成使用時，用戶可以進行暫估業務，並且在此選擇暫估入庫存貨成本的回衝方式，包括月初回衝、單到回衝、單到補差三種。月初回衝是指月初時系統自動生成紅字回衝單，報銷處理時，系統自動根據報銷金額生成採購報銷入庫單；單到回衝是指報銷處理時，系統自動生成紅字回衝單，並生成採購報銷入庫單；單到補差是指報銷處理時，系統自動生成一筆調整單，調整金額為實際金額與暫估金額的差額。與採購系統或委外系統集成使用時，如果明細帳中有暫估業務未報銷或本期未進行期末處理，此時，暫估方式將不允許修改。

　　零成本出庫選擇：用於指定核算出庫成本時，如果出現帳中為零成本或負成本，造成出庫成本不可計算時出庫成本的取值方式，如上次出庫成本、參考成本、結存成本、上次入庫成本或手工輸入。

　　紅字出庫單成本選擇：用於指定對先進先出或后進先出方式核算的紅字出庫單據記明細帳時出庫成本的取值方式，如上次出庫成本、參考成本等。

　　入庫單成本選擇：用於指定對入庫單據記明細帳時，如果沒有填寫入庫成本的入庫單價即入庫成本為空時入庫成本的取值方式，如上次出庫成本、參考成本、結存成本、上次入庫成本、手工輸入。

　　結存負單價成本選擇：用於指定期末存貨結存單價小於等於零時，系統按以下方式自動調整期末結存單價並生成出庫調整單。需要在期末處理時選擇「帳面結存為負單價時自動生成出庫調整單」選項。結存單價取值方式如上次出庫成本、參考

第三章 業務初始處理

成本、結存成本、上次入庫成本、入庫平均成本、零成本。

資金占用規劃：用於確定本企業按某種方式輸入資金占用規劃，並按此種方式進行資金占用的分析，如按倉庫、按存貨分類、按存貨、按倉庫+存貨分類、按倉庫+存貨、按存貨分類+存貨。

(二) 控制方式設置

用友 ERP-U8V10.1 存貨核算系統的控制方式選項如圖 3-11 所示。

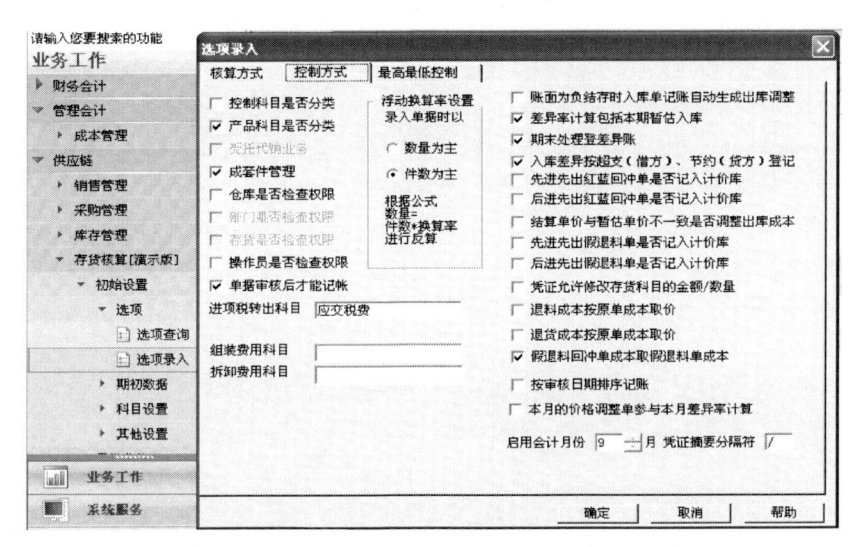

圖 3-11 用友 ERP-U8V10.1 存貨核算系統的控制方式設置界面

選項說明：

有無受託代銷業務：只有商業版才有受託代銷業務，工業版不能選擇受託代銷業務。可在採購管理或庫存管理系統設置該選項，其中一個系統設置，同時改變另一個系統選項。

有無成套件管理：成套件是指一種存貨由其他幾種存貨組合而成；有成套件管理時，既可以統計單件的數量金額，也可以統計成套件的數量金額；無成套件管理時，只統計組合件的數量金額。可以隨時對有無成套件管理進行重新設置。

單據審核後才能記帳：如果選擇單據審核後才能記帳，則正常單據記帳的過濾條件中「包含未審核單據」選項就只能選擇不包含，在顯示要記帳的單據列表時，未審核的單據不顯示。如果選擇單據審核後才能記帳，系統應自動將庫存的選項記帳後允許取消審核，改為不選擇。此選項只針對採購入庫單、產成品入庫單、其他入庫單、銷售出庫單、材料出庫單、其他出庫單六種庫存單據有效，入庫調整單、出庫調整單和假退料單不受此選項的約束。庫存未啟用時，此選項置灰不可選擇。

帳面為負結存時入庫單記帳是否自動生成出庫調整：如果選擇帳面為負結存時入庫單記帳自動生成出庫調整，當入庫單記帳時，如果帳面為負結存，按入庫的數

中級會計電算化實務

量比例調整結存成本,並自動生成出庫調整單。移動平均、全月平均、先進先出、后進先出法、個別計價可使用此選項,計劃價/售價不支持此選項。此選項可隨時修改。

差異率計算包括是否本期暫估入庫:選擇此選項,即本期暫估入庫的存貨也參與計算差異率。此選項可隨時修改。

期末處理是否登記差異帳:期末生成差異結轉單時,選取此項則登記差異帳;不選則不登記差異帳,期末無差異結轉。此選項可隨時修改。

入庫差異是否按超支(借方)、節約(貸方)登記:如果選擇,則按超支入庫差異記借方,節約入庫差異記貸方;否則,所有入庫差異全部記借方。

進項稅轉出科目:在此可以手工輸入或參照輸入進項稅轉出科目。在採購結算製單時,如果在結算時發生非合理損耗及進項稅轉出,在根據結算單製單時,系統可以自動帶出該科目。

組裝費用科目:在此可以手工輸入或參照輸入組裝費用科目。利用組裝單製單時,將組裝單的組裝費作為貸方的一條分錄,其對應科目為組裝費科目。製單時自動帶出。

拆卸費用科目:在此可以手工輸入或參照輸入拆卸費用科目。利用拆卸單製單時,要將拆卸單的拆卸費作為貸方的一條分錄,其對應科目為拆卸費科目。製單時自動帶出。

先進先出計價時紅藍回衝單是否記入計價庫:系統默認為否,即紅藍回衝單不參與成本計算。只有在當月期末處理后月末結帳之前可以切換選項;如果計價庫中有紅藍回衝單不全的業務時,不能修改選項;如果選項為紅藍回衝單不記入計價庫,如果當月明細帳中有紅字回衝單,而計價庫中有紅字回衝單,則不允許恢復期末處理。如果選項為紅藍回衝單記入計價庫,則紅藍回衝單記入計價庫,參與成本計算。選項為紅藍回衝單記入計價庫,如果當月明細帳中有紅字回衝單,而計價庫中沒有紅字回衝單,則不允許恢復期末處理。

后進先出計價時紅藍回衝單是否參與成本計算、先進先出假退料單是否記入計價庫、后進先出假退料單是否記入計價庫設置與「先進先出計價時紅藍回衝單是否記入計價庫」相似。

結算單價與暫估單價不一致暫估處理時是否調整出庫成本:系統默認為否,可隨時修改。若選擇調整時,在結算成本處理時系統將自動生成出庫調整單來調整差異。此方法只針對先進先出、后進先出和個別計價三種方法,因為只有這三種計價方式可以通過出庫單跟蹤到入庫單。此選項與紅藍回衝單記入計價庫互斥,必須在紅藍回衝單不記入計價庫的情況下才能選擇此選項。

控制科目是否分類:指結算單製單所用的應付科目對應的供應商是否按分類設置科目,如果不選,則按明細供應商設置應付科目。應付系統啟用後,此項在應付系統設置,此處不可見。

第三章 業務初始處理

產品科目是否分類：指結算單製單所用的運費科目和稅金科目對應的存貨是否按分類設置科目，如果不選，則按明細存貨設置運費科目和稅金科目。應付系統啟用後，此項在應付系統設置，此處不可見。

倉庫是否檢查權限：若選擇檢查倉庫權限，在錄入單據或查詢帳表時，系統將判斷是否有該單據以及該帳表的倉庫的錄入、查詢權限，若操作員沒有錄入或查詢該倉庫數據權限，則不允許錄入或查詢該倉庫數據。倉庫與操作員的對應關係在「企業應用平臺→系統服務→權限→數據權限控制」中設置。

部門是否檢查權限、存貨是否檢查權限、操作員是否檢查權限同「倉庫是否檢查權限」相似。

退料成本按原單成本取價：系統默認為否，此選項可隨時修改。按生產訂單或委外訂單領料後的退料時，該選項起作用。如果選項為退料成本按原單成本取價，當參照生產訂單或委外訂單退料時，能夠溯源到對應的材料出庫單，取原材料出庫成本作為本次退料成本。如果對應多張材料出庫單，取已領料出庫的平均成本作為本次退料成本。該選項對先進先出或移動平均計價方式核算適用。

退貨成本按原單成本取價：系統默認為否，此選項可隨時修改。當銷售成本核算方式選擇按銷售出庫單核算時，該選項起作用。如果選項為退貨成本按原單成本取價，當參照原發貨單進行退貨時，能夠溯源到對應的銷售出庫單，取原銷售出庫成本作為本次退貨成本。如果退貨單對應多張銷售出庫單，取已銷售出庫的平均成本作為本次退貨成本。

假退料回衝單成本取假退料單成本：系統默認為否，此選項可隨時修改。選擇取假退料回衝單成本：月末結帳時，生成假退料回衝單，成本取對應的假退料單的成本，按手填成本處理。不選擇取假退料回衝單成本：月末結帳時，生成假退料回衝單，成本按當月發出成本計算。

按審核日期排序記帳：系統默認為否，此選項可隨時修改。如果選項為按審核日期記帳：採購入庫單、產成品入庫單、其他入庫單、銷售出庫單、材料出庫單、其他出庫單六種庫存單據和採購掛帳確認單、出口發票、出口退貨發票按審核日期排序與記帳；銷售專用發票、銷售普通發票、銷售調撥單、零售日報按復核日期排序和記帳；出、入庫調整單和假退料單無審核日期，按單據日期排序和記帳。

本月的價格調整單參與本月的差異率計算：系統默認為否，此選項可隨時修改。如果選項為本月的價格調整單參與本月差異率計算。即：在差異率公式中，本月入庫差異含因價格調整產生的差異，本月入庫金額含因價格調整產生的金額。

（三）最高最低控制

用友 ERP-U8V10.1 存貨核算系統的最高最低控制選項如圖 3-12 所示。

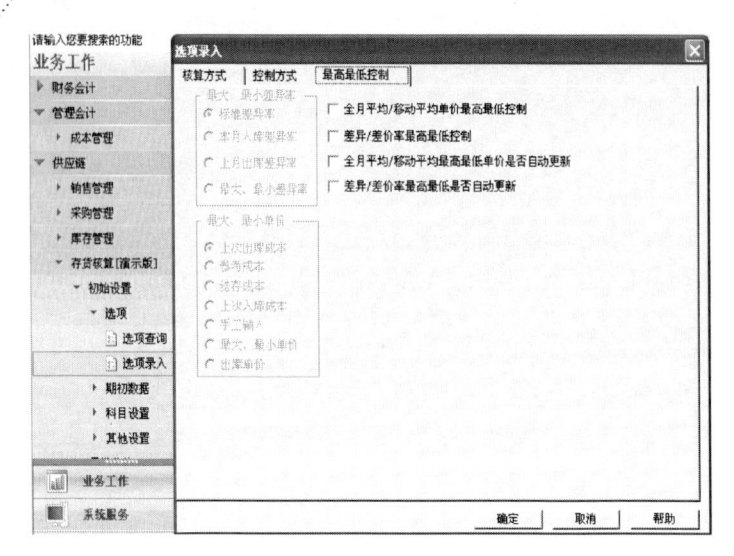

圖 3-12　用友 ERP-U8V10.1 存貨核算系統的最高最低控制設置界面

選項說明：

全月平均/移動平均單價最高最低控制：如果設置了全月平均/移動平均核算方式進行最高最低控制，則計算出的全月平均單價或移動平均單價如果不在最高最低單價的範圍內，系統自動取最高或最低單價進行成本計算。

移動平均計價倉庫（部門/存貨）：如果企業選擇「全月平均/移動平均單價最高最低控制」而且用出庫單記帳時，若系統自動計算的出庫單價高於該倉庫該存貨最高單價或低於該倉庫該存貨最低單價，則系統按企業在選項中選擇的出庫單價超過最高最低單價時的取值方法進行處理。

最高最低單價由系統根據入庫單的單價進行維護，也可手工輸入最高最低單價。

全月平均計價倉庫（部門/存貨）：如果企業選擇「全月平均/移動平均單價最高最低控制」且在期末處理時，若系統自動計算的當月出庫單價高於該倉庫該存貨最高單價或低於該倉庫該存貨最低單價，則系統按企業在選項中選擇的「出庫單價超過最高最低單價時的取值」方法進行處理。

全月平均/移動平均最高最低單價是否自動更新：在選項中選擇「全月平均、移動平均最高最低單價是否自動更新」為是，則全月平均、移動平均記帳時系統在最大最小單價/差異率設置中更新最高最低單價。

差異率（差價率）最高最低控制：針對計劃價（售價）核算，可自由選擇，沒有限制。系統默認值為「不選擇」。如果選擇差異率/差價率最高最低控制，則設置一個標準的差異率及差異率允許的上下幅度，若系統計算出的差異率超過此範圍，企業可選擇按標準差異率、當月入庫差異率、上月出庫差異率、最大最小單價幾種方法進行成本計算。最高最低差價率/差異率由系統根據入庫單的單價進行維護，也

第三章 業務初始處理

可手工輸入最高最低差價率/差異率。

差異/差價率最高最低是否自動更新：在選項中選擇「差異/差價率最高最低是否自動更新」為是，則按計劃價（售價）核算時，入庫單記帳時在最大最小單價/差異率設置中進行更新最大、最小差異率/差價率。

最大最小差異率/差價率：只有在企業選擇了「最高最低差異率（差價率）控制」時，才能選擇此選項，否則不可選擇此選項。此選項系統的默認值為「標準差異率（差價率）」。該選項反應了計劃價中出庫差異率/差價率超過最高最低差異率時的取值。

最大最小單價：只有在企業選擇了「全月平均/移動平均單價最高最低控制」時，才能選擇此選項，否則不可選擇此選項。此選項系統的默認值為「上次出庫成本」。該選項反應「全月平均/移動平均單價最高最低控制」出庫單價超過最高最低單價時的取值。

五、薪資管理參數設置

系統在建立新的工資套後，或由於業務的變更，發現一些工資參數與核算內容不符，可以通過薪資管理系統的「選項」進行工資帳參數的調整。它包括對以下參數的修改：扣零設置、扣稅設置、參數設置和調整匯率。

六、固定資產參數設置

完成建帳之後，當需要對帳套中某些參數進行修改時，可通過固定資產系統中的「選項」進行重新設置，選項中包括了帳套初始化中設置的參數和其他一些帳套在運行中用到的一些參數，選項內容分為可修改部分和不可修改部分。不可修改的選項主要是指企業的基本信息和本帳套是否計提折舊以及本帳套開始使用期間，可修改的選項主要包括與帳務系統的接口、折舊信息以及其他信息。當發現某些設置（如本帳套是否計提折舊）錯誤而又不允許修改但必須糾正時，則只能通過「重新初始化」功能實現，但應注意重新初始化將清空對該子帳套所做的一切工作。

七、應收款管理參數設置

（一）常規選項定義

用友 ERP-U8V10.1 應收款管理系統的常規選項如圖 3-13 所示。

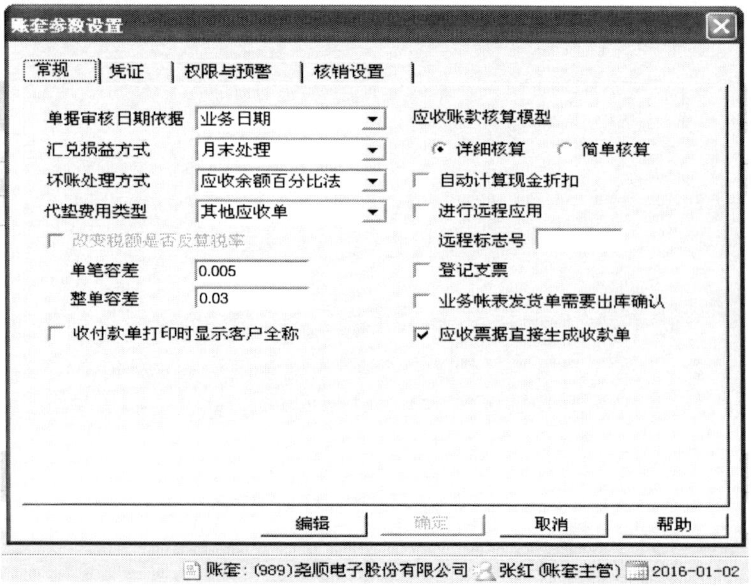

中級會計電算化實務

圖3-13　用友ERP-U8V10.1應收款管理系統常規選項設置界面

選項說明：

單據審核日期依據：系統提供兩種確認單據審核日期的依據，即單據日期和業務日期。如果選擇單據日期，則在單據處理功能中進行單據審核時，自動將單據的審核日期（即入帳日期）記為該單據的單據日期。如果選擇業務日期，則在單據處理功能中進行單據審核時，自動將單據的審核日期（即入帳日期）記為當前業務日期（即登錄日期）。

匯兌損益方式：系統提供兩種匯兌損益的方式，即外幣餘額結清時計算和月末處理兩種方式。外幣餘額結清時計算：僅當某種外幣餘額結清時才計算匯兌損益，在計算匯兌損益時，界面中僅顯示外幣餘額為0且本幣餘額不為0的外幣單據。月末計算：每個月末計算匯兌損益。在計算匯兌損益時，界面中顯示所有外幣餘額不為0或者本幣餘額不為0的外幣單據。

壞帳處理方式：系統提供兩種壞帳處理的方式，即備抵法和直接轉銷法。如果選擇備抵法，還應該選擇具體的方法，如應收餘額百分比法、銷售收入百分比法或帳齡分析法。這三種方法需要在初始設置中錄入壞帳準備期初和計提比例或輸入帳齡區間等。並在壞帳處理中進行后續處理。如果選擇了直接轉銷法，可以直接在下拉框中選擇該方法即可。當壞帳發生時，直接在壞帳發生處將應收帳款轉為費用即可。

代墊費用類型：解決從銷售管理系統傳遞的代墊費用單在應收系統用何種單據類型進行接收的功能。系統默認為其他應收單，也可在單據類型設置中自行定義單

第三章　業務初始處理

據類型，然后在系統選項中進行選擇。

應收帳款核算模型：系統提供兩種應收款管理系統的應用模型。選擇簡單核算：應收只是完成將銷售傳遞過來的發票生成憑證傳遞給總帳這樣的模式。（在總帳中以憑證為依據進行往來業務的查詢）選擇詳細核算：應收可以對往來進行詳細的核算、控制、查詢、分析。如銷售業務以及應收款核算與管理業務比較複雜，或者需要追蹤每一筆業務的應收款等情況，或者需要將應收款核算到產品一級，那麼需要選擇詳細核算。

是否自動計算現金折扣：為了鼓勵客戶在信用期間內提前付款而採用現金折扣政策，可以在系統中選擇自動計算現金折扣。若選擇自動計算，需要在發票或應收單中輸入付款條件，則在核銷處理界面中系統依據付款條件自動計算該發票或應收單可享受折扣，可輸入本次折扣進行結算，則原幣餘額=原幣金額-本次結算金額-本次折扣。如不選擇，則系統不自動計算現金折扣。

是否進行遠程應用：如選擇了進行遠程應用，則系統在后續處理中提供遠程傳輸收付款單的功能。但必須在此填上遠程標示號，遠程標示號必須為兩位（01~99）。如果您在異地有應收業務，則可通過遠程應用功能，在兩地之間進行單據等的傳遞。

是否登記支票：選擇登記支票，則系統自動將具有票據管理的結算方式的付款單登記在支票登記簿上。若不選擇登記支票登記簿，則也可以通過付款單上的「登記」按鈕，手工填製支票登記簿。

改變稅額是否反算稅率：打鉤表示改變稅額時反算稅率，系統默認為不選中，即改變稅額時不反算稅率。

單筆容差：錄入，默認為0.005。修改稅額超過容差時，系統提示超出容差範圍，取消修改，恢復原稅額。

整單容差：錄入，默認為0.03。保存單據超過合計容差時，系統提示，返回單據。

業務帳表發貨單需要出庫確認：當選中此選項時，按發貨單查詢時，發貨單審核后必須有出庫單生成才會在應收帳表中顯示。當未選中此選項時，按發貨單查詢時，發貨單審核后無論是否有對應的出庫單生成，都會在應收帳表中顯示。

應收票據直接生成收款單：如選擇「是」，則表示應收票據保存時，則同時生成收款單；否則表示應收票據保存后，不生成收款單，需通過「生成」按鈕才可以生成收款單。

(二) 憑證選項設置

用友ERP-U8V10.1應收款管理系統的憑證選項如圖3-14所示。

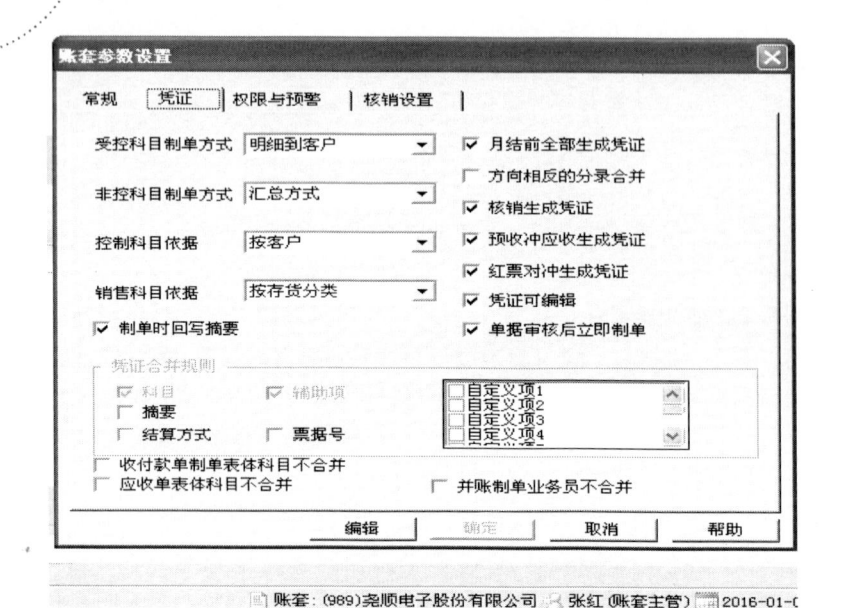

圖 3-14　用友 ERP-U8V10.1 應收款管理系統憑證選項設置界面

選項說明：

受控科目製單方式：有兩種製單方式供選擇。即明細到客戶、明細到單據的方式。明細到客戶：當將一個客戶的多筆業務合併生成一張憑證時，如果核算多筆業務的控制科目相同，系統會自動將其合併成一條分錄。這種方式的目的是在總帳系統中能夠根據客戶來查詢其詳細信息。明細到單據：當將一個客戶的多筆業務合併生成一張憑證時，系統會將每一筆業務形成一條分錄。這種方式的目的是在總帳系統中也能查看到每個客戶的每筆業務的詳細情況。

非控科目製單方式：有三種製單方式供選擇，即明細到客戶、明細到單據、匯總製單的方式。明細到客戶：當將一個客戶的多筆業務合併生成一張憑證時，如果核算多筆業務的非受控制科目相同且其所帶輔助核算項目也相同，則系統會自動將其合併成一條分錄。這種方式的目的是在總帳系統中能夠根據客戶來查詢其詳細信息。明細到單據：當將一個客戶的多筆業務合併生成一張憑證時，系統會將每一筆業務形成一條分錄。這種方式的目的是在總帳系統中也能查看到每個客戶的每筆業務的詳細情況。匯總製單：當將多個客戶的多筆業務合併生成一張憑證時，如果核算多筆業務的非控制科目相同且其所帶輔助核算項目也相同，則系統會自動將其合併成一條分錄。這種方式的目的是精簡總帳中的數據，在總帳系統中只能查看到該科目的一個總的發生額。

控制科目依據：應收控制科目是指所有帶有客戶往來輔助核算並受控於應收系統的科目。在會計科目中進行設置。本系統提供六種設置控制科目的依據，即按客戶分類、按客戶、按地區、按銷售類型、按存貨分類、按存貨。

第三章　業務初始處理

銷售科目依據：本系統提供了五種設置存貨銷售科目的依據，即按存貨分類、按存貨、按客戶、按客戶分類，銷售類型設置存貨銷售科目。在此設置的銷售科目，是系統自動製單科目取值的依據。

月末結帳前是否全部生成憑證：如果選擇了月末結帳前需要將全部的單據和處理生成憑證，則在進行月末結帳時將檢查截至結帳月是否有未製單的單據和業務處理。若有，系統將提示不能進行本次月結處理，但可以詳細查看這些記錄；若沒有，才可以繼續進行本次月結處理。否則，在月結時只是允許查詢截至結帳月的未製單的單據和業務處理，不進行強制限制。

方向相反的分錄是否合併：選擇合併，則在製單時若遇到科目相同、輔助項相同、方向相反的憑證分錄時，系統自動將這些分錄合併成一條，根據在那邊顯示為正數的原則來顯示當前合併后分錄的顯示方向。否則，在製單時若遇到滿足合併分錄的要求，且分錄的情況如上所描述的，則不能合併這些分錄，還是根據原樣顯示在憑證中。

核銷是否生成憑證：如果選擇是，則需要判斷核銷雙方的單據在當時的入帳科目是否相同，不相同時，需要生成一張調整憑證。否則，不管核銷雙方單據的入帳科目是否相同均不需要對這些記錄進行製單。

預收衝應收是否生成憑證：如果選擇是，則對於預收衝應收業務，當預收、應收科目不相同時，需要生成一張轉帳憑證；否則，對於預收衝應收業務不管預收、應收科目是否相同均不需要生成憑證。

紅票對沖是否生成憑證：如果選擇是，則對於紅票對沖處理，當對沖單據所對應的受控科目不相同時，需要生成一張轉帳憑證。否則，對於紅票對沖處理，不管對沖單據所對應的受控科目是否相同均不需要生成憑證。

憑證是否可編輯：選擇是，生成的憑證可修改，否則，生成的憑證不可以修改。

單據審核后是否立即製單：選擇是，表示所有單據或業務處理后需要提示是否立即生成憑證。否則，表示所有單據或業務處理后不再提示是否立即生成憑證。

收付款單製單表體科目不合併：選擇此項，表示收、付款單製單時表體科目無論是否科目相同、輔助項相同，製單時均不合併。否則，表示收、付款單製單時要依據製單的業務規則進行合併。

應收單製單表體科目不合併：不選擇此項，表示應收單製單時要依據製單的業務規則進行合併。選擇此項，表示應收單製單時表體科目無論是否科目相同、輔助項相同，製單時均不合併。

並帳製單業務員不合併：此選項是在應收衝應收時，按業務員進行並帳處理時使用。選擇是，表示在應收衝應收時，按業務員進行並帳處理時不能按業務員進行合併製單；選擇否，表示在應收衝應收時，按業務員進行並帳處理時可以按業務員進行合併製單。

(三) 權限與預警選項設置

用友 ERP-U8V10.1 應收款管理系統的權限與預警選項如圖 3-15 所示。

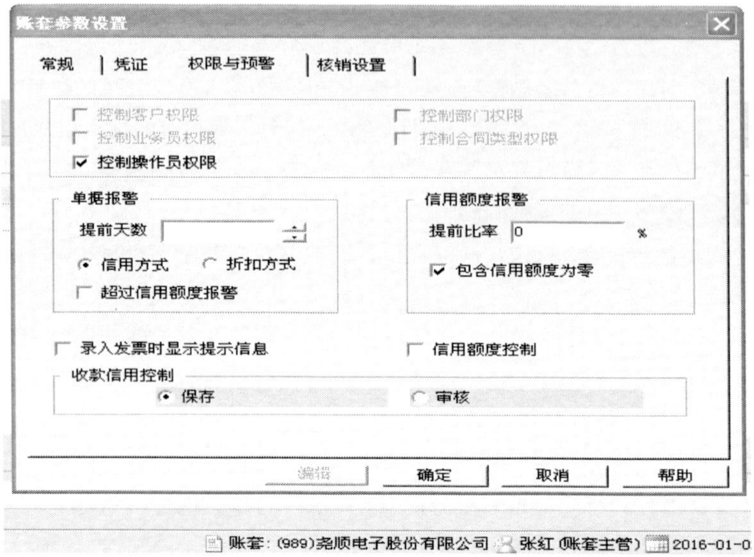

圖 3-15　用友 ERP-U8V10.1 應收款管理系統權限與預警選項設置界面

選項說明：

控制客戶權限：只有在企業應用平臺中進行了數據權限控制時，該選項才可以設置。選擇啟用：則在所有的處理、查詢中均需要根據該用戶的相關客戶數據權限進行限制。通過該功能，企業可加強客戶管理的力度，提高數據的安全性。選擇不啟用：則在所有的處理、查詢中均不需要根據該用戶的相關客戶數據權限進行限制。

控制部門權限、控制業務員權限、控制合同類型權限、控制操作員權限都與控制客戶權限相似。

錄入發票時顯示提示信息：如果選擇了顯示提示信息，則在錄入發票時，系統會顯示該客戶的信用額度餘額，以及最后的交易情況；否則，不提示任何信息。

單據報警：如果選擇了根據信用方式報警，則還需要設置報警的提前天數。在使用預警平臺時會依據這個設置自動將「單據到期日-提前天數≤當前註冊日期」的已經審核的單據顯示出來，以提醒及時通知客戶哪些業務應該回款了。如選擇了根據折扣方式自動報警，則還需要設置報警的提前天數。在使用預警平臺時會依據這個設置自動將「單據最大折扣日期-提前天數≤當前註冊日期」的已經審核的單據顯示出來，以提醒及時通知客戶哪些業務將不能享受現金折扣待遇。如果選擇了超過信用額度報警，則滿足上述設置的單據報警條件的同時，還需滿足該客戶已超過其設置的信用額度這個條件才可以報警。

信用額度控制：如果選擇了進行信用控制，則在應收款管理系統保存錄入的發

第三章 業務初始處理

票和應收單時，當票面金額+應收借方餘額-應收貸方餘額>信用額度，系統會提示本張單據不予保存處理；否則，在保存發票和應收單時不會出現控制信息。

信用額度報警：信用比率=信用餘額/信用額度，信用餘額=信用額度-應收帳款餘額。當信用額度預警時，需要輸入預警的提前比率，且可以選擇是否包含信用額度=0的客戶。當選擇使用預警平臺預警時，系統根據設置的預警標準顯示滿足條件的客戶記錄。即只要該客戶的信用比率小於或等於設置的提前比率時就對該客戶進行報警處理。若選擇信用額度=0的客戶也預警，則當該客戶的應收帳款>0時即進行預警。信用額度控制值選自客戶檔案的信用額度。

（四）核銷選項設置

用友ERP-U8V10.1應收款管理系統的核銷選項如圖3-16所示。

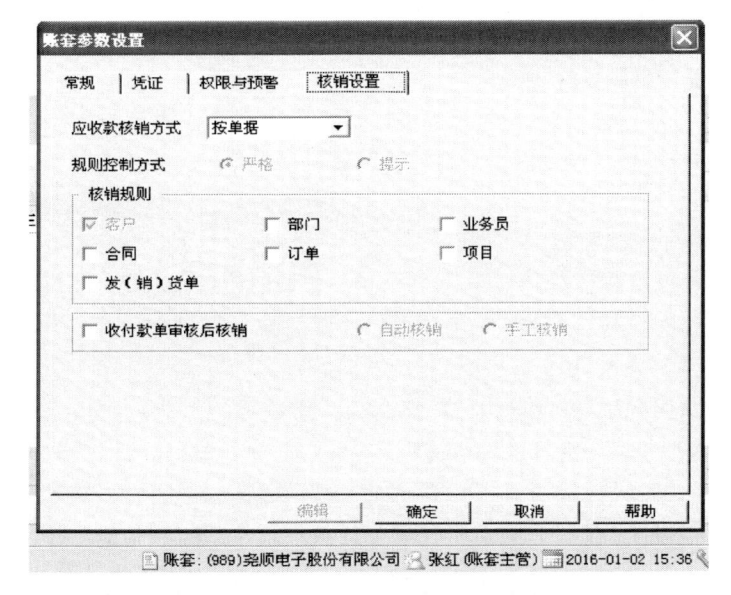

圖3-16 用友ERP-U8V10.1應收款管理系統核銷選項設置界面

選項說明：

應收款核銷方式：按單據核銷是指系統將滿足條件的未結算單據全部列出，自行選擇要結算的單據，根據所選擇的單據進行核銷。按產品核銷是指系統將滿足條件的未結算單據按存貨列出，自行選擇要結算的存貨，根據所選擇的存貨進行核銷。

核銷規則：可組合的選項有客戶、部門、業務員、合同、訂單、項目、發（銷）貨單。默認為按客戶，可按「客戶+其他」項進行組合選擇。如選擇「客戶+部門」，則表示核銷時，需客戶相同且部門相同。其他以此類推。

收付款單審核后核銷：默認為不選擇，則表示收、付款單審核后不進行立即核銷操作。如選擇為自動核銷，表示收、付款單審核后立即自動進行核銷操作；選擇為手工核銷，則表示收付款單審核后，立即自動進入手工核銷界面，由手工完成

109

八、應付款管理參數設置

用友 ERP-U8V10.1 應付款管理系統的常規、憑證、權限與預警和核銷設置選項含義與前述用友 ERP-U8V10.1 應收款管理系統相應選項含義類似。

在收付款控制選項中，如啟用付款申請單，付款單必須參照付款申請單生成，系統自動生成的付款單和紅字的付款單不受此限制。

【實務案例】

堯順電子股份有限公司各業務系統參數如下：

1. 採購管理模塊

無受託代銷業務，訂單自動關閉條件：入庫完成、發票完成、付款核銷完成，其他參數為系統默認設置。

2. 銷售管理模塊

無零售日報業務，無銷售調撥業務，無委託代銷業務，銷售報價含稅，無最低售價控制，收款核銷完成且開票完成後，訂單自動關閉。其他參數為系統默認設置。

3. 庫存管理模塊

無批次管理，無保質期管理，無組裝拆卸，無形態轉換業務，無最高最低庫存報警，無成套件管理，無遠程應用。其他參數為系統默認設置。

4. 存貨核算模塊

銷售成本核算方式：銷售出庫單，零成本出庫、紅字出庫、結存負單價成本均選擇上次出庫成本。其他參數為系統默認設置。

5. 薪資管理模塊

工資類別：單個工資類別；從工資中代扣個人所得稅。其他參數為系統默認設置。

6. 固定資產管理模塊

（1）啟用月份：2016.1。主要折舊方法：平均年限法（一）。當月初已計提月份＝可使用月份－1 時，要求將剩餘折舊全部提足，固定資產類別編碼方式為 2-1-1-2，卡片序號長度為 5。固定資產編碼方式：按「類別編碼+序號」自動編碼。

（2）要求與總帳系統進行對帳，固定資產對帳科目：「1601 固定資產」。累計折舊對帳科目為「1602 累計折舊」。

（3）對帳不平衡的情況下不允許月末結帳。

（4）缺省入帳科目如下：

固定資產：1601 固定資產

累計折舊：1602 累計折舊

第三章　業務初始處理

減值準備：1603 固定資產減值準備

增值稅進項稅額：22210101 進項稅額

固定資產清理：1606 固定資產清理

7. 應收款管理模塊

應收款核銷方式：按單據。壞帳處理方式：按應收帳款餘額百分比。銷售科目依據：按存貨。控制科目依據：按客戶。其他參數為系統默認。

8. 應付款管理模塊

應付款核銷方式：按單據。採購科目依據：按存貨。控制科目依據：按供應商。其他參數為系統默認。

第三節　業務初始設置

一、業務基礎檔案

在用友 ERP 系統中，業務基礎檔案主要包括倉庫檔案、貨位檔案、收發類別、採購類型、銷售類型、產品結構、成套件、費用項目分類、費用項目、發運方式、非合理損耗類型、批號規則、批次檔案、需求分類和 ATP 模擬方案定義。

【實務案例】

堯順電子股份有限公司主要業務檔案如下：

(1) 倉庫檔案如表 3-1 所示。

表 3-1

倉庫編碼	倉庫名稱
1	原材料倉庫
2	成品倉庫

(2) 收發類別如表 3-2 所示。

表 3-2

收發類別編碼	收發類別名稱	收發類別編碼	收發類別名稱
1	入庫類別	2	出庫類別
101	採購入庫	201	銷售出庫
102	產成品入庫	202	領用出庫
		203	其他出庫

中級會計電算化實務

【操作步驟】

在企業應用平臺中，執行「基礎設置→基礎檔案→業務→倉庫檔案」命令，進入倉庫檔案設置主界面，單擊「增加」按鈕，在編輯區輸入倉庫編碼、部門名稱等信息即可。再次單擊「增加」按鈕，可以繼續增加其他倉庫信息。

二、採購期初設置

帳簿都應有期初數據，以保證其數據的連貫性。初次使用採購管理系統時，應先輸入採購管理系統的期初數據，並進行期初記帳。

採購管理系統的期初數據包括以下內容。

期初暫估入庫：將啟用採購管理系統時，沒有取得供貨單位的採購發票，而不能進行採購結算的入庫單輸入系統，以便取得發票后進行採購結算。

期初在途存貨：將啟用採購管理系統時，已取得供貨單位的採購發票，但貨物沒有入庫，而不能進行採購結算的發票輸入系統，以便貨物入庫填製入庫單后進行採購結算。

期初受託代銷商品：將啟用採購管理系統時，沒有與供貨單位結算完的受託代銷入庫記錄輸入系統，以便在受託代銷商品銷售后，能夠進行受託代銷結算。

期初代管掛帳確認單：將啟用採購管理系統時，已與代管的供應商進行了耗用掛帳，但還沒有取得供應商的採購發票，而不能進行採購結算的代管掛帳確認單輸入系統，取得發票后再與之進行結算。

如採購管理系統與存貨核算集成使用，上述期初餘額應在存貨核算系統中錄入。採購管理系統，只執行「採購期初記帳」命令。

期初記帳是將採購期初數據記入有關採購帳；期初記帳后，期初數據不能增加、修改，除非取消期初記帳。沒有期初數據時，也執行期初記帳，以便輸入日常採購單據。

【實務案例】

堯順電子股份有限公司採購無期初餘額，在庫存管理和存貨核算系統期初餘額錄入完后，直接進行採購期初記帳。

三、銷售管理系統期初設置

期初發貨單：可處理建帳日之前已經發貨、出庫，尚未開發票的業務，包括普通銷售、分期收款發貨單。

期初委託代銷發貨單：可以錄入啟用日之前已經發生但未完全結算的委託代銷發貨單。

【實務案例】

堯順電子股份有限公司銷售無期初餘額。

第三章 業務初始處理

四、庫存期初設置

錄入使用庫存管理前各倉庫各存貨的期初結存情況時，不進行批次、保質期管理的存貨，只需錄入各存貨期初結存的數量；進行批次管理、保質期管理、出庫跟蹤入庫管理的存貨，需錄入各存貨期初結存的詳細數據，如批號、生產日期、失效日期、入庫單號等；進行貨位管理的存貨，還需錄入貨位。

【實務案例】

堯順電子股份有限公司庫存期初結存情況如表 3-3 所示。

表 3-3

	倉庫	存貨編碼	存貨名稱	主計量單位	數量	單價（元）	金額（元）	入庫類別	部門
1	原材料倉庫	101	塑料	千克	13,984.00	25.00	349,600.00	採購入庫	採購部
2	原材料倉庫	201	潤滑油	噸	40.00	3,735.00	149,400.00	採購入庫	採購部
3	原材料倉庫	202	包裝箱	個	1,000.00	10.00	10,000.00	採購入庫	採購部
4	成品庫	301	卧室臺燈	個	1,000.00	225.00	225,000.00	產成品入庫	二車間
5	成品庫	302	落地臺燈	個	1,000.00	110.00	110,000.00	產成品入庫	二車間
合計					17,024.00		844,000.00		

【操作步驟】

在企業應用平臺中，執行「業務工作→供應鏈→庫存管理→初始設置→期初結存」命令，進入「庫存期初數據錄入」主界面，選擇倉庫后，可逐一錄入期初結存數據。錄入完畢后進行審核。

五、存貨核算期初設置

（一）期初餘額錄入

存貨核算期初餘額。可以在存貨核算系統執行「初始設置→期初數據→期初餘額」命令，進入「期初餘額」界面，選擇倉庫后，點擊「增加」按鈕直接錄入；也可以在庫存管理系統中錄入后，再通過執行存貨核算系統中「期初餘額」界面上工具欄的「取數」命令，從庫存管理系統中取得期初餘額數據。然后點擊「記帳」按鈕進行期初記帳。

企業若有分期收款發出商品業務或委託代銷發出商品業務，則應錄入發出商品期初餘額，該數據來源於銷售系統，可通過「取數」按鈕，從銷售系統取期初數。除單價、金額外，其他項目不能修改、刪除。

（二）科目設置

「科目設置」用於設置存貨核算系統中生成憑證所需要的各種存貨科目、差異科目、分期收款發出商品科目、委託代銷科目、運費科目、稅金科目、結算科目、

113

中級會計電算化實務

對方科目等，因此在製單之前應先在本系統中將存貨科目設置正確、完整，否則無法生成科目完整的憑證。

採購入庫業務：出入庫調整單業務包括入庫調整單和出庫調整單業務。入庫單製單時，借方取存貨科目，貸方取收發類別所對應的對方科目。

採購結算業務：採購結算製單，發票未現付時，借方取對方科目、稅金科目，貸方取應付科目；採購結算製單，發票全部現付時，借方取對方科目、稅金科目，貸方取結算科目；採購結算製單，發票部分現付時，借方取對方科目、稅金科目，貸方取結算科目、應付科目。

產成品入庫業務：入庫單製單時，借方取存貨科目，貸方取收發類別所對應的對方科目。

委外入庫業務：暫估的委外入庫單製單時，借方取存貨科目，貸方委託加工物資材料費取對方科目中收發類別對應的委託加工物資-材料費科目，貸方暫估加工費取對方科目中收發類別對應的暫估科目。

結算的委外入庫單製單時，借方取存貨科目，貸方委託加工物資材料費取對方科目中收發類別對應的委託加工物資-材料費科目，貸方加工費取對方科目中收發類別對應的委託加工物資加工費科目，如果委託加工物資材料費和加工費科目相同，則製單時材料費和加工費合併成一條分錄。

發出商品業務：發貨單製單時，借方科目取分期收款發出商品對應的科目，貸方取存貨對應的科目。發票製單時，借方科目取收發類別對應的科目，貸方取分期收款發出商品對應的科目。

直運業務：直運採購發票製單時，借方取在存貨科目中設置的直運科目、稅金科目，貸方取應付科目或結算科目。直運銷售發票製單時，借方取對方科目，貸方科目取在存貨科目中設置的直運科目。

銷售出庫業務：出庫單/發票結轉成本製單時，借方取收發類別所對應的對方科目，貸方取存貨科目。

材料出庫業務：出庫單結轉成本製單時，借方取收發類別所對應的對方科目，貸方取存貨科目。

調撥業務：調撥業務製單時，借方取入庫存貨對應的科目，貸方取出庫存貨對應的科目。

盤點業務：盤盈業務製單時，借方取存貨科目，貸方取對方科目。盤虧業務製單時，借方取對方科目，貸方取存貨科目。

組裝、拆卸、形態轉換業務：組裝、拆卸、形態轉換業務製單時，借方取存貨科目，貸方取存貨科目。

出入庫調整單業務：入庫調整單：入庫調整單製單時，借方取存貨科目，貸方取對方科目。出庫調整單：出庫調整單製單時，借方取對方科目，貸方取存貨科目。

設置科目后，在生成憑證時，系統能夠根據各個業務類型將科目自動帶出，如

第三章　業務初始處理

果未設置科目，則在生成憑證後，科目就需要手工輸入。

【實務案例】

堯順電子股份有限公司存貨及相關科目情況如下：

（1）存貨科目如表 3-4 所示。

表 3-4

倉庫編碼	倉庫名稱	存貨編碼	存貨名稱	存貨科目編碼	存貨科目名稱
1	原材料倉庫	101	塑料	140301	塑料
1	原材料倉庫	102	合金	140302	合金
1	原材料倉庫	103	推式開關	140303	推式開關
1	原材料倉庫	104	腳踏開關	140304	腳踏開關
1	原材料倉庫	105	2平方米電線	140305	2平方米電線
1	原材料倉庫	106	4平方米電線	140306	4平方米電線
1	原材料倉庫	107	木材	140307	木材
1	原材料倉庫	108	玻璃纖維	140308	玻璃纖維
1	原材料倉庫	109	鋁材	140309	鋁材
1	原材料倉庫	201	潤滑油	141101	潤滑油
1	原材料倉庫	202	包裝箱	141102	包裝箱
2	成品倉庫	301	臥室臺燈	140501	臥室臺燈
2	成品倉庫	302	落地臺燈	140502	落地臺燈

（2）存貨對方科目如表 3-5 所示。

表 3-5

收發類別編碼	收發類別名稱	存貨編碼	存貨名稱	項目大類編碼	項目大類名稱	項目編碼	項目名稱	對方科目編碼	對方科目名稱
101	採購入庫	101	塑料					1402	在途物資
101	採購入庫	102	合金					1402	在途物資
101	採購入庫	103	推式開關					1402	在途物資
101	採購入庫	104	腳踏開關					1402	在途物資
101	採購入庫	105	2平方米電線					1402	在途物資
101	採購入庫	106	4平方米電線					1402	在途物資
101	採購入庫	107	木材					1402	在途物資
101	採購入庫	108	玻璃纖維					1402	在途物資
101	採購入庫	109	鋁材					1402	在途物資
101	採購入庫	201	潤滑油					1402	在途物資
101	採購入庫	202	包裝箱					1402	在途物資
102	產成品入庫	301	臥室臺燈	00	生產成本	101	臥室臺燈	500104	生產成本結轉

表3-5(續)

收發類別編碼	收發類別名稱	存貨編碼	存貨名稱	項目大類編碼	項目大類名稱	項目編碼	項目名稱	對方科目編碼	對方科目名稱
102	產成品入庫	302	落地臺燈	00	生產成本	102	落地臺燈	500104	生產成本結轉
201	銷售出庫	301	卧室臺燈					640101	卧室臺燈
201	銷售出庫	302	落地臺燈					640102	落地臺燈
202	領用出庫	101	塑料					500101	直接材料
202	領用出庫	102	合金					500101	直接材料
202	領用出庫	103	推式開關					500101	直接材料
202	領用出庫	104	腳踏開關					500101	直接材料
202	領用出庫	105	2平方米電線					500101	直接材料
202	領用出庫	106	4平方米電線					500101	直接材料
202	領用出庫	107	木材					500101	直接材料
202	領用出庫	108	玻璃纖維					500101	直接材料
202	領用出庫	109	鋁材					500101	直接材料
202	領用出庫	201	潤滑油					500101	直接材料
202	領用出庫	202	包裝箱					500101	直接材料

（3）稅金科目如表3-6所示。

表3-6

存貨（大類）編碼	存貨（大類）名稱	科目編碼	科目名稱
101	塑料	22210101	進項稅額
102	合金	22210101	進項稅額
103	推式開關	22210101	進項稅額
104	腳踏開關	22210101	進項稅額
105	2平方米電線	22210101	進項稅額
106	4平方米電線	22210101	進項稅額
107	木材	22210101	進項稅額
108	玻璃纖維	22210101	進項稅額
109	鋁材	22210101	進項稅額
201	潤滑油	22210101	進項稅額
202	包裝箱	22210101	進項稅額
301	卧室臺燈	22210105	銷項稅額
302	落地臺燈	22210105	銷項稅額
199	其他	22210101	進項稅額

第三章 業務初始處理

（4）運費科目如表3-7所示。

表 3-7

存貨（大類）編碼	存貨（大類）名稱	運費科目	運費科目名稱	稅金科目	稅金科目名稱
99	其他	1402	在途物資	22210101	進項稅額

（5）結算科目如表3-8所示。

表 3-8

結算方式	結算名稱	幣種	科目編碼	科目名稱
1	現金結算	人民幣	1001	庫存現金
201	現金支票	人民幣	100201	工行存款
202	轉帳支票	人民幣	100201	工行存款
301	信匯	人民幣	100201	工行存款
302	電匯	人民幣	100201	工行存款
4	銀行本票	人民幣	100201	工行存款
5	銀行匯票	人民幣	100201	工行存款
6	委託收款	人民幣	100201	工行存款
8	銀行承兌匯票	人民幣	2201	應付票據
9	其他	人民幣	100201	工行存款

（6）應付科目設置，所有供應商對應的應付科目都是2202應付帳款，如表3-9所示。

表 3-9

供應商（分類）編碼	供應商（分類）名稱	幣種	科目編碼	科目名稱
001	沈陽吉昌公司	人民幣	2202	應付帳款
002	石家莊天悅公司	人民幣	2202	應付帳款
003	浙江天目公司	人民幣	2202	應付帳款
004	濟南鋼鐵公司	人民幣	2202	應付帳款

(7) 非合理損耗科目如表 3-10 所示。

表 3-10

序號	非合理損耗類型編碼	非合理損耗類型名稱	會計科目名稱	是否默認值	備註
1	1	運輸部門或供貨單位造成的短缺毀損	其他應收款	是	
2	2	管理不善造成的短缺毀損	管理費用——其他	否	
3	3	責任人造成的短缺毀損	其他應收款	否	

【操作步驟】

第一步，在存貨核算系統中，執行「初始設置→期初數據→期初餘額」命令，可在期初餘額增加界面，逐一選擇有期初餘額的倉庫，再通過「取數」得到其期初數據。

第二步，在存貨核算系統中，執行「初始設置→科目設置→存貨科目」命令可進行存貨科目設置。其他的與此相似。

六、薪資管理期初設置

【實務案例】

堯順電子股份有限公司薪資管理期初資料如下：

工資類別：單個工資類別、從工資中代扣個人所得稅。註：其他參數採用默認。

（1）工資項目如表 3-11 所示。

表 3-11

項目名稱	類型	長度	小數位數	增減項
基本工資	數值型	8	2	增項
崗位工資	數值型	8	2	增項
獎金	數值型	8	2	增項
副食補助	數值型	8	2	增項
醫療保險	數字	8	2	減項
養老保險	數字	8	2	減項
失業保險	數字	8	2	減項
住房公積金	數字	8	2	減項
事假天數	數值型	8	0	其他
事假扣款	數值型	8	2	減項
代扣稅	數值型	10	2	減項
計稅工資	數字	8	2	其他

第三章　業務初始處理

（2）職員檔案。

通過「批增」人員檔案后，再依據表3-12補充相關信息。

表3-12

職員編號	職員名稱	性別	年齡	所屬部門	所在銀行	銀行帳號
101	林越	男	32	辦公室	中國工商銀行	10000000000001
201	張紅	男	30	財務部	中國工商銀行	10000000000002
202	劉勇	女	23	財務部	中國工商銀行	10000000000003
203	王曉	男	40	財務部	中國工商銀行	10000000000004
204	董小輝	女	30	財務部	中國工商銀行	10000000000005
205	吳紅梅	男	26	財務部	中國工商銀行	10000000000006
301	孫貴武	男	45	生產部	中國工商銀行	10000000000007
302	劉朋	男	38	一車間	中國工商銀行	10000000000008
303	歐陽春	女	40	二車間	中國工商銀行	10000000000009
401	趙巍	男	43	採購部	中國工商銀行	10000000000010
402	張明玉	女	29	採購部	中國工商銀行	10000000000011
403	吳宇	男	32	銷售部	中國工商銀行	10000000000012

（3）工資的計算公式為：

事假扣款＝事假天數×30元

計稅工資＝基本工資＋崗位工資＋獎金＋副食補助－醫療保險－養老保險－失業保險
　　　　　－住房公積金－事假扣款

（4）個人所得稅按「計稅工資」扣除「3,500」元后計稅，附加扣除1,300元。稅率表見表3-13。

表3-13　　　　　　　　　　稅率表

級距	含稅級距	稅率（%）	速算扣除數（元）
1	不超過1,500元的部分	3	0
2	超過1,500元至4,500元的部分	10	105
3	超過4,500元至9,000元的部分	20	555
4	超過9,000元至35,000元的部分	25	1,005
5	超過35,000元至55,000元的部分	30	2,755
6	超過55,000元至80,000元的部分	35	5,505
7	超過80,000元的部分	45	13,505

註：在選項中的「扣稅設置」中設置。

中級會計電算化實務

【操作步驟】

第一步，在薪資管理系統中，執行「設置→工資項目設置」命令，可進入工資項目設置界面，逐一選擇或增加工資項目。

第二步，在薪資管理系統中，執行「設置→人員檔案」命令，可進入人員檔案設置界面，點擊「批增」，可直接從人員庫中引入人員檔案，也可通過「增加」逐一添加人員檔案。

第三步，在薪資管理系統中，在工資項目設置界面中的「公式設置」頁面設置薪資的計算公式。

七、固定資產期初設置

【實務案例】

堯順電子股份有限公司固定資產期初資料如下：

（1）部門及對應折舊科目如表 3-14 所示。

表 3-14

部門編碼	部門名稱	折舊科目
01	辦公室	660203
02	財務部	660203
0301	一車間	5101
0302	二車間	5101
0401	採購部	660203
0402	銷售部	6601

（2）資產類別如表 3-15 所示。

表 3-15

類別編碼	類別名稱	計提屬性	折舊方法	淨殘值率（％）
01	房屋及建築物	正常計提	平均年限法（一）	4
02	專用設備	正常計提	平均年限法（一）	4
03	通用設備	正常計提	平均年限法（一）	4
04	交通運輸設備	正常計提	平均年限法（一）	4
05	其他	正常計提	平均年限法（一）	4

第三章　業務初始處理

（3）增減方式如表 3-16 所示。

表 3-16

增加方式			減少方式		
編碼	方式	對應科目	編碼	方式	對應科目
101	直接購入	100201	201	出售	1606
102	投資者投入	4001	202	盤虧	1901
103	捐贈	6301	203	投資轉出	1511
104	盤盈	1901	204	捐贈轉出	6711
105	在建工程轉入	1604	205	報廢	1606
106	融資租入	2701	206	毀損	1606
			207	融資租出	1531
			208	拆分減少	1606

（4）2016 年 1 月初固定資產使用及折舊情況如表 3-17 所示。

表 3-17

名稱	原值	所屬類別	部門	累計折舊	年限	開始日期	來源
廠房	800,000.00	01	一車間、二車間各占用 20%，其他 4 各部門各占 15%	202,666.67	30	2008-01-20	在建工程轉入
電腦	10,000.00	03	辦公室	1,920.00	5	2014-12-18	購入
大眾邁騰 2.0	240,000.00	04	辦公室		10	2015-12-20	購入
生產線	400,000.00	02	一車間	12,000.00	8	2015-09-25	在建工程轉入
焊機	46,000.00	02	二車間	5,520.00	8	2014-12-18	購入
電腦	10,000.00	03	銷售部		5	2015-12-26	購入
貨車	230,000.00	04	銷售部		10	2015-12-26	購入
電腦	10,000.00	03	財務部	480.00	5	2015-09-26	購入
合計							

【操作步驟】

第一步，在固定資產系統中，執行「設置→部門對應折舊科目」命令，可進入部門對應折舊科目增加界面，逐一設置各部門的對應科目。

第二步，在固定資產系統中，執行「卡片→錄入原始卡片」命令，可進入固定資產卡片增加界面，逐一輸入月初固定資產。

八、應收款管理期初設置

【實務案例】

堯順電子股份有限公司應收款期初資料情況如下。

基本科目設置：應收科目為 1122，預收科目為 2203，應交增值稅科目為

121

22210105，商業承兌匯票1121，銀行承兌匯票1121，控制科目為1122、2203，其他可暫時不設。

結算方式科目設置：現金對應1001；其他結算方式均對應100201。

壞帳準備設置：提取比例為0.5%，壞帳準備期初餘額為1,000，壞帳準備科目為1231，對方科目為6701。

期初餘額見表3-18所示。

表3-18

單據類型	單據編號	單據日期	客戶	部門	業務員	幣種	科目	方向	原幣金額（元）
銷售專用發票	0000000001	2015-12-22	河北益達公司	銷售部	吳宇	人民幣	1122	借	168,480
銀行承兌匯票	0000000118	2015-12-21	遼寧勤力公司	銷售部	吳宇	人民幣	1121	借	84,240

【操作步驟】

在應收款管理系統中，執行「設置→初始設置」命令，可進入初始設置界面，逐一錄入相關信息。執行「設置→期初餘額」命令，可錄入期初餘額。

九、應付款管理期初設置

【實務案例】

堯順電子股份有限公司應付款期初資料情況如下：

基本科目設置：應付科目為2202，預付科目為1123，應交增值稅科目為22210101，控制科目為2202、1123，其他可暫時不設。

結算方式科目設置：現金對應1001，其他結算方式均對應100201。

期初餘額如表3-19所示。

表3-19

單據類型	單據編號	單據日期	供應商	部門	業務員	幣種	科目	方向	原幣金額（元）
採購專用發票	0000000001	2015-12-21	浙江天目公司	採購部	趙巍	人民幣	2202	貸	78,975
採購專用發票	0000000002	2015-12-31	石家莊天悅公司	採購部	趙巍	人民幣	2202	貸	102,375
採購專用發票	0000000003	2015-12-31	濟南鋼鐵公司	採購部	趙巍	人民幣	2202	貸	400,000

【操作步驟】

在應付款管理系統中，執行「設置→初始設置」命令，可進入初始設置界面，逐一錄入相關信息。執行「設置→期初餘額」命令，可錄入期初餘額。

第四章　日常帳務處理

第一節　憑證處理

　　憑證處理是日常帳務處理中最頻繁的工作。帳務處理從輸入會計憑證開始，經過計算機對會計數據的處理，生成各類憑證、帳簿文件，最后產生科目餘額文件並完成整個處理過程。憑證處理數據流程如圖 4-1 所示。

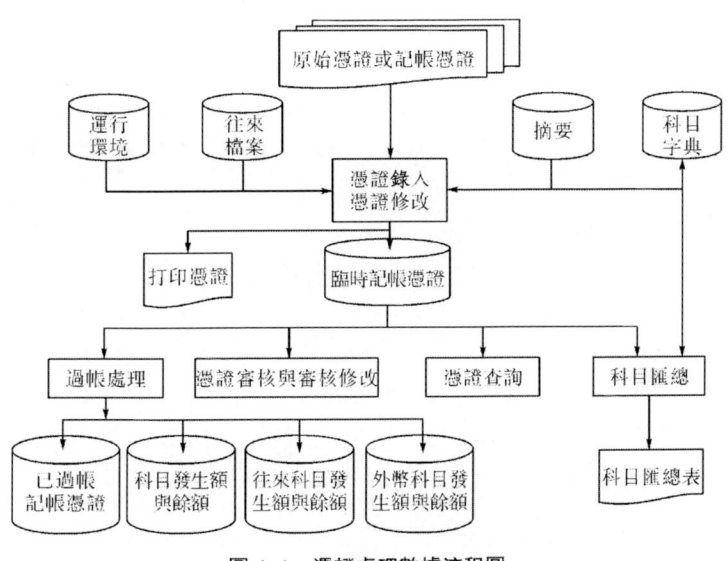

圖 4-1　憑證處理數據流程圖

中級會計電算化實務

一、記帳憑證的產生途徑與輸入方式

產生記帳憑證的途徑有三種：一是根據審核無誤的原始憑證直接在計算機上編製記帳憑證；二是先由人工編製記帳憑證，再輸入計算機；三是計算機自動生成的機制憑證，如自動轉帳憑證等。

憑證輸入採用鍵盤輸入、軟盤引入、網路傳輸、文本導入和自動生成機制憑證五種，鍵盤輸入是最常用的形式。

二、記帳憑證的內容和填製要求

（一）憑證錄入的基本內容

（1）憑證日期。若帳套業務時間與系統時間不一致，可將系統時間調整為帳套業務時間。

（2）憑證種類。按照初始設定選擇憑證類型。可直接錄入憑證類型代碼，也可使用引導功能錄入。

（3）憑證號。按每一類型順序編號，如「收」字第 5 號、「轉」字第 200 號等。若憑證作廢但並未在物理上刪除，那麼仍然占用著憑證編號。只有物理刪除時其編號才被釋放。

（4）摘要。在電算化系統中，摘要是以「行」為單位編製的，憑證的每一行都要有一個相對獨立的摘要。系統在執行自動記帳時要將憑證中的摘要內容複製到相應帳簿作為帳簿中的摘要內容，如果憑證中的某一行的摘要內容為空，則相應帳簿中這一記錄的摘要內容也為空，由此將影響帳簿的可讀性。可通過定義摘要庫的方法錄入摘要內容。

（5）會計科目。允許輸入科目編碼、助記碼或科目名稱，也可引導輸入，必須輸入最末級科目。軟件將完成一些自動檢查。例如，檢查所輸入科目是否已經過設置，檢查科目是否為最末級科目。如遇到明細科目不存在的情況，可運用軟件提供的增加明細科目的功能增補。

（6）金額。有直接輸入和計算產生兩種情況。對於有數量外幣核算要求的科目，根據輸入的數量、單價或外幣、匯率等自動計算產生金額。

（7）合計。系統自動產生。

（8）附件張數。

每一張憑證均須在輸入上述各項內容后才准予保存。憑證存盤時，帳務處理系統將對存入的憑證做相應的檢查，這些檢查包括借貸平衡校驗、科目與憑證類型匹配檢驗、非法對應科目檢查等。

第四章　日常帳務處理

(二) 填製憑證
1. 基本信息

憑證類別為初始設置時已定義的憑證類別代碼或名稱。採用自動編號時，計算機自動按月按類別連續進行編號。採用序時控制時，憑證日期應大於或等於啟用日期，不能超過業務日期。由於系統默認憑證保存時不按憑證號順序排列而按日期順序排列，如不按序時製單將出現「憑證假丟失」現象。如有特殊需要可將其改為按序時製單，則在製單時憑證號必須按日期順序排列。憑證一旦保存，其憑證類別、憑證編號不能修改。

2. 輸入輔助核算信息——待核銀行帳項目

選擇了支票控制，即該結算方式設為支票管理，銀行帳輔助信息不能為空，而且該方式的票號應在支票登記簿中有記錄。對於實行支票管理的用戶，在支票領用時，最好在支票登記簿中予以登記，以便系統能自動勾銷未報銷的支票。若支票登記簿中未登記該支票，則應在支票錄入對話框中登記支票借用信息，同時填上報銷日期。

3. 輸入輔助核算信息——部門輔助帳科目

當輸入的帳戶需要進行部門核算時，要求選擇對應的部門名稱。輸入部門名稱有三種方法：一是直接輸入部門名稱；二是輸入部門代碼；三是參照輸入。不管採用哪種方法，都要求在部門目錄中預先定義好要輸入的部門，否則系統會發出警告，要求先到部門目錄中對該部門進行定義后，再進行製單。

4. 輸入輔助核算信息———個人往來科目

當輸入的帳戶需要登記個人往來帳時，要求輸入對應的部門和往來個人。當輸入一個不存在的個人姓名時，應先編輯該人姓名及其他資料。在錄入個人信息時，若不輸入「部門名稱」只輸入「個人名稱」時，系統將根據所輸入的個人姓名自動輸入其所屬部門。

5. 輸入輔助核算信息——單位往來科目

當輸入的帳戶需要登記往來帳時，要求輸入對應的單位代碼和業務員姓名。單位往來包括供應商往來和客戶往來。如果往來單位不屬於已定義的往來單位，則要正確輸入新往來單位的輔助信息，系統會自動追加到往來單位的目錄中。

6. 輸入輔助核算信息——數量金額核算科目

當輸入的帳戶為數量金額帳時，系統會提示輸入數量和單價，並根據數量單位自動計算出金額，並將金額先放在借方，如果方向不符，可將光標移動到貸方后，按空格鍵即可調整金額方向。若不填輔助信息，仍可繼續操作，不顯示出錯警告，但可能導致數量輔助帳的對帳不平。

7. 輸入輔助核算信息———項目核算科目

當輸入的科目是項目核算科目時，屏幕彈出輔助信息輸入窗口，要求輸入項目核算信息。

中級會計電算化實務

8. 輸入輔助核算信息——外幣核算科目

輸入外幣核算信息時，如使用固定匯率，匯率欄中的內容是固定的，不能輸入或修改。如使用變動匯率，匯率欄中顯示最近一次匯率，可以直接在匯率欄中修改。

【實務案例】

堯順電子股份有限公司 2016 年 1 月份的日常主要業務如下：

1. 1 月 1 日，採購部報銷 500 元，用途為購買辦公用品，以現金支付。

2. 1 月 1 日，公司從中國農業銀行借入一筆專門借款，本金 600,000 元，期限 2 年，年利率為 6%，利息按月預提，到期隨本金一次性支付。

3. 1 月 1 日，公司發行 5 年期公司債券 1,000,000 元，用於補充生產經營資金的不足，票面利率為 10%，公司發行債券時市場利率為 8%，債券的發行價格為 1,266,600 元，款項已入帳。

4. 1 月 7 日，辦公室林越出差歸來，報銷差旅費 17,472.00 元，沖抵以前借款。

5. 1 月 10 日，本公司簽發轉帳支票辦理存出投資款 50,000 元。

6. 1 月 11 日，購入深發展 A 股票 3,000 股作為交易性金融資產，其成交價為 15.8 元，成本共計 47,400 元，交易相關稅費 150 元。

7. 1 月 11 日，按規定上交上月增值稅 43,680 元。

8. 1 月 12 日，收到罰款收入 400 元。

9. 1 月 17 日，購買中文傳媒股票作為可供出售金融資產，其成本為 41,150 元。（填製憑證時，補填項目信息：202 中文傳媒，所屬分類為 2）

10. 1 月 18 日，購買當日發行的每份面值 100 元、5 年期、分年付息、到期一次還本的三門峽債券 1,000 份作為持有至到期投資管理，成交價為 110,000 元。

11. 1 月 18 日，賣出原作為可供出售金融資產管理的浙報傳媒股票 1,000 股，成交清算價為 16,900 元，帳面餘額 15,300 元。其中，成本 15,000 元，公允價值變動 300 元。（填製兩張憑證，一張為結轉帳面餘額，另一張為結轉已計入資本公積的公允價值。）

12. 1 月 19 日，銷售部吳宇領用轉帳支票一張（票號：003388），金額 10,000 元，支付廣告費。

13. 1 月 20 日，銀行代發上月工資 76,000 元。

14. 1 月 31 日，已持有到期的 5 年期票面利率為 5%、到期一次還本付息的債券——三峽債券，收到本息，其中投資成本 100,000 元，5 年利息共計 25,000 元，存入證券資金帳戶。

15. 1 月 31 日，交易性金融資產深發展 A 股票收盤價每股為 14.8 元，計算深發展 A 股票（3,000 股）公允價值變動損益並進行帳務處理。（成本為 47,400 元）

16. 1 月 31 日，中文傳媒收盤價每股 22 元，計算中文傳媒（2,000 股）公允價值變動損益，並進行帳務處理。（成本為 41,150 元）

17. 1 月 31 日，本公司以 400 萬元對非同一控制濟南紀元公司進行長期股權投

第四章 日常帳務處理

資，取得濟南紀元公司 10%的股權，不能對濟南紀元公司實施重大影響，濟南紀元公司可辨認淨資產公允價值為 5,000 萬元。（填製憑證時，補填項目信息：402 濟南紀元公司，所屬分類為 4）

18. 本公司 2014 年 10 月 10 日購入兗州煤業 30%的股份，並對其施加重大影響。2016 年 1 月 31 日，兗州煤業對外公告利潤分配方案：2015 年度兗州煤業實現淨利潤 1,000 萬元，按 2015 年 12 月 31 日發行在外普通股為基數，向股東分配利潤 500 萬元。

19. 1 月 31 日，以 300,000 元從山東科技大學設計研究院購入專利權 A，以銀行存款進行結算。

20. 1 月 31 日，本公司把一項專利權 B 以 50,000 元轉讓給泰安宏運公司，收到款項存入銀行，專利權 B 帳面餘額為 120,000 元，已累計攤銷額為 96,000 元。

21. 1 月 31 日，中國農業銀行購買本公司的債券已到期，該債券發行的面值 500,000元，發行價格 507,920 元，票面利率為 6%，實際利率為 5%，期限 2 年，利息到期隨本金一次性償還的債券到期，將債券本金及利息償還給中國農業銀行。（其溢價採用的是直線攤銷）

計提本月的利息：
借：財務費用　　　　　　　　　　　　　2,170
　　應付債券——利息調整　　　　　　　　330（7,920÷2÷12）
貸：應付利息　　　　　　　　　　　　　2,500（500,000×6%÷12）

償還時的分錄：
借：應付債券——面值　　　　　　　　　500,000
　　應付利息　　　　　　　　　　　　　2,500
貸：銀行存款——工行存款　　　　　　　502,500

22. 2016 年 1 月 31 日從中國工商銀行借入的辦公樓工程專門借款 400,000 元，借款 5 年，利率為 7%，利息分季支付，借款當日工程領用 300,000 元，其餘專門借款閒置，閒置收益率為 0.5%。1 月 31 日，計算專門借款利息並做相應的帳務處理。

借：在建工程——辦公樓　　　　　　　　1,750（300,000×7% ÷12）
　　財務費用——利息支出　　　　　　　　584
貸：應付利息　　　　　　　　　　　　　2,334（400,000×7% ÷12）
借：銀行存款——工行存款　　　　　　　41.67（100,000×0.5% ÷12）
貸：財務費用——其他　　　　　　　　　41.67

23. 2016 年 1 月 31 日，計算從農業銀行借入 2,000,000 元，期限 2 年，年利率為 12%，計提當月的利息，並支付利息費用。

在總帳系統中填入以下憑證：
借：財務費用——利息支出　　　　　　　20,000（2,000,000×12% ÷12）
貸：應付利息　　　　　　　　　　　　　20,000

借： 應付利息 20,000
　　貸：銀行存款——工行存款 20,000

24. 1月31日，賣出原作為交易性金融資產管理的廣電網路股票10,000股，成交清算價為99,800元，帳面餘額110,000元，其中，成本90,000元，公允價值變動20,000元。（填製兩張憑證，一張為結轉帳面餘額，另一張為結轉已計入公允價值變動損益的公允價值20,000元。）

25. 計算第2筆業務中向農行的借款本月的利息費用。

在分期付息情況下，計提利息通過「應付利息」核算；到期一次還本付息情況下，計提利息通過「長期借款——應計利息」核算。

借：財務費用　　　　　3,000（600,000×6%÷12）
　　貸：長期借款——應計利息 3,000

26. 計算第3筆業務中所發債券的利息，此債券票面利率為12%，溢價採用直線攤銷。該利息為到期一次性支付。

借：財務費用　　　　　5,556.67（66,680÷12）
　　應付債券——利息調整　4,443.33（53,320÷12）
　　貸：應付債券——應計利息 10,000.00

27. 1月31日，本公司出售持有的長期股權投資兗州煤業10%的股份，清算價為2,989,000元。出售前，該部分兗州煤業股票的帳面價值為2,800萬元，其中投資成本2,500萬元、損益調整300萬元。

【操作步驟】

第一步，部門輔助核算憑證的填製。

①在「總帳系統」中，執行「憑證→填製憑證」命令，進入「填製憑證」界面，單擊「增加」按鈕，在憑證類別框中，點擊「參照」按鈕，選擇「付款憑證」，系統自動帶出製單日期「2016-01-01」，輸入附單據數。

②在摘要欄輸入摘要「購買辦公用品」，在科目名稱處可打開「參照」按鈕，選擇「660202 管理費用——辦公費用」，單擊「確定」。由於管理費用為部門輔助核算，系統會自動彈出一個輔助項的錄入窗口，可打開參照選擇「採購部」，如圖4-2所示。

③在圖4-2中點擊「確定」，在借方金額欄輸入500後，回車可繼續輸入下一行的摘要、科目和金額。不同行的摘要既可以相同也可以不同，但不能為空。每行摘要將隨相應的會計科目在明細帳、日記帳中出現。當前新增分錄完成後，按回車鍵，系統將摘要自動複製到下一分錄行。會計科目通過科目編碼或科目助記碼輸入，科目編碼必須是末級的科目編碼。金額不能為「零」；紅字以「-」號表示。

第二步，待核銀行帳項目的憑證填製，如圖4-3所示，參照選出「100201」後，系統會自動彈出輔助項的錄入窗口。

第四章　日常帳務處理

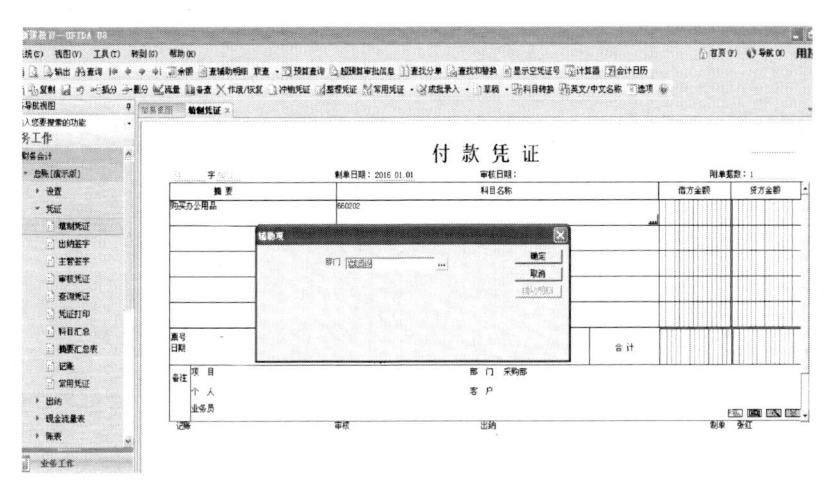

圖4-2　填製憑證界面

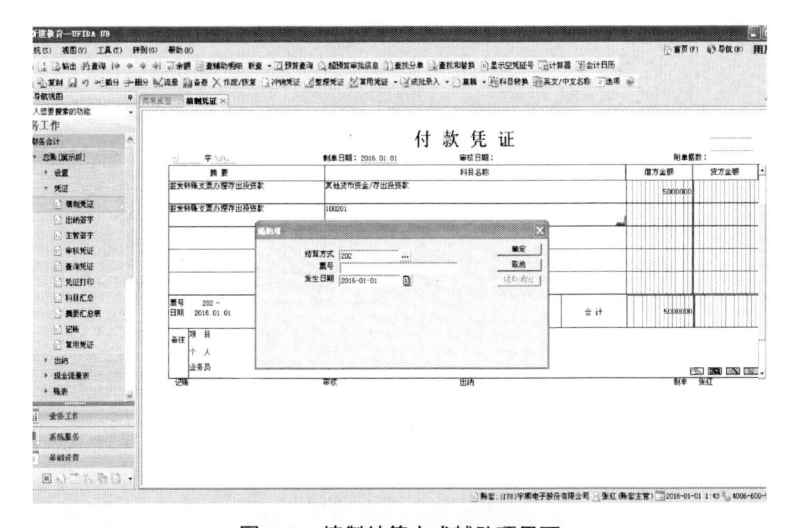

圖4-3　填製結算方式輔助項界面

第三步，個人往來輔助核算的憑證填製，如圖4-4所示，參照選出「1221」後，系統會自動彈出輔助項的錄入窗口。

129

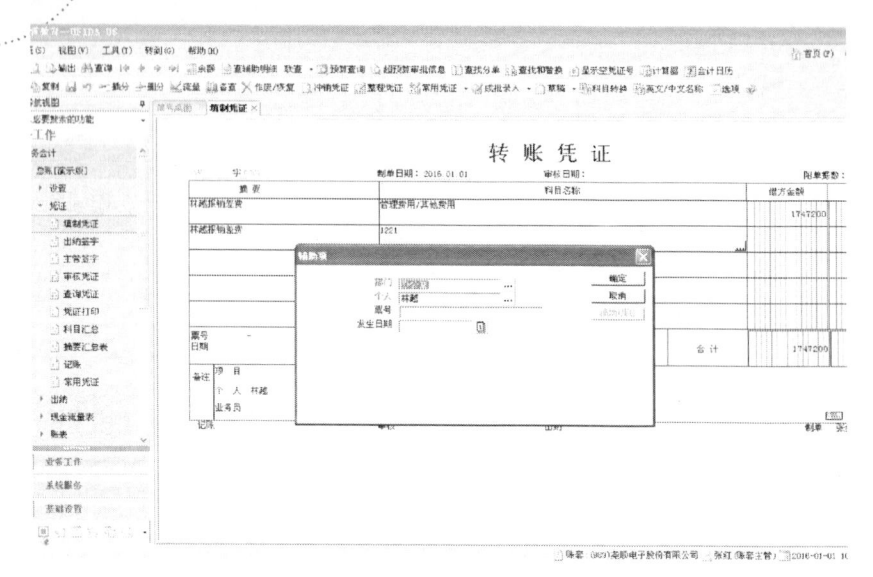

圖 4-4　填製個人往來輔助項界面

第四步，項目輔助核算的憑證填製，如圖 4-5 所示，參照選出「250101」后，系統會自動彈出輔助項的錄入窗口。

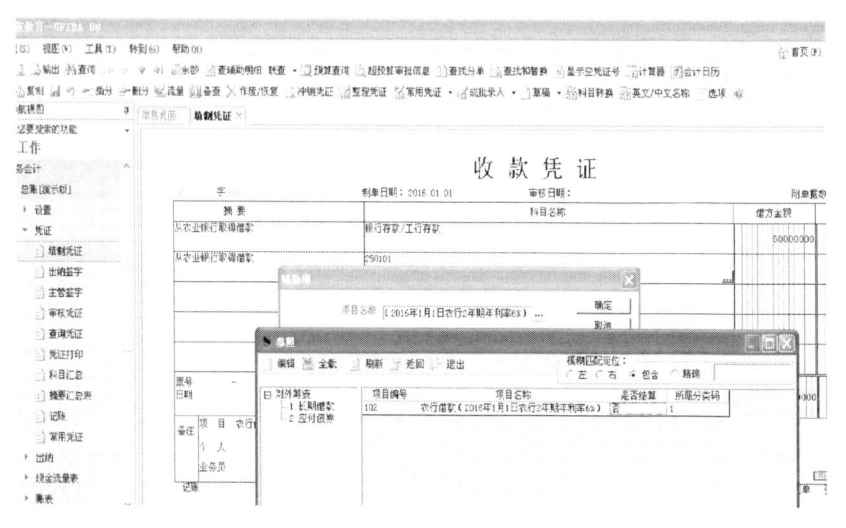

圖 4-5　填製項目輔助項界面

第五步，外幣輔助核算的憑證填製，如圖 4-6 所示，參照選出「100202」后，系統會自動彈出外幣的錄入欄。

130

第四章　日常帳務處理

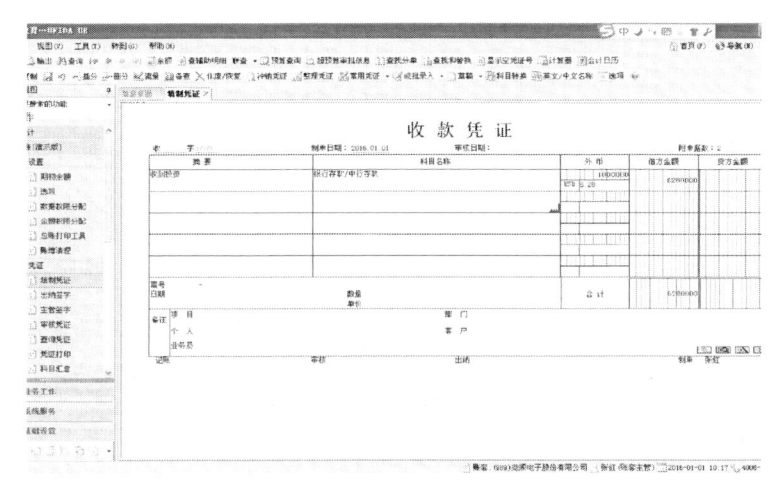

圖 4-6　填製外幣輔助項界面

　　數量金額和單位往來輔助核算的憑證填製，可以採用與前類似的方法填製，也可以由供應鏈系統和往來款管理系統自動生成憑證傳到總帳系統中。

（三）常用摘要的生成與調用

　　企業在處理日常業務數據時，在輸入單據或憑證的過程中，因為業務的重複性發生，經常會有許多摘要完全相同或大部分相同。如果將這些常用摘要存儲起來，在輸入單據或憑證時隨時調用，必將大大提高業務處理效率。調用常用摘要可以在輸入摘要時直接輸入摘要代碼或按「F2」鍵或參照輸入。

　　在填製憑證時，點擊摘要欄右邊的「參照」按鈕可調出常用摘要的增加界面，如圖 4-7 所示。點擊「增加」按鈕後，輸入摘要編碼、內容和相關科目即可。調用時，雙擊要調用的常用摘要即可。

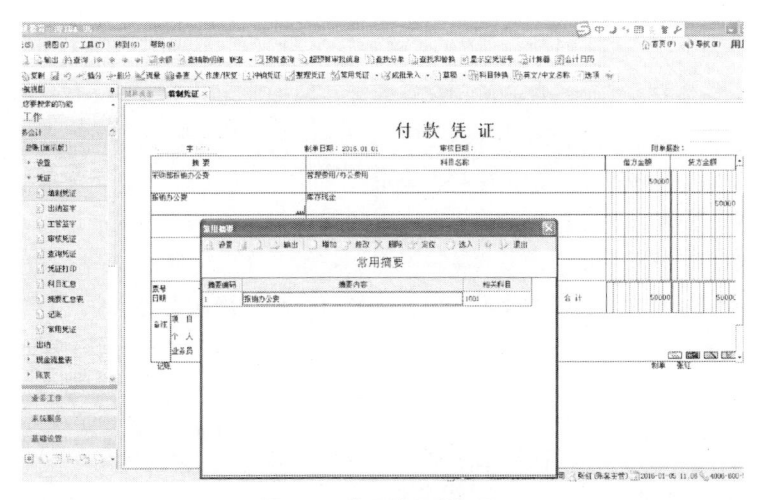

圖 4-7　常用摘要增加界面

(四) 常用憑證的生成與調用

在單位裡，會計業務都有其規範性，因而在日常填製憑證的過程中，經常會有許多憑證完全相同或部分相同，如果將這些常用的憑證存儲起來，在填製會計憑證時可隨時調用，必將大大提高業務處理的效率。

生成、存儲常用憑證，在憑證界面點擊工具欄「常用憑證→生成常用憑證」按鈕，調出常用憑證生成界面，輸入代號和說明後點擊「確認」即可。

調用常用憑證，在憑證界面點擊工具欄「常用憑證→調用常用憑證」按鈕，調出常用憑證界面，輸入要調用的代號點擊「確認」即可。

三、憑證修改和刪除

(一) 憑證修改

輸入憑證時儘管系統提供了多種控制措施，但錯誤是在所難免的，記帳憑證的錯誤必然影響系統的核算結果。財務會計制度和審計對錯誤憑證的修改有嚴格的要求，根據這些要求，電算化總帳系統對不同狀態下的錯誤憑證修改方式有兩種：

1. 錯誤憑證的「無痕跡」修改

所謂無痕跡，即不留下任何曾經修改的線索和痕跡，也即調出原已錄入的憑證，直接修改其中的內容。以下兩種狀態下的錯誤憑證可進行無痕跡修改：一是憑證輸入后，還未審核或審核未通過，此時可以利用憑證的編輯輸入功能直接由錄入員進行修改；二是憑證雖已通過審核但還未記帳，此時應首先由憑證審核人員取消審核后，再利用憑證的編輯輸入功能由原錄入人員進行修改。

2. 錯誤憑證的「有痕跡」修改

所謂有痕跡，是指留下曾經修改的線索和痕跡，即以紅字衝銷或補充登記的方法來修改憑證中的錯誤。對已記帳的錯誤憑證可以採用類似手工操作中的「紅字衝銷法」和「補充登記法」的方法進行修改。使用了紅字衝銷和藍字補充的方法而增加的憑證，應視同正常憑證進行保存和管理。在補充增加的憑證上必須註明原憑證的編號，以明確這一憑證與原業務的關係。

如果採用製單序時控制，則在修改製單日期時，不能在上一張憑證的製單日期之前。如果選擇不允許修改或作廢他人填製的憑證權限控制，則不能修改或作廢他人填製的憑證。外部系統傳過來的憑證不能在總帳系統進行修改，只能在生成該憑證的系統中進行修改。如果涉及銀行存款科目的分錄已錄入支票信息，並對該支票做報銷處理，修改操作將不影響「支票登記簿」中的內容。具體操作步驟如下：

（1）在「填製憑證」窗口中，通過「查詢」功能找到要修改的憑證，將光標定在要修改的地方即可直接修改。

（2）雙擊要修改的輔助項，如項目，可以直接修改「輔助項」對話框中的相關內容。

第四章　日常帳務處理

（3）在當前金額的相反方向，按空格鍵可以直接修改金額方向。

（4）單擊「增行」，可在當前分錄前增加一條新的分錄。

（5）若當前分錄的金額為其他所有分錄的借貸方差額，則在金額處按「＝」鍵即可。

（6）單擊「保存」，保存當前修改。

（二）衝銷憑證

製作紅字衝銷憑證將錯誤憑證衝銷后，需要再編製正確的藍字憑證進行補充。通過紅字衝銷法增加的憑證，應視同正常的憑證進行保存和管理。具體操作步驟：在工具欄單擊「衝銷憑證」調出衝銷憑證界面，輸入需要衝銷憑證的月份、類別和憑證號，點擊「確定」即可生成一張紅字衝銷憑證（如圖4-8所示）。

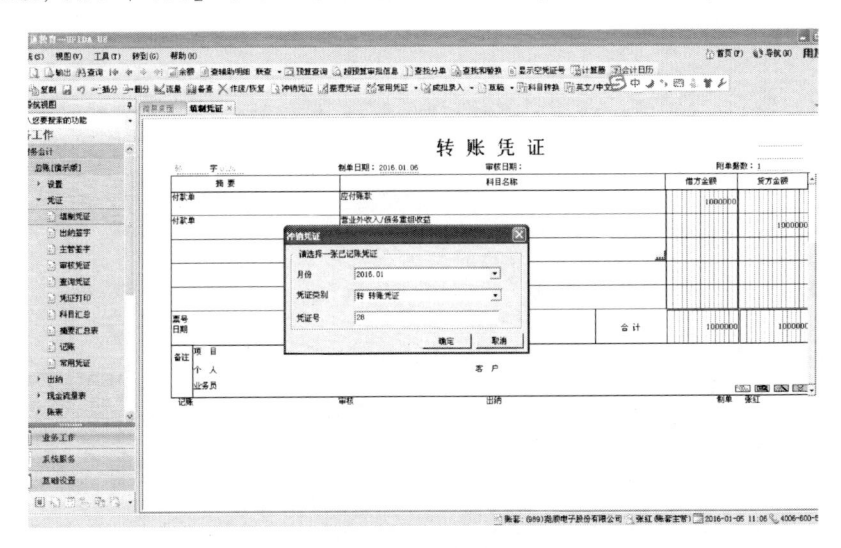

圖4-8　衝銷憑證

（三）刪除憑證

刪除憑證分為兩步完成：第一步，通過作廢給憑證打上刪除標誌；第二步，通過整理憑證將其從憑證庫中物理刪除。

1. 作廢憑證

通過單擊工具欄的「作廢/恢復」，可將當前憑證標註上「作廢」刪除標誌，作廢憑證仍保留憑證編號與內容，只顯示「作廢」字樣。作廢憑證不能修改，不能審核。在記帳時，已作廢的憑證應參與記帳，否則月末無法結帳，但不對作廢憑證做數據處理，相當於一張空憑證。帳簿查詢時，查不到作廢憑證的數據。若當前憑證已作廢，可單擊工具欄的「作廢/恢復」，取消作廢標誌，並將當前憑證恢復為有效憑證。

2. 整理憑證

如果作廢憑證不想保留時，可以通過「整理憑證」功能，將其徹底刪除，並對

133

未記帳憑證重新編號。憑證整理只能對未記帳憑證進行整理。已記帳憑證做憑證整理時，應先恢復本月月初的記帳狀態，再做憑證整理。具體操作步驟如下：

（1）在工具欄點擊「整理憑證」，調出憑證期間選擇界面，如圖4-9所示。

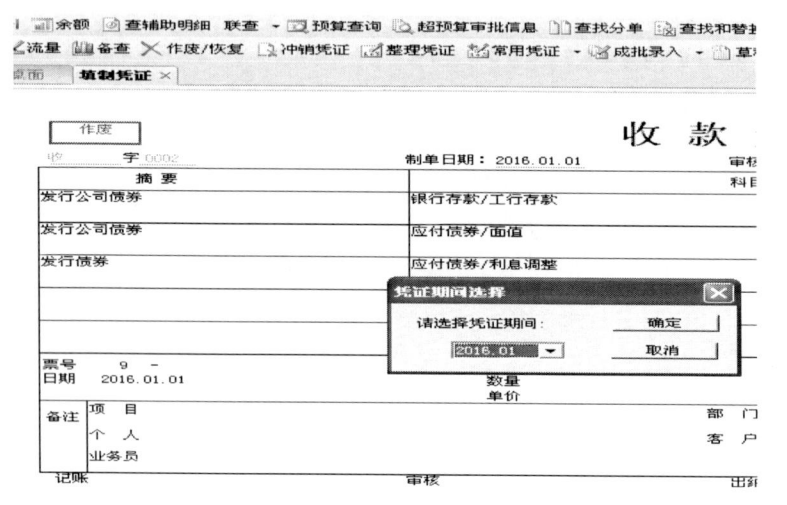

圖4-9　憑證期間選擇界面

（2）在圖4-9中輸入「2016.01」，單擊「確定」可以調出作廢憑證表，如圖4-10所示。

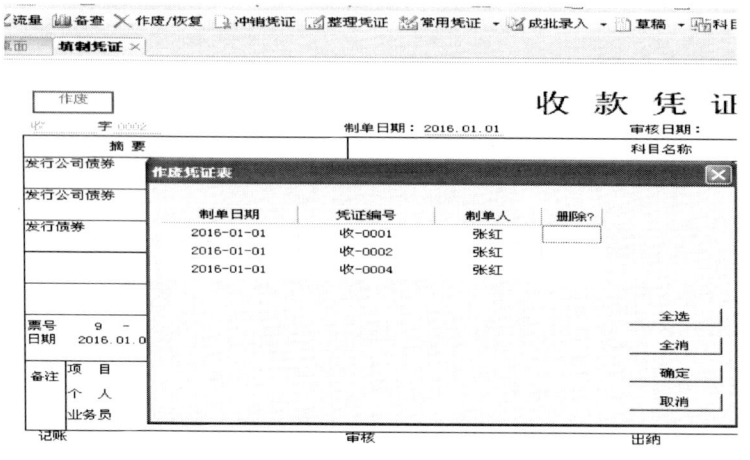

圖4-10　作廢憑證表界面

（3）在圖4-10中，選擇需要物理刪除的憑證，點擊「確定」后，調出憑證整理提示窗口（如圖4-11所示），單擊「是」即刪除作廢憑證並對憑證號進行整理。

第四章　日常帳務處理

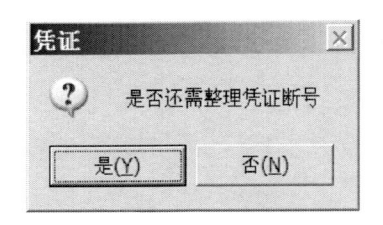

圖 4-11　憑證整理

四、憑證審核

(一) 審核憑證

憑證審核是指具有審核權限的操作人員依照會計制度和會計軟件的要求，對記帳憑證的合法性進行檢查和核對。憑證審核的目的是防止錯弊。

會計核算關係到國家、企業和個人的切身經濟利益，而記帳憑證的準確性是進行正確核算的基礎。因此，無論是直接在計算機上根據已審核的原始憑證編製記帳憑證，還是直接將手工編製並審核的憑證輸入系統，由於經過了手工的操作過程，因此，都需要經過他人的審核后，才能作為正式憑證進行記帳處理。

審核的主要內容包括：記帳憑證是否與原始憑證相符，經濟業務是否正確，記帳憑證相關項目是否填寫齊全，會計分錄是否正確等。審核中，如果發現有錯誤或有異議時，應交予憑證填製人員進行修改或做其他處理。對於涉及現金、銀行存款的收入與支出的憑證，還可以通過系統參數設置后強制出出納簽字。

按照會計制度的規定，憑證的填製與審核不能為同一人，因此在進行審核之前，需要更換用戶，取消審核只能由有審核權限的操作人員進行。具體操作步驟如下：

第一步，以審核人身分進入總帳系統，執行「憑證→審核憑證」命令，調出憑證審核條件設置界面，輸入日期「2016.01.01—2016.01.31」，單擊「確認」調出憑證審核列表界面，如圖 4-12 所示。

第二步，在圖 4-12 中，雙擊某一待審核憑證進入憑證審核簽字界面，如圖 4-13 所示。

在圖 4-13 憑證審核簽字界面中，可逐一對每張憑證進行核對簽字，也可全部核對完后通過成批簽字來完成簽字。逐一簽字通過單擊工具欄的「審核」按鈕，憑證底部「審核」處自動簽上審核人姓名；成批簽字通過「批處理→成批審核憑證」命令完成。

審核人必須具有審核權，選擇「憑證審核權限」條件時還需要有對製單人所制憑證的審核權。作廢憑證既不能被審核，也不能被標錯。已標錯的憑證不能被審核，需先取消標錯后才能審核。憑證一經審核不能被修改、刪除，只有取消審核簽字后才可修改或刪除。

135

圖 4-12　憑證審核列表界面

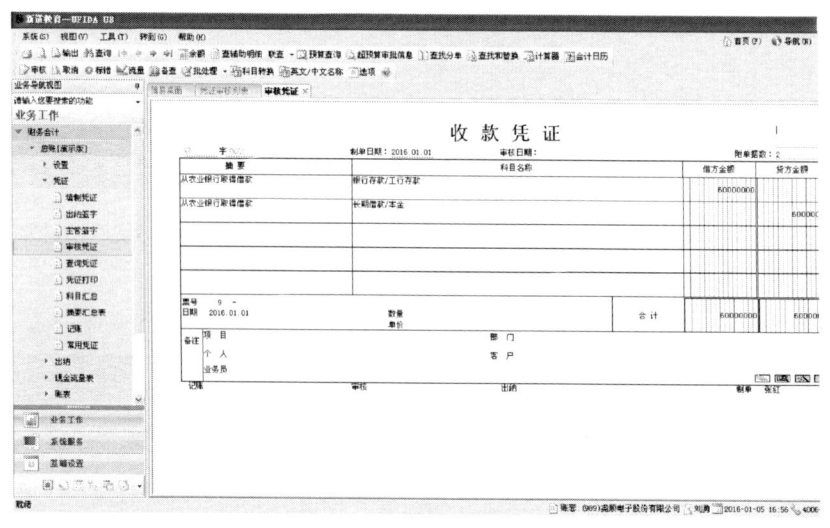

圖 4-13　憑證審核簽字界面

（二）出納簽字

會計憑證填製完成之后，如果該憑證是出納憑證，且在系統「選項」中選擇「出納憑證必須經由出納簽字」，則應由出納核對簽字。出納憑證由於涉及企業現金的收入與支出，應加強對出納憑證的管理。出納人員可以通過「出納簽字」功能對製單員填製的帶有現金或銀行科目的憑證進行檢查核對，主要核對出納憑證的出納科目的金額是否正確。審查認為錯誤或有異議的憑證，應交予填製人員修改后再

第四章　日常帳務處理

核對。

出納簽字是為了加強企業現金收入和支出的管理。具體操作步驟如下：

第一步，以出納身分進入總帳系統，執行「憑證→出納簽字」命令，調出出納簽字憑證條件設置界面，輸入日期「2016.01.01—2016.01.31」，單擊「確認」調出出納簽字列表界面，如圖4-14所示。

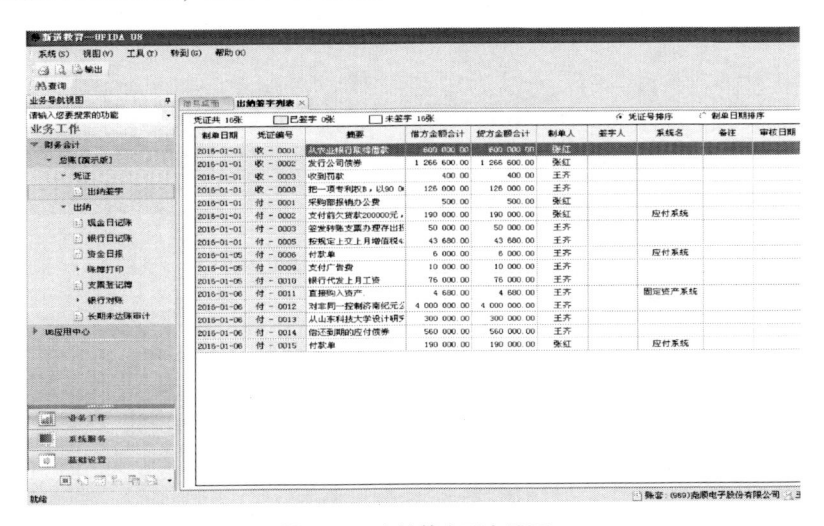

圖4-14　出納簽字列表界面

第二步，在圖4-14中，雙擊某一待簽字憑證進入出納簽字界面，如圖4-15所示。

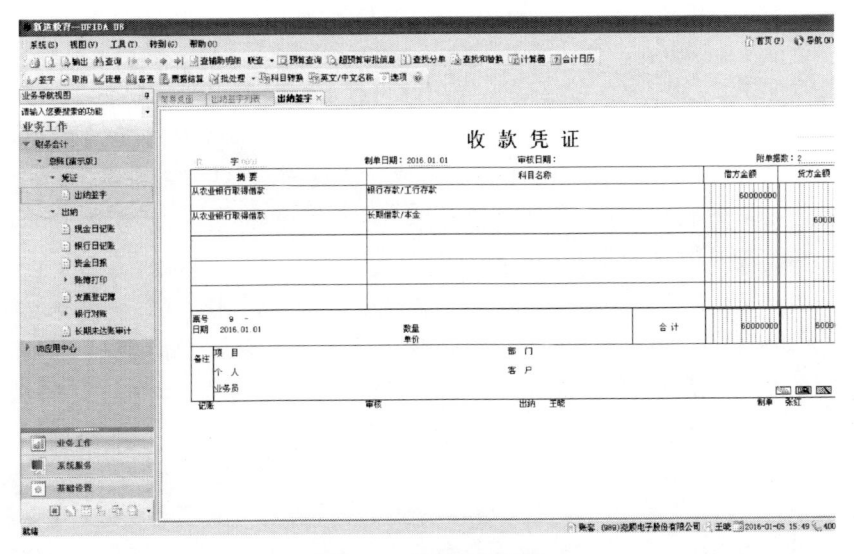

圖4-15　出納簽字界面

137

在圖 4-15 出納簽字界面中，可逐一對每張出納憑證進行核對簽字，也可全部核對完后通過成批簽字來完成簽字。逐一簽字通過單擊工具欄的「簽字」按鈕，在憑證底部「出納」處自動簽上出納姓名；成批簽字通過「批處理→成批出納簽字」命令完成。

憑證一經簽字，就不能被修改、刪除，只有取消簽字后才可以修改或刪除，取消簽字只能由出納自己進行。

（三）主管簽字

為了加強對會計人員製單的管理，系統提供「主管簽字」功能，會計人員填製的憑證必須經主管簽字才能記帳。具體步驟與審核憑證簽字和出納憑證簽字步驟類似。

五、憑證的查詢與打印

（一）查詢憑證

軟件中有簡單查詢和綜合查詢兩種基本形式。簡單查詢是輸入憑證月份和憑證號等少量要素來查詢相應憑證；綜合查詢是由系統提供給用戶的可對多個輸入條件進行任意組合的查詢方式。

憑證簡單查詢時，一般允許輸入如下幾個查詢條件：

（1）日期。填入內容包括開始年月日和截止年月日。

（2）憑證字號。憑證字號是指需要查詢的憑證的類型與範圍。

（3）科目代碼。一般允許用戶輸入一個會計科目或某一科目範圍。

（4）金額。可以輸入一個金額或一個金額範圍。

具體操作步驟如下：

第一步，在「填製憑證」界面中，單擊工具欄「查詢」按鈕，或執行「憑證→查詢憑證」命令，調出其查詢條件錄入窗口，如圖 4-16 所示。在查詢條件錄入窗口中可逐一輸入其查詢條件后點擊「確定」即可調出需要查詢的憑證，如圖 4-17 所示。

第二步，在圖 4-17 中，可聯查選中科目的最新餘額、輔助帳明細、明細帳、原始單據以及預算情況。點中需要查詢的科目，單擊工具欄「餘額」按鈕，可聯查當前科目包含所有已保存的記帳憑證的最新餘額；單擊工具欄「聯查——聯查明細帳」，可聯查當前科目的明細帳；單擊工具欄「聯查——聯查原始單據」，可聯查該筆業務的原始單據；單擊工具欄「查輔助明細」，可聯查當前科目的輔助明細帳；單擊工具欄「預算查詢」，可聯查當前科目的預算情況。

外部系統製單信息：若當前憑證為外部系統生成的憑證，可將鼠標移到記帳憑證的標題處，單擊鼠標左鍵，顯示當前憑證來自哪個子系統，憑證反應的業務類型與業務號。當光標在某一分錄上時，單擊憑證右下方相應的圖標，則顯示生成該分錄的原始單據類型，單據日期及單據號。

第四章　日常帳務處理

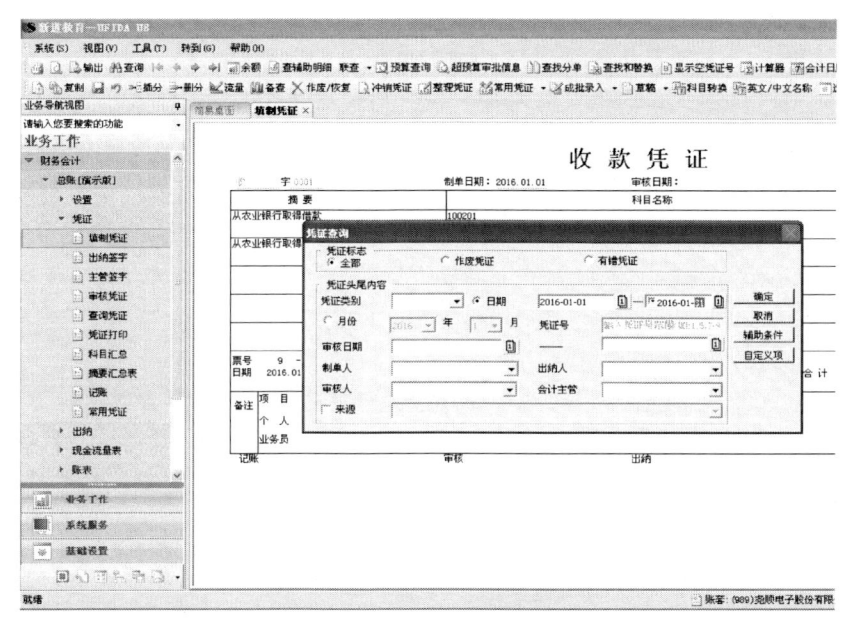

圖 4-16　憑證查詢條件設置界面

圖 4-17　憑證查詢界面

(二) 科目匯總

科目匯總又稱憑證匯總，是指記帳憑證全部輸入完畢並進行審核簽字後，可以進行匯總並同時生成一張「科目匯總表」。進行匯總的憑證可以是已記帳的憑證，也可以是未記帳的憑證，因此，財務人員可以在憑證未記帳前，隨時查看企業當前的經營狀況和其他財務信息。在科目匯總表中，系統提供快速定位功能和查詢光標

139

中級會計電算化實務

所在行專項明細帳和詳細明細帳功能。如果要查詢其他條件的科目匯總表，可再調用查詢功能，重新設置其查詢條件。具體操作步驟如下：

第一步，在「總帳系統」中，執行「憑證→科目匯總」命令，出現憑證匯總條件窗口（如圖4-18所示），輸入其匯總條件後，單擊「匯總」，可得滿足條件的科目匯總表，如圖4-19所示。

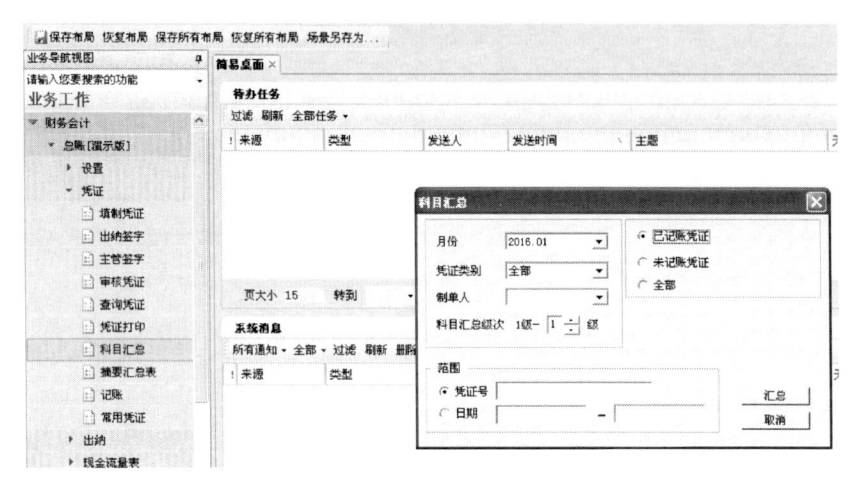

圖4-18　科目匯總條件設置界面

圖4-19　科目匯總表

第二步，在圖4-19中，點擊工具欄的「定位」，可快速定位到需要查看的科

第四章　日常帳務處理

目；單擊工具欄「專項」，可聯查當前科目的專項明細帳；單擊工具欄的「詳細」，可聯查當前科目的明細帳。

（三）打印憑證

在填製、審核、出納簽字各處均可通過「打印」按鈕執行，但正式存檔憑證的打印必須通過「憑證」菜單中的「憑證打印」功能完成。

會計憑證作為會計檔案最為重要的部分必須以紙質形式保存。如果直接輸入原始憑證，由計算機打印輸出記帳憑證，經錄入、審核和會計主管人員簽章，則視為有效憑證保存；如果手工事先填好記帳憑證，向計算機錄入記帳憑證，然后進行處理，則保存手工記帳憑證或計算機打印的記帳憑證皆可。無論哪種形式生成的記帳憑證都必須有必要的原始憑證，按順序編號裝訂成冊保存。

第二節　記帳

記帳模塊的功能是根據記帳憑證文件或臨時憑證文件中已審核的憑證，自動更新帳務數據庫文件，得到帳簿和報表所需的匯總信息與明細信息。

一、記帳的定義

記帳又稱憑證過帳，是指以會計憑證為依據，將經濟業務全面、系統、連續地記錄到具有帳戶基本結構的帳簿中的一種會計核算方法。從記帳原理上看，記帳實際上是會計數據在不同數據庫文件之間的傳遞與匯總。

（一）記帳含義的變化

在手工方式下的「記帳」是根據記帳憑證逐筆登記日記帳和明細帳，登記總帳，是真正意義的「記帳」；而在計算機方式下的「記帳」只是一個過程，即根據記帳憑證文件或臨時憑證文件中已審核的憑證，高速、快捷、準確地自動更新帳務數據庫文件，得到有效的帳簿和報表所需的匯總信息和明細信息。

（二）記帳方式

在手工條件下，記帳工作需要若幹名財會人員花費很多時間才能完成；在計算機條件下，記帳工作由計算機自動、準確、高速完成。記帳工作可以在編製一張憑證后進行，也可以在編製一天的憑證后記一次帳，即：可一天記數次帳，也可以多天記一次帳。

記帳憑證經審核簽字后，即可用來登記總帳和明細帳、日記部門帳、往來帳、項目帳以及備查帳等。記帳工作採用向導方式，使記帳過程更加明確。登記帳簿是由有記帳權限的用戶發出記帳指令，由計算機按照預先設計的記帳程序自動進行合法性檢驗、科目匯總、登記帳簿等操作。

中級會計電算化實務

對記帳處理的幾點說明：

（1）憑證一經記帳，就不能在這一憑證或登記這一業務的帳簿上直接修改。

（2）在記帳開始后，不能中斷系統的運行，也不允許進行其他相關操作。

（3）初次使用帳務系統時，若輸入的期初餘額借貸不平衡或總帳期初餘額與其所屬明細帳餘額不平衡，則不能進行記帳。

（4）所選範圍內的憑證如有未經審核簽字的憑證，系統將給出提示、自動中止記帳並給出報告。

（5）多數軟件具有記帳前提示備份或強制備份功能。

（6）記帳功能隨時可運行，每月執行記帳的次數是任意的。

二、記帳處理過程

不同的數據處理流程，其記帳模塊的處理步驟也不相同。登記帳簿過程處於全自動狀態，一般不需要人工操作。在電算化方式下，一般採用記帳憑證帳務處理流程和科目匯總表帳務處理流程。計算機處理原理流程如圖4-20所示。

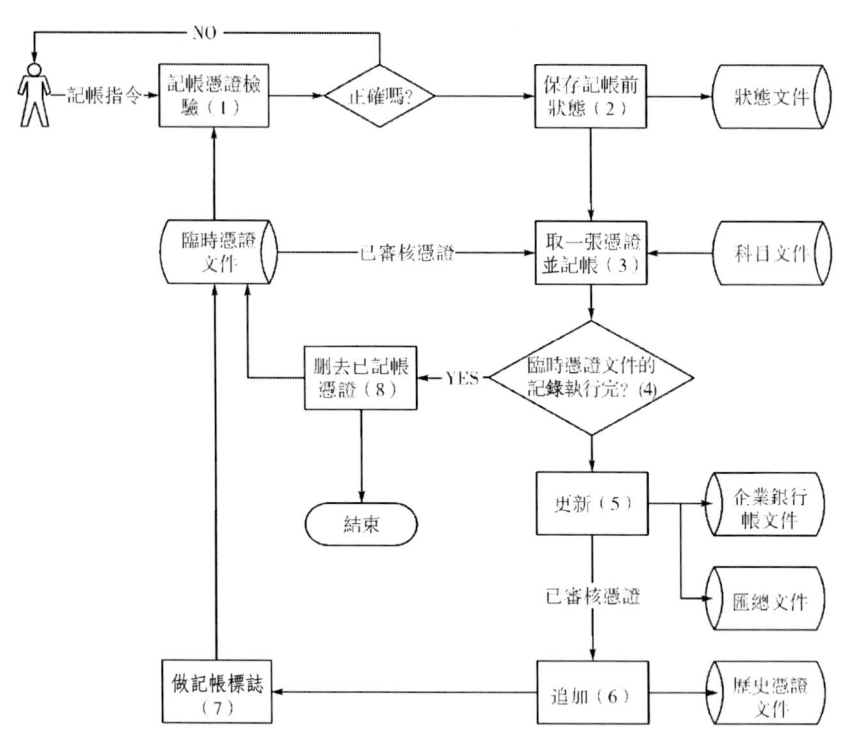

圖4-20 記帳處理流程圖

（一）記帳流程

（1）更新記帳憑證文件。取「臨時憑證文件」中已審核的記帳憑證，將其追加

142

第四章　日常帳務處理

到當期相應的「記帳憑證文件」中。

（2）更新科目匯總表文件。對記帳憑證按科目匯總，更新「科目匯總表文件」中相應科目的發生額，並計算餘額。

（3）更新相關輔助帳數據庫文件。

（二）記帳步驟

用友 ERP-U8 系列財務軟件記帳的具體操作步驟如下：

在總帳系統中，執行「憑證→記帳」命令，進入「選擇本次記帳範圍」界面（如圖 4-21 所示），單擊「全選」後再點擊「記帳」即可完成記帳工作（如圖 4-22 所示）。

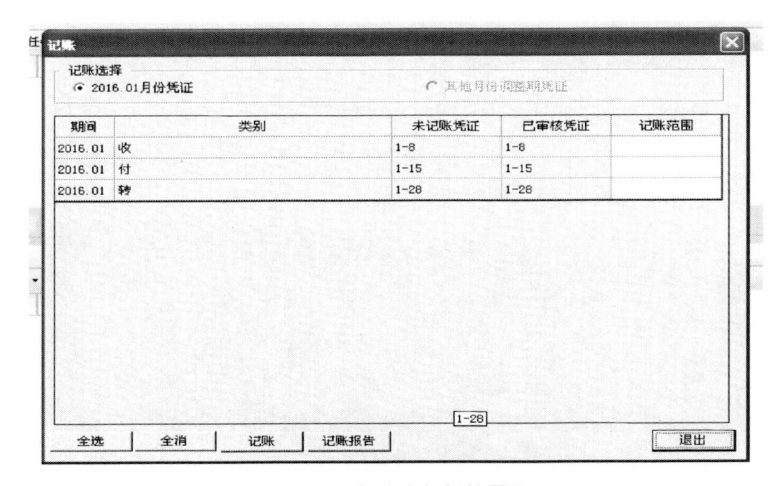

圖 4-21　選擇本次記帳範圍界面

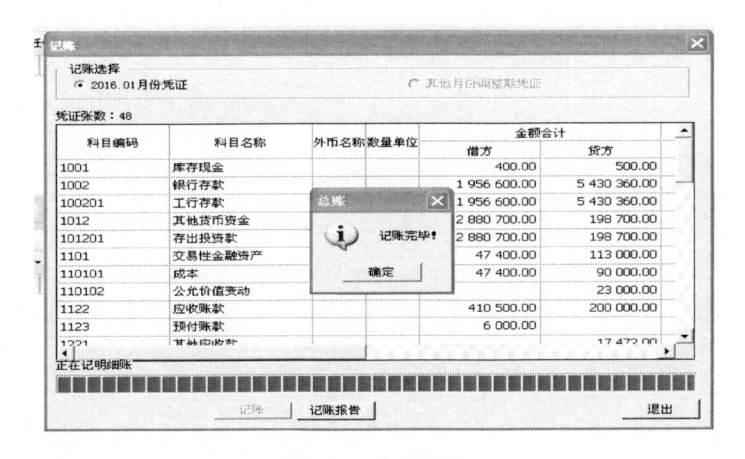

圖 4-22　記帳界面

三、取消記帳

記帳前，系統將自動進行硬盤備份，保存記帳前的數據。由於特殊原因，如在記帳過程中，斷電使登記帳中斷，導致記帳錯誤，或者記帳后發現輸入的記帳憑證有錯誤，需進行修改。為了解決這類問題，可調用「恢復記帳前狀態」功能，將數據恢復到記帳前狀態，修改完后再重新記帳。記帳過程一旦斷電或由於其他原因造成中斷后，系統將自動調用「恢復記帳前狀態」恢復數據，然后再重新記帳。系統提供兩種恢復記帳前狀態方式：一種是將系統恢復到最后一次記帳前狀態；另一種是將系統恢復到本月月初狀態，不管本月記過幾次帳。

已結帳月份的數據不能取消記帳，未結帳月份的數據可以取消記帳。具體操作步驟如下：

第一步，在總帳系統中，執行「期末→對帳」命令，在對帳界面選定要被取消記帳的月份，按「Ctrl+H」鍵，激活恢復記帳前狀態功能，單擊「確定」后單擊「退出」，如圖 4-23 所示。

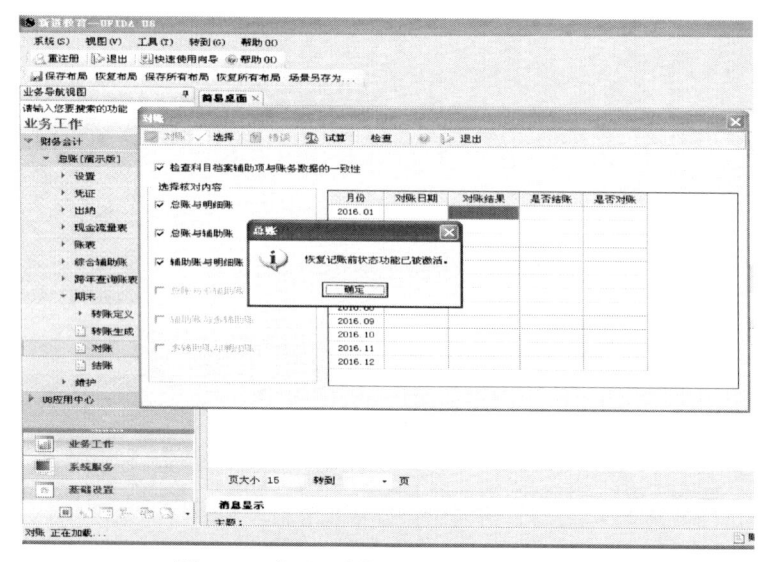

圖 4-23 激活「恢復記帳前狀態功能」界面

第二步，執行「憑證→恢復記帳前狀態」命令，調出恢復記帳前狀態界面，選擇「最近一次記帳前狀態」單選按鈕，單擊「確定」，即可完成恢復記帳前狀態，如圖 4-24 所示。

第四章　日常帳務處理

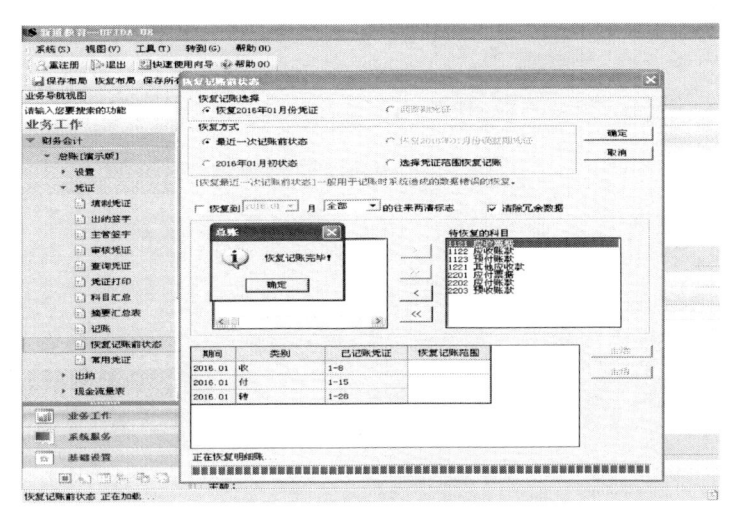

圖 4-24　恢復記帳前狀態

第三節　帳簿管理

　　企業發生的經濟業務，經過製單、審核、記帳等程序之後，就形成了正式的會計帳簿，對發生的經濟業務進行查詢、統計分析等操作時，都可以通過帳簿管理來完成。查詢帳簿，是會計工作的另一個重要內容。除了現金、銀行存款查詢輸出外，帳簿管理還包括基本會計核算帳簿的查詢輸出，以及各種輔助核算帳簿的查詢輸出。
　　無論是查詢還是打印，都必須指定查詢或打印的條件，系統才能將數據顯示在屏幕上或輸出到打印機。在「帳簿管理」系統中，可以方便地實現。
　　基本會計核算帳簿管理包括總帳及餘額表、明細帳及序時帳、多欄帳、日記帳和日報表的查詢及打印輸出。

一、科目帳管理

（一）查詢帳簿
　　查詢是指按照給定條件查找滿足條件的帳簿，並在屏幕上顯示出來。
1. 三欄式總帳
　　三欄式總帳就是借、貸、餘三欄帳。在這裡，可以查詢各總帳科目及所有明細科目的年初餘額、每月發生額合計和月末餘額。具體操作步驟如下：
　　在「總帳系統」中，執行「帳表→科目帳→總帳」命令，調出總帳查詢條件設置界面（如圖 4-25 所示），輸入相應的條件後，單擊「確定」即可查到相應的總帳。單擊工具欄「明細」，可以聯查當前總帳的明細帳。

145

圖 4-25　總帳查詢條件設置界面

2. 餘額表

餘額表用於查詢統計各級科目的本月發生額、累計發生額和餘額等。本功能提供了很強的統計功能，可以靈活運用。該功能不僅可以查詢統計人民幣金額帳，還可以查詢統計外幣和數量發生額和餘額。具體操作步驟如下：

在「總帳系統」中，執行「帳表→科目帳→餘額表」命令，調出餘額表查詢條件設置界面，輸入相應的條件後，單擊「確定」即可查到相應的餘額表，如圖 4-26 所示。單擊工具欄「累計」，可自動顯示借貸方累計發生額；單擊「專項」，可以查看當前被選中科目的明細帳或餘額表。

圖 4-26　發生額及餘額表界面

第四章　日常帳務處理

3. 多欄式明細帳

在總帳系統中，普通多欄帳由系統將要分析科目的下級科目自動生成多欄帳，自定義多欄帳的欄目內容可以自行定義。具體操作步驟如下：

第一步，在「總帳系統」中，執行「帳表→科目帳→多欄帳」命令，調出多欄帳查詢界面，點擊「增加」進入多欄帳定義界面，選擇要定義的多欄帳核算科目（如管理費用），點擊「自動編製」進行欄目定義，如圖4-27所示。

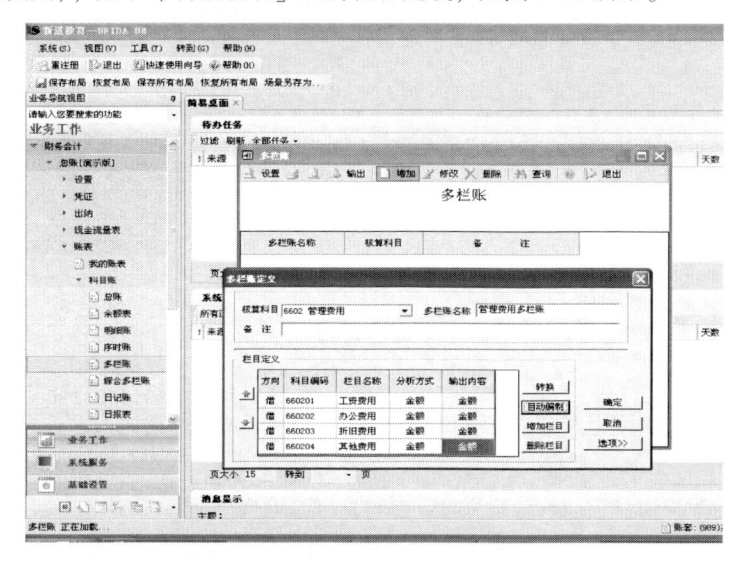

圖4-27　**多欄帳定義界面**

第二步，單擊圖4-28中的「確定」，即可完成相應的多欄帳的定義並返回多欄帳查詢界面，點擊其工具欄的「查詢」調出多欄帳查詢條件設置界面，如圖4-28所示。

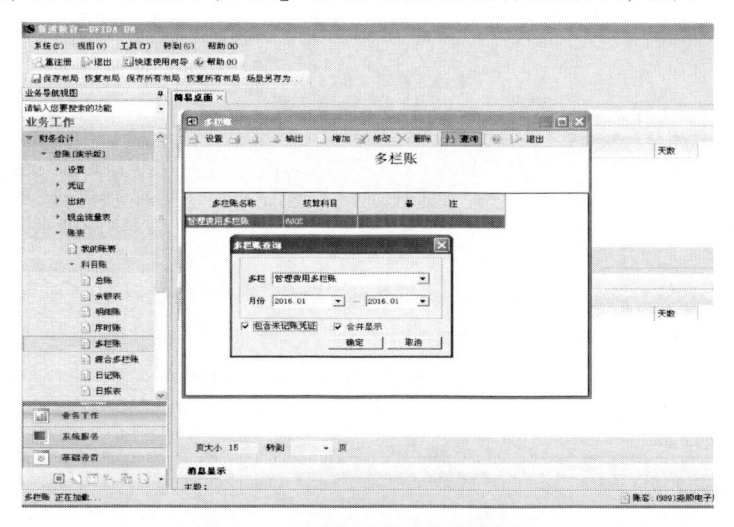

圖4-28　**多欄帳查詢條件設置界面**

147

中級會計電算化實務

第三步，在圖 4-28 中，點擊「確定」按鈕即可查到相應的多欄帳，如圖 4-29 所示。

圖 4-29　管理費用多欄帳界面

明細帳和序時帳查詢方法與步驟和上述查詢方法與步驟類似。

（二）帳簿打印與管理

打印帳簿是帳務處理的最終目標，包括總帳、明細帳、日記帳等。帳簿打印用於打印正式的會計帳簿，打印輸出的會計帳簿的格式和內容應當符合國家統一會計制度的規定。

「帳簿打印」功能打印的是正式使用的帳簿。帳簿打印可選擇套打方式，套打時應使用用友公司指定打印用紙。系統一般默認帳簿格式為金額式，根據需要可選擇其他格式。

採用磁帶、磁盤、光盤、微縮橡膠等介質存儲會計數據時，記帳憑證、總分類帳、現金日記帳和銀行存款日記帳仍需要打印輸出。此外，還要按稅務部門、審計部門的要求即時打印輸出有關帳簿和報表。

二、部門輔助帳管理

隨著企業規模的擴大，生產經營活動的複雜化，企業所包含的業務活動的種類越來越多，所涉及的專業領域也越來越廣，各種業務的工作量也越來越大。為了提高企業的管理力度和經營效率，很多單位實施了加強財務管理、細化會計核算的政策，對全部工作進行深入細緻的分析，要求在此基礎上進行明確的分類核算和管理。在傳統的方法下，企業會開設明細帳進行核算。這樣，增加了明細科目的級次，造成科目體系龐大，同時會給會計核算和管理資料的提供帶來極大的困難。計算機帳務處理子系統則借助計算機處理數據的特點，設置了輔助核算模塊。通過該功能模

第四章　日常帳務處理

塊，不僅能方便地實現會計核算功能，而且能為管理提供快速、便捷的輔助手段。

(一) 部門輔助帳核算與管理的基本功能

在會計核算過程中，經常會遇到分部門的核算與管理問題。為了有效地進行費用的控制，不僅要核算費用在某會計期的發生總額，而且要進一步核算各項費用在各個部門的發生情況；為了考核各部門的經營業績，有時同樣要求在核算總收入的同時核算各部門的分項收入。在實際工作中，這些核算的工作量都非常大，給手工核算帶來極大的不便。使用電算化軟件，通過對部門功能的設立，不僅為費用、收入的分項核算提供了方便，而且進一步為收入和費用的分部門管理提供了快速方便的管理信息資料的查詢手段。

輸入憑證時，若輸入科目性質為「部門管理」的科目，系統將自動提示輸入相應的部門或顯示部門代碼對照表供財務人員選擇部門。在記帳時，系統將自動形成部門核算與管理所需的各種數據。在系統中，用戶可以查詢部門總帳、部門明細帳，以及自動輸出部門收支明細表和部門計劃執行報告。

(二) 部門輔助總帳、明細帳的設置與查詢

在總帳系統中，如果在定義會計科目時，把某科目帳類標註為部門輔助核算，則系統對這些科目除了進行部門核算外，還提供了橫向和縱向的查詢統計功能，為企業管理者輸出各種會計信息，真正體現了「管理」的功能。

部門輔助帳的管理主要涉及部門輔助總帳、明細帳的查詢，正式帳簿的打印以及如何得到部門的收支分析表。

1. 部門總帳

部門總帳查詢主要用於查詢部門業務發生的匯總情況。系統提供了三種部門輔助總帳查詢方式：指定科目查詢總帳、指定部門查詢總帳、同時指定科目和部門查詢總帳。

2. 部門明細帳

查詢部門明細帳用於查詢部門業務發生的明細情況。系統提供了對部門帳進行自動對帳功能。通過該功能，系統將檢查、核對部門核算明細帳與部門核算總帳是否相符、部門核算總帳與總帳是否相符，並輸出核對結果。

部門總帳和部門明細帳的具體查詢操作步驟與前科目帳的查詢步驟類似。

(三) 部門管理

部門核算不僅為財會部門深入核算企業內部各部門的收入情況及各項費用的開支情況提供了方便，而且通過部門核算產生的核算數據，為企業及部門業務的管理和各項費用的控制與管理提供了基礎信息數據。在總帳系統中，部門管理主要有部門收支分析和計劃執行分析。

1. 部門收支分析

為了加強對各部門收支情況的管理，企業對所有部門核算科目的發生額及其餘額按部門進行統計分析。統計分析數據可以是發生額、餘額或同時有發生額和餘額。

中級會計電算化實務

2. 部門計劃執行報告

部門計劃執行報告是各部門的實際執行情況與計劃數的對比報表。通過部門計劃執行報告，可以使管理者瞭解各部門完成計劃的情況。

部門計劃執行報告主要有兩種方式：一是各部門在某部門核算科目下的實際發生額與計劃發生額的對比方式；二是各部門在某部門核算科目下的實際餘額與計劃餘額比較方式，使用者可自由選擇。

選擇分析的科目輔助核算必須設置「部門核算」。分析月份系統默認為當前月份，但可以調整分析的起止月份，改變分析範圍。

三、項目輔助帳管理

（一）項目輔助帳核算與管理的基本功能

所謂項目，即專門的經營對象。實際上，它可以是一項工程、一種產品、一個科研項目等。實際進行會計核算時，經常要求將圍繞這些項目所發生的所有收支，按費用或收入類別設立專門的明細帳，以便更好地完成對每個項目投入產出及費用情況的核算。按照這種核算要求，在手工方式下會按項目設立二級或三級科目，再在其下級設立收支或費用明細科目。很明顯，這樣做有兩個缺點：一是科目結構複雜，體系龐大；二是難以進行橫向的統計分析。在計算機帳務處理系統中，提供的項目輔助核算模塊可以實現該核算方式。

以產成品核算為例，項目輔助核算的操作步驟如下：

首先，進行會計科目設置，把要進行項目輔助核算的科目（如費用、成本、收入等）的性質定義為「項目核算」。例如：

1243 庫存商品項目核算

4101 生產成本項目核算

410101 直接材料項目核算

410102 直接人工項目核算

410103 製造費用項目核算

5101 主營業務收入項目核算

5401 主營業務成本項目核算

其次，將具體項目從科目體系中剝離出來，在項目輔助核算模塊中定義有關項目代碼、名稱等資料。例如：

01 產成品

101 A 產品

102 B 產品

在日常業務處理中，錄入憑證時，當輸入科目的性質為「項目核算」時，系統將要求財會人員錄入或選擇項目代碼。記帳後，即可在項目輔助核算模塊中查詢各

第四章　日常帳務處理

種項目核算與管理所需的帳表，即項目總帳、某科目的項目明細帳和某項目的項目明細帳，以及項目統計表和項目執行計劃報告。通過該功能模塊，不僅可以方便地實現對成本、費用和收入按項目核算，而且為這些成本、費用及收入情況的管理提供了快速方便的輔助手段。

（二）項目輔助總帳、明細帳的設置與查詢

1. 項目總帳

項目總帳查詢用於查詢各項目所發生業務的匯總情況，科目和項目必須輸入，部門可輸入也可不輸入，月份範圍默認為年初至當前月。具體操作步驟如下：

在「總帳系統」中，執行「帳表→項目輔助帳→項目總帳→項目科目總帳」命令，可調出項目科目總帳查詢條件設置窗口，條件設置后點擊「確定」即可查到相應的帳簿。

2. 項目明細帳

項目明細帳用於查詢項目業務發生的明細情況。具體操作步驟如下：

在「總帳系統」中，執行「帳表→項目輔助帳→項目明細帳→項目明細帳」命令，可調出項目明細帳查詢條件設置窗口，條件設置后點擊「確定」即可查到相應的項目明細帳簿，如圖4-30所示。

圖4-30　項目明細帳界面

其他項目總帳和明細帳的查詢方法與上述查詢方法類似。

（三）項目輔助核算管理

項目輔助核算為財會部門準確核算各項目的收入情況及各項成本費用的開支情況提供了方便。在總帳系統中，項目輔助核算管理主要是做項目統計分析。

項目統計查詢用於統計所有項目的發生額和餘額。具體操作步驟如下：

在「總帳系統」中，執行「帳表→項目輔助帳→項目統計分析」命令，可調出項目統計條件設置窗口，如圖4-31所示，條件設置完後點擊「完成」即可查到相應的項目統計表，如圖4-32所示。

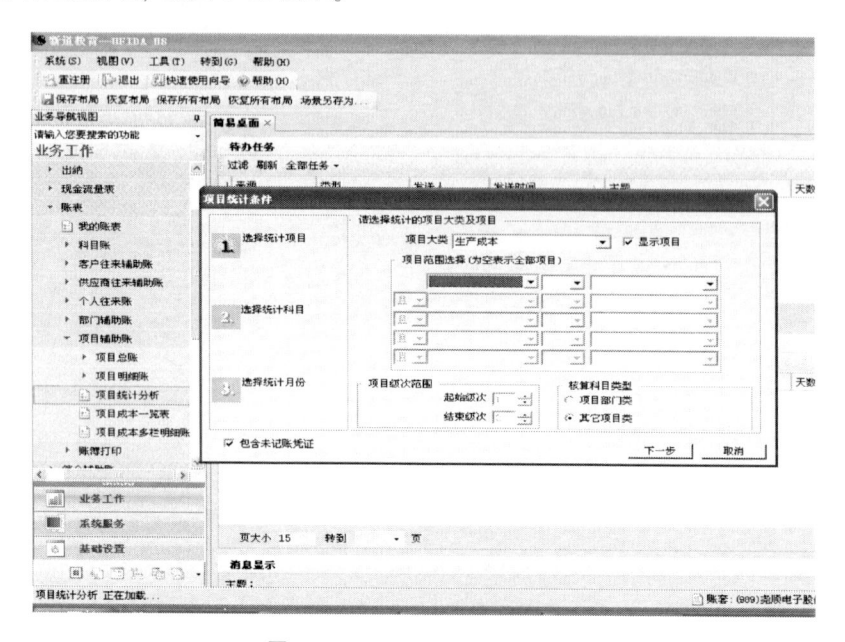

圖4-31 項目統計條件設置界面

圖4-32 項目統計表界面

第四章　日常帳務處理

項目成本一覽表和項目成本多欄明細帳的查詢步驟同上述查詢步驟。

四、往來帳款核算與管理

（一）往來帳款核算與管理概述

往來業務是指單位在業務處理過程中所發生的涉及應收、應付、預收、預付等會計事項的業務。往來核算與管理是對往來業務進行專門的反應與控制的一種輔助核算方法。

往來業務可分為與外部單位的往來業務和與內部個人的往來業務，與外部單位的往來業務又可分為客戶往來業務和供應商往來業務。

1. 往來帳款核算與管理的含義

往來帳款核算是指對因賒銷、賒購商品或提供、接受勞務而發生的將要在一定時期內收回或支付款項的核算。電算化會計體系中「往來」的概念與手工核算系統中「往來」的概念是不同的。在手工核算中，往來是指資金的往來業務，往來科目包括應收帳款、應收票據、預付帳款、其他應收款、應付帳款、應付票據、預收帳款、其他應付帳款和其他應交款等會計科目。在會計電算化系統中的具體管理上，並不一定對以上所有科目進行管理，而是根據需要對其中的某些科目進行管理，具體哪些科目要進行往來管理，應視企業會計核算與財務管理的具體要求而定。因此，在會計電算化系統中，往來的概念並不是指所有往來科目，而是指對往來科目進行管理。

往來帳款核算包括個人（職工）往來核算、單位（客戶和供應商）往來核算。個人往來是指企業與單位內部職工發生的往來業務，單位往來是指企業與外單位發生的各種債權債務業務，兩者的處理技術基本相同。

2. 往來科目的管理方式

帳務處理系統提供以下兩種往來業務核算與管理的方法：

（1）視同明細核算方式。當往來單位較少且相對穩定，應收帳款或應付帳款發生的頻率較低，且往來對帳的業務量不大時，可採用與手工記帳方式相類似的處理方法，即按往來單位設置明細科目（按往來單位建立明細帳），使往來核算體現在基本業務核算中。

（2）往來輔助核算方式。當單位往來業務頻繁，清理欠款工作量較大時，可啟用帳務處理系統提供的單位往來輔助核算功能來管理往來款項。採用單位往來輔助核算後，往來單位不再以會計科目的形式出現，而是以往來單位目錄的形式存在。

往來數據包括往來期初數據和日常往來業務數據。

3. 往來帳核算的處理流程

根據對往來單位款項核算和管理的程度不同，系統提供了兩種不同的應收應付帳款方案，即在總帳系統核算往來單位款項，或在應收與應付帳款系統中核算往來

153

款項。

(1) 在總帳系統中使用應收應付功能，進行應收應付帳款的核算和管理。使用總帳系統，在輸入憑證時，同時輸入應收應付業務數據，並使用總帳系統中提供的應收應付管理功能，輸出往來帳並進行核銷、帳齡分析、打印催款單等。

(2) 單獨使用應收應付帳款系統進行應收、應付帳款的核算和管理。首先使用應收應付帳款系統輸入發票和往來業務單據，自動填製記帳憑證；然後將記帳憑證傳遞到總帳系統中。其中，應付業務數據可直接輸入，也可由採購系統傳入；應收業務數據可以直接輸入，也可由銷售系統傳入。在電算化方式下，應付款數據流程與應收款數據流程大致相同。

4. 往來帳款核算與管理的工作過程

在總帳系統進行往來核算時，其操作過程一般為：建立客戶（或供應商）檔案、錄入期初餘額、憑證輸入與審核、記帳、核對、往來帳表查詢與打印、統計分析與銷帳等，如圖4-33所示。

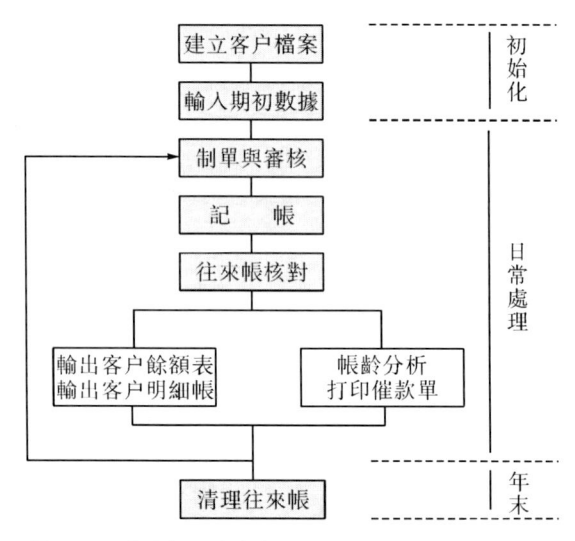

圖4-33 在總帳系統中處理應收、應付業務的處理過程

(二) 往來帳的核對與核銷

1. 往來帳的核對

對已達往來帳應該及時做往來帳的核對工作。核對是指將已達帳項打上已結清的標記，系統提供自動核對和手工核對兩種方式。

(1) 自動核對：是指計算機自動將所有已結清的往來業務打上標記。

(2) 手工核對：如果某些款項不能自動判斷，可以通過手工輔助核對，即按指定鍵對已達帳項打上標記。

核對應分科目，分往來客戶（或供應商）進行。首先選擇往來科目，然後選擇

第四章　日常帳務處理

往來客戶（或供應商），最后選擇核對方式進行核對。

總帳系統為企業提供清理所有具有往來性質帳戶的功能。只有具有往來兩清權限的用戶，才能使用往來清理功能。一般在記帳完成後或期末查詢、打印往來帳前進行往來帳兩清處理工作。往來帳的自動勾對要求填製憑證時輸入的輔助信息要嚴格、規範，特別是對於有業務號的帳項在填製憑證時必須規範輸入。這樣，無論是「一借一貸」「一借多貸」「多借一貸」，系統都能自動識別並進行勾對；否則只能手工勾對。

2. 往來帳的核銷

核銷是指對債權、債務已結清的業務做刪除處理，表示本筆業務已經結清。其目的是以便將未結清款項反應出來，以此反應企業各種應收款的形成，收回及其增減、變動情況。

核銷可以由計算機自動執行，也可以利用銷帳功能使用有關功能鍵進行手動核銷。由於計算機處理方式採用建立往來輔助帳進行往來業務管理，為了避免輔助帳過於龐大影響運行速度，對於已核銷的業務進行刪除。刪除工作不必經常進行，通常年底結帳後一次刪除即可。

核銷功能在使用時必須注意：①核銷前應經專門的負責人員核實待核銷的往來帳項；②指定專人負責往來帳的核銷操作工作。

3. 往來帳的對帳

通過對帳，系統會自動檢查核對往來明細帳與往來總帳是否相符、科目總帳與往來總帳是否相符，並將核對檢查結果顯示輸出。

(三) 往來帳表的查詢

往來帳表查詢模塊可實現對往來匯總表、明細帳和客戶等進行查詢，並生成各種信息統計表。查詢既可單獨進行，也可進行條件組合查詢。

1. 往來餘額表

往來餘額表包括客戶科目餘額表、客戶餘額表、客戶三欄式餘額表、客戶業務員餘額表、客戶分類餘額表、客戶部門餘額表、客戶項目餘額表及客戶地區分類餘額表等多種查詢方式。

2. 往來明細帳

往來明細帳包括客戶科目明細帳、客戶明細帳、客戶三欄式明細帳、客戶多欄明細帳、客戶分類明細帳、客戶業務員明細帳、客戶部門明細帳、客戶項目明細帳及客戶地區分類明細帳等多種查詢方式。

第五章　進銷存業務處理

● 第一節　採購業務處理

一、普通採購業務處理

用友 ERP-U8V10.1 中的普通採購業務適合大多數企業的日常採購業務，提供了採購請購、採購訂貨、採購入庫、採購發票、採購成本核算以及採購付款全過程的管理。

（一）採購請購

採購請購是指企業內部向採購部門提出採購申請，或採購部門匯總企業內部採購需求提出採購清單。請購是採購業務處理的起點，可以根據已審核未關閉的請購單參照生成採購訂單。在採購業務處理流程中，請購環節可以省略。

（二）訂貨

採購訂貨是企業與供應商之間簽訂的採購合同或採購協議等，主要確定採購貨物的具體需求。在系統中通過採購訂單來實現採購訂貨的管理。供應商根據採購訂單組織貨源，企業依據採購訂單進行驗收。採購訂單可以幫助企業實現採購業務的事前預測、事中控制、事後統計。

（三）到貨處理

採購到貨是採購訂貨和採購入庫的中間環節，一般由採購業務員根據供方通知或送貨單填寫，確認對方所送貨物、數量、價格等信息，以入庫通知單的形式傳遞到倉庫作為保管員收貨的依據。採購到貨單是可選單據，可以根據業務需要選用。

第五章　進銷存業務處理

（四）入庫處理

採購入庫是通過採購到貨、質量檢驗環節，對合格到貨的存貨進行入庫驗收。庫存管理系統未啟用前，可在採購管理系統錄入入庫單據；庫存管理系統啟用后，必須在庫存管理系統錄入入庫單據，在採購管理系統可查詢入庫單據，可根據入庫單生成發票。

（五）採購發票

採購發票是供應商開出的銷售貨物的憑證，系統將根據採購發票確認採購成本，並據以登記應付帳款。

企業在收到供貨單位的發票后，如果沒有收到供貨單位的貨物，可以對發票壓單處理，待貨物到達后，再輸入系統做報帳結算處理；也可以先將發票輸入系統，以便即時統計在途貨物。

採購發票按發票類型分為增值稅專用發票、普通發票和運費發票三種。增值稅專用發票扣稅類別默認為應稅外加，不可修改。普通發票包括普通發票、廢舊物資收購憑證、農副產品收購憑證、其他收據，其扣稅類別默認為應稅內含，不可修改。普通發票的默認稅率為0，可修改。運費主要是指向供貨單位或提供勞務單位支付的代墊款項、運輸裝卸費、手續費、違約金（延期付款利息）、包裝費、包裝物租金、儲備費、進口關稅等。運費發票的單價、金額都是含稅的，運費發票的默認稅率為7，可修改。

採購發票可以直接填製，也可以參照採購訂單、採購入庫單或其他採購發票複製生成。

（六）採購結算

採購結算也稱採購報帳，是指採購核算人員根據採購發票、採購入庫單核算採購入庫成本；採購結算的結果是採購結算單，是記載採購入庫單記錄與採購發票記錄對應關係的結算對照表。

採購結算從操作處理上分為自動結算、手工結算兩種方式。另外，運費發票可以單獨進行費用折扣結算。

自動結算和手工結算時，可以同時選擇發票和運費與入庫單進行結算，將運費發票的費用按數量或按金額分攤到入庫單中。此時，將發票和運費分攤的費用計入採購入庫單的成本中。

如果開具運費發票時，對應的入庫單已經與發票結算，那麼運費發票可以通過費用折扣結算將運費分攤到入庫單中。此時，運費發票分攤的費用不再記入入庫單中，需要到存貨核算系統中進行結算成本的暫估處理，系統會將運費金額分攤到成本中。

二、採購入庫業務

按貨物和發票到達的先後，將採購入庫業務劃分為單貨同行、貨到票未到（暫

估入庫)、票到貨未到(在途存貨)三種類型,不同的業務類型相應的處理方式有所不同。

(一)單貨同行

當採購管理、庫存管理、存貨核算、應付款管理、總帳集成使用時,單貨同行的採購業務處理流程(省略請購、訂貨、到貨等可選環節)如圖5-1所示。

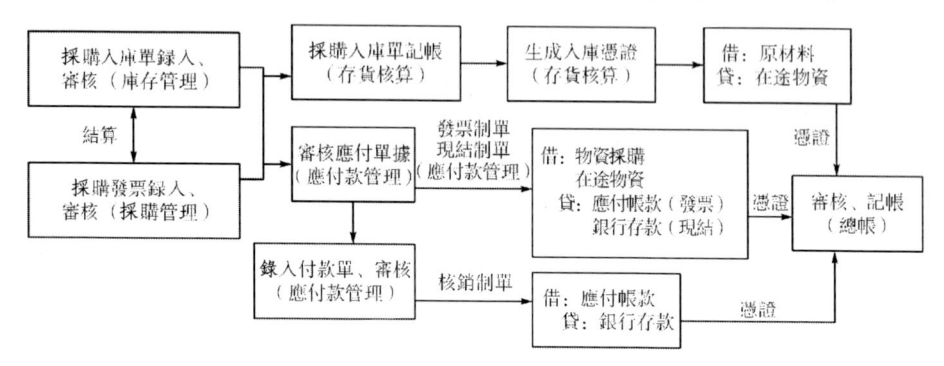

圖5-1 單貨同行的業務處理流程(一)

當採購管理、庫存管理、存貨核算、總帳集成使用時,單貨同行的採購業務處理流程(省略請購、訂貨、到貨等可選環節)如圖5-2所示。

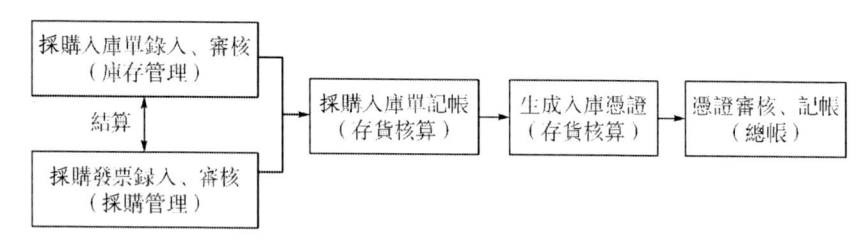

圖5-2 單貨同行的業務處理流程(二)

(二)貨到單未到(暫估入庫)業務

暫估是指本月存貨已入庫,但採購發票尚未收到、不能確定存貨的入庫成本,月底時為了正確核算企業的庫存成本,需要將這部分存貨暫估入帳,形成暫估憑證。對暫估業務,用友ERP-U8V10.1提供了三種不同的處理方法。

1. 月初回衝

進入下月后,存貨核算系統自動生成與暫估入庫單完全相同的「紅字回衝單」;同時登錄相應的存貨明細帳,衝回存貨明細帳中上月的暫估入庫;對「紅字回衝單」製單,衝回上月的暫估憑證。

收到採購發票后,在採購系統中錄入採購發票,對採購入庫單和採購發票做採購結算;結算完畢后,進入存貨核算系統,執行「暫估處理」功能;進行暫估處理后,系統根據發票自動生成一張金額為發票上的報銷金額的入庫單;同時登記存貨明細帳,使庫存增加;對入庫單製單,生成採購入庫憑證。

第五章　進銷存業務處理

2. 單到回衝

採購發票收到后，在採購系統中錄入並進行採購結算；再到存貨核算系統中進行「暫估處理」，系統自動生成紅字回衝單、藍字回衝單，同時據以登記存貨明細帳。紅字回衝單的入庫金額為上月暫估金額，藍字回衝單的入庫金額為發票上的報銷金額。執行「存貨核算」的「生成憑證」命令，選擇「紅字回衝單」「藍字回衝單」製單，生成憑證，傳遞到總帳。

3. 單到補差

如果正式發票連續數月未達，但存貨已經領用或者銷售，倉儲部門和財務部門仍做暫估入庫處理，領用存貨時，倉儲部門按暫估價開具出庫單，財務部門以此為附件進行會計處理：借記「生產成本」等，貸記「原材料」等。這種情況會出現暫估價與實際價不一致，其差異按照《企業會計準則第 1 號——存貨》的具體規定處理。對於採用個別計價法和先進先出法的企業，暫估價和實際價之間的差異，可以按照重要性原則，差異金額較大時再進行調整；發出存貨的成本採用加權平均法計算的，存貨明細帳的單價是即時動態變化的，對於暫估價與實際價之間的差異，只是時間性的差異，按照會計的一貫性原則，不需要進行調整。

期末貨已到，部分發票到達，實務中可能會出現一筆存貨分批開票的情形。對於已開票的部分存貨，可以憑票入帳，期末只暫估尚未開票的部分。

注意：對於暫估業務，在月末暫估入庫單記帳前，要對所有的沒有結算的入庫單填入暫估單價，然后才能記帳。

(三) 票到貨未到 (在途存貨) 業務

如果先收到供貨單位的發票，而沒有收到供貨單位的貨物，可以對發票進行壓單處理，待貨物到達后，再一併輸入計算機做報帳結算處理。但如果需要即時統計在途物資的情況，就必須將發票輸入計算機，待貨物到達后，再填製入庫單並做採購結算。

三、直運採購業務

直運採購業務是指產品無須入庫即可完成的購銷業務。由供應商直接將商品發給企業的客戶，沒有實務的入庫處理，財務結算由供銷雙方通過直運發票和直運採購發票分別與企業結算。直運業務適用於大型電器、汽車和設備等產品的購銷。

直運採購業務類型有兩種：普通直運業務和必有訂單直運業務。

四、採購退貨業務

由於材料質量不合格、企業轉產等原因，企業可能發生退貨業務。針對退貨業務發生的時機不同，軟件中採用了不同的解決方法。

(一) 貨收到未做入庫手續

如果尚未錄入採購入庫單，此時只要把貨退還給供應商即可，在軟件中不做任

何處理。

(二) 已記帳入庫單的處理

此時無論是否錄入「採購發票」「採購發票」是否結算，結算后的「採購發票」是否付款，都需要錄入退貨單。

(三) 未記帳入庫單的處理

1. 未錄入「採購發票」

如果是全部退貨，可刪除「採購入庫單」；如果是部分退貨，可直接修改「採購入庫單」。

2. 已錄入「採購發票」但未結算

如果是全部退貨，可刪除「採購入庫單」和「採購發票」；如果是部分退貨，可直接修改「採購入庫單」和「採購發票」。

3. 已錄入「採購發票」並執行了採購結算

若結算后的發票沒有付款，此時可取消採購結算，再刪除或修改「採購入庫單」和「採購發票」；若結算后的發票已付款，則必須錄入退貨單。

註：採購發票已付款，無論入庫單是否記帳，都必須錄入退貨單。

用友 ERP-U8V10.1 採購退庫業務完整流程如圖 5-3 所示。

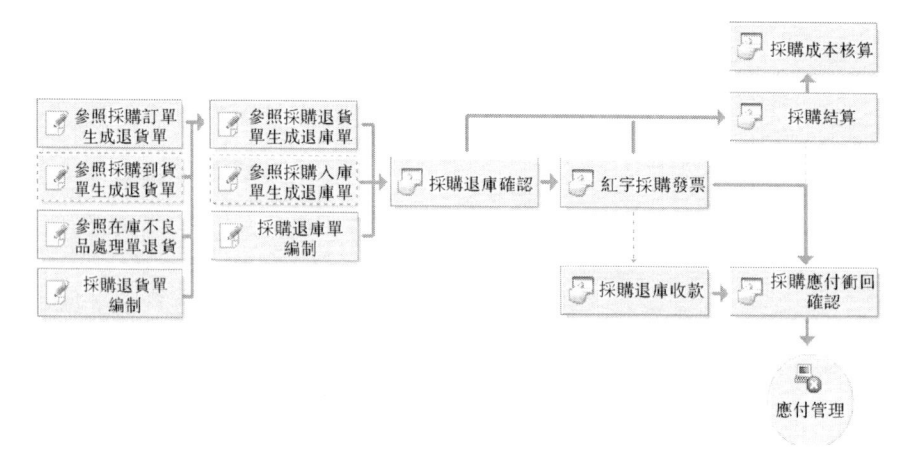

圖 5-3　採購退庫業務完整流程圖

第二節　銷售業務處理

一、普通銷售業務處理

(一) 業務概述

普通銷售業務模式適用於大多數企業的日常銷售業務，它與其他系統一起，提

第五章　進銷存業務處理

供對銷售報價、銷售訂貨、銷售發貨、銷售開票、銷售出庫、出庫成本確認和應收帳款確認及收款處理。企業可根據自己的實際業務應用，結合本系統對銷售流程進行可選配置。

1. 銷售報價

銷售報價是企業向客戶提供貨品、規格、價格、結算方式等信息，雙方達成協議后，銷售報價單轉為有效力的銷售訂單。企業可以針對不同客戶、不同存貨、不同批量提出不同的報價、扣率。

2. 銷售訂貨

銷售訂貨是指由購銷雙方確認的客戶的要貨過程，根據銷售訂單組織貨源，並對訂單的執行進行管理、控制和追蹤。

銷售訂單是反應由購銷雙方確認的客戶要貨需求的單據，它可以是企業銷售合同中關於貨物的明細內容。銷售訂單可以手工填製，也可以根據銷售報價參照生成。

3. 銷售發貨

銷售發貨是企業執行與客戶簽訂的銷售合同或銷售訂單，將貨物發往客戶的行為，是銷售業務的執行階段。

發貨單是銷售方給客戶發貨的憑據，是銷售發貨業務的執行載體。無論是工業企業還是商業企業，發貨單都是銷售管理系統的核心單據。

先發貨後開票業務模式，是指根據銷售訂單或其他銷售合同，向客戶發出貨物，發貨之後根據發貨單開票並結算。其發貨單由銷售部門手工填製或參照已審核未關閉的銷售訂單生成。客戶通過發貨單提取貨物。

開票直接發貨業務，是指根據銷售訂單或其他銷售合同，向客戶開具銷售發票，客戶根據發票到指定倉庫提貨。銷售發票由銷售部門手工填製或參照已審核未關閉的銷售訂單生成。發貨單根據銷售發票自動生成，作為貨物發出的依據。在此情況下，發貨單只做瀏覽，不能進行增刪改和棄審等操作，但可以關閉和打開。

4. 銷售開票

銷售開票是在銷售過程中企業給客戶開具銷售發票及其所附清單的過程。它是銷售收入確認、銷售成本計算、應交銷售稅金確認和應收帳款確認的依據，是銷售業務的重要環節。

銷售發票是在銷售開票過程中用戶所開具的原始銷售單據，包括增值稅專用發票、普通發票及其所附清單。對於未錄入稅號的客戶，可以開具普通發票，不可以開具增值稅專用發票。銷售發票既可以手工填製，也可以參照訂單或發貨單生成。參照發貨單開票時，多張發貨單可匯總開票，一張發貨單也可以拆單生成多張銷售發票。

銷售發票復核后通知財務部門的應收款管理系統核算應收帳款，在應收款管理系統審核登記應收明細帳，製單生成憑證。

161

5. 銷售出庫

銷售出庫是銷售業務處理的必要環節，在庫存管理系統用於存貨出庫數量核算，在存貨核算系統用於存貨出庫成本核算（如果存貨核算系統銷售成本的核算選擇依據銷售出庫單）。

銷售出庫單是銷售出庫業務的主要憑據，主要在庫存管理系統通過參照發貨單生成。

6. 出庫成本確認

銷售出庫（開票）后，要進行出庫成本的確認。對於採用先進先出法、后進先出法、移動平均法或個別計價法的存貨，在存貨核算系統進行單據記帳時進行出庫成本核算；而對於全月平均、計劃價/售價計價的存貨，在期末處理時才能進行出庫成本核算。

7. 應收帳款確認及收款處理

及時進行應收帳款確認及收款處理是財務工作的基本要求，這些由應收款管理系統完成。應收款管理系統主要完成對經營業務轉入的應收款項的處理。通過發票、其他應收單、收款單等單據的錄入，對企業的往來帳款進行綜合管理，及時、準確地提供客戶的往來帳款餘額資料，提供各種分析報表，如帳齡分析表等，有利於企業合理地進行資金的調配，提高資金的利用效率。

（二）業務處理流程

普通銷售業務根據「發貨-開票」的實際業務流程不同，可以分為先發貨後開票和開票直接發貨兩種業務模式。系統處理兩種業務模式的流程不同，但允許兩種流程並存。系統判斷兩種流程的最本質區別是先錄入發貨單還是先錄入發票。

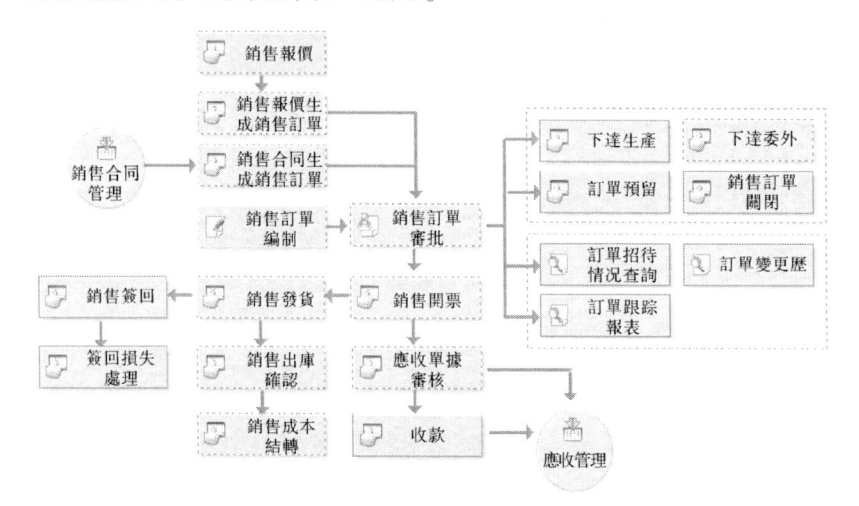

1. 開票直接發貨業務流程

開票直接發貨業務流程如圖 5-4 所示。

圖 5-4　開票直接發貨業務流程圖

第五章　進銷存業務處理

2. 先發貨后開票業務流程

先發貨后開票業務流程如圖 5-5 所示。

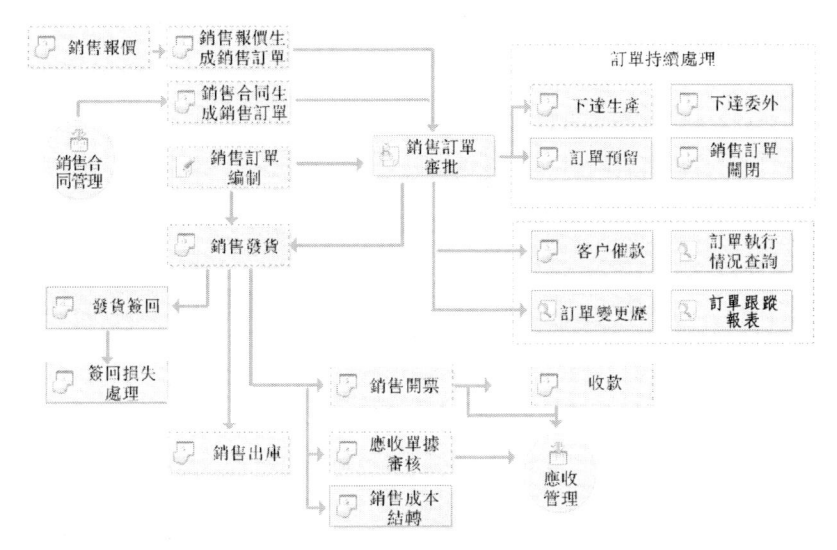

圖 5-5　先發貨後開票業務流程圖

二、委託代銷業務

（一）業務概述

委託代銷業務，是指企業將商品委託他人進行銷售但商品所有權仍歸本企業的銷售方式，委託代銷商品銷售後，受託方與企業進行結算，並開具正式的銷售發票，形成銷售收入，商品所有權轉移。

只有庫存管理系統與銷售管理系統集成使用時，才能在庫存管理系統中使用委託代銷業務。委託代銷業務只能先發貨後開票，不能開票直接發貨。

（二）業務處理流程

委託代銷業務流程如圖 5-6 所示。

三、直運銷售業務

（一）業務概述

直運業務是指產品無須入庫即可完成購銷業務，由供應商直接將商品發給企業的客戶；結算時，由購銷雙方分別與企業結算。直運業務包括直運銷售業務和直運採購業務。沒有實物的出入庫，貨物流向是直接從供應商到客戶，財務結算通過直運銷售發票、直運採購發票解決。

直運銷售業務分為兩種模式：一種是沒有銷售訂單，直運採購發票和直運銷售發票可互相參照；另一種是有直運銷售訂單，則必須按照「必有訂單直運業務」的

163

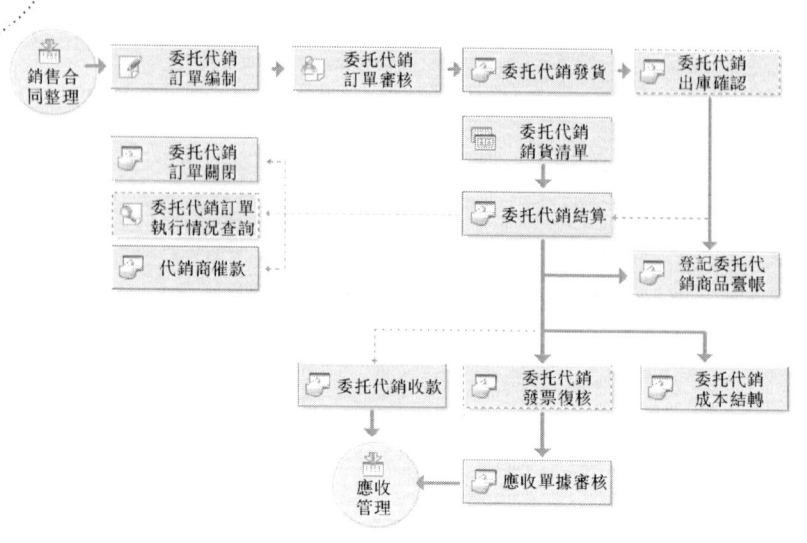

圖 5-6　委託代銷業務流程圖

單據流程進行操作。無論哪一種應用模式，直運業務選項均在銷售管理系統中設置。採購未完成的直運銷售發票（已採購數量<銷售數量）；銷售未完成的直運採購發票（已銷售數量<採購數量）結轉下年。

（二）直運銷售流程

直運銷售業務流程如圖 5-7 所示。

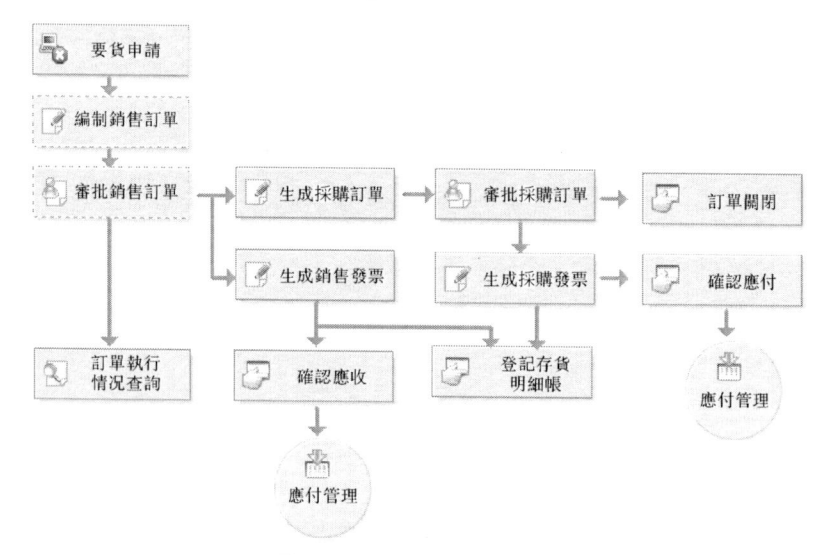

圖 5-7　直運銷售業務流程圖

第五章　進銷存業務處理

四、分期收款銷售業務

期收款發出商品業務類似於委託代銷業務，貨物提前發給客戶，分期收回貨款。分期收款銷售的特點是：一次發貨，當時不確認收入，分次確認收入，在確認收入的同時配比性地轉成本。

分期收款業務只能先發貨后開票，不能開票直接發貨。分期收款業務需在銷售管理系統中進行分期收款業務選項勾選設置，在存貨核算系統中進行分期收款銷售業務的科目設置；並依據審核后的分期發貨單和分期發票記帳。

五、必有訂單業務模式

必有訂單業務模式是指以訂單為中心的銷售業務，是一種標準的、規範的銷售模式。整個業務流程的執行必須依據訂單參照生成發貨單、發票，通過銷售訂單可以跟蹤銷售的整個業務流程。

以訂單為中心的銷售業務需在銷售管理系統中設置，包括普通銷售必有訂單、委託代銷必有訂單、分期收款銷售必有訂單和直運銷售必有訂單。

六、銷售調撥

銷售調撥一般是處理集團企業內部有銷售結算關係的銷售部門或分公司之間的銷售業務，與銷售開票相比，銷售調撥業務不涉及銷售稅金。銷售調撥業務必須在當地稅務機關許可的前提下才可以使用。

業務流程如下：
（1）企業開具銷售調撥票據。
（2）對銷售調撥單進行復核。
（3）系統自動生成銷售發貨單。
（4）根據選項在銷售管理系統或庫存管理系統生成銷售出庫單。
（5）倉庫根據銷售出庫單進行備貨和出庫。
（6）銷售調撥單傳遞到應收款管理系統，進行收款結算。

七、零售日報

當發生零售業務時，應將相應的銷售票據作為零售日報輸入到銷售管理系統。零售日報不是原始的銷售單據，是零售業務數據的日匯總。這種業務常見於商場、超市等零售企業。

零售日報可以用來處理企業比較零散客戶的銷售。對於這部分客戶，企業可以用一個公共客戶代替，如零散客戶，然后將零散客戶的銷售憑單先按日匯總，最后

165

錄入零售日報進行管理。

用友 ERP-U8 與零售管理系統集成使用時，可以將直營門店的零售數據、收款數據上傳到銷售管理系統，生成零售日報，並自動現結、自動生成銷售出庫單。

八、代墊費用單

在銷售業務中，代墊費用是指隨貨物銷售所發生的，不通過發票處理而形成的，暫時代墊將來需向客戶收取的費用項目，如運雜費、保險費等。代墊費用實際上形成了對客戶的應收款，代墊費用的收款核銷由應收款管理系統處理。

代墊費用單票據操作流程如下：

（1）代墊費用單可以在「代墊費用單」直接錄入，可以分攤到具體的貨物，也可以在銷售發票、銷售調撥單、零售日報中按「代墊」錄入，與發票建立關聯，可分攤到具體的貨物。

（2）代墊費用單可以修改、刪除、審核、棄審。

（3）代墊費用單審核后，在應收款管理系統生成其他應收單；也可棄審后刪除生成的其他應收單。與應收款管理系統集成使用時，在應收款管理系統已核銷處理的代墊費用單，不可棄審。

九、銷售費用支出單

費用支出是指在銷售業務中，隨貨物銷售所發生的為客戶支付的業務執行費。銷售費用支出處理的目的在於讓企業掌握用於某客戶費用支出的情況，以及承擔這些費用的銷售部門或業務員的情況，作為對銷售部門或業務員的銷售費用和經營業績的考核依據。

銷售費用支出單在銷售管理系統中僅作為銷售費用的統計單據，與其他產品沒有傳遞或關聯關係。

銷售費用支出單可以在「銷售費用支出單」直接錄入，可以分攤到具體的貨物，不與發票發生關聯；也可以在銷售發票、銷售調撥單、零售日報中按「支出」錄入，與發票建立關聯，可以分攤到具體的貨物。

十、包裝物租借業務

在銷售業務中，有的企業隨貨物銷售有包裝物（或其他物品如搬運工具等，本系統中統稱為包裝物）租借業務。包裝物出租、出借給客戶使用，企業對客戶收取包裝物押金。

包裝物租借業務流程如下：客戶根據發貨單、發票租用或借用包裝物，繳納押金，銷售部門收取押金並通知倉庫進行包裝物出庫。客戶使用包裝物后，退還包裝物。企業辦理包裝物入庫，核銷客戶的包裝物租借數量餘額；進行押金退款，衝減

第五章　進銷存業務處理

客戶的押金餘額。企業可以查詢包裝物租借統計表。

十一、銷售退貨業務

銷售退貨業務是指客戶因貨物質量、品種、數量不符合要求或者其他原因，而將已購貨物退回給本單位的業務。

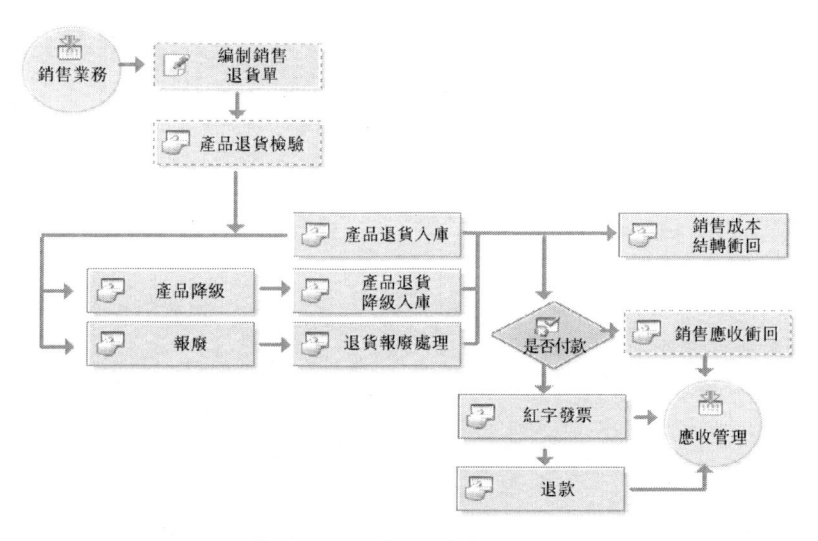

（一）普通銷售退庫業務流程

普通銷售退庫業務流程如圖 5-8 所示。

圖 5-8　普通銷售退庫業務流程圖

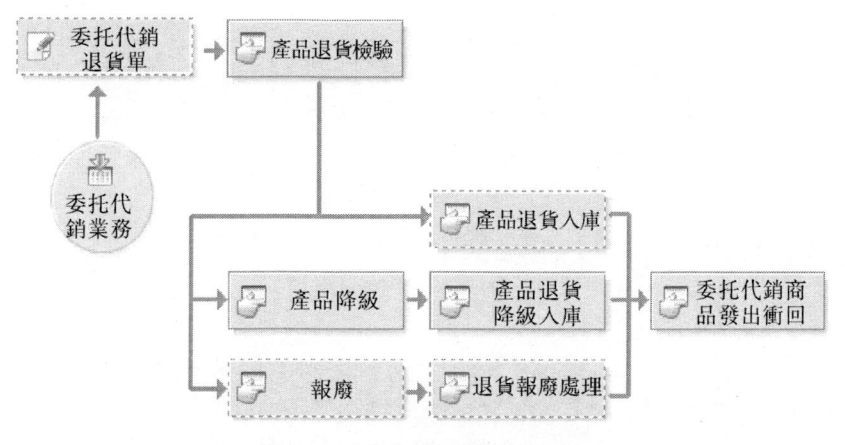

（二）委託代銷退庫業務流程

委託代銷退庫業務流程如圖 5-9 所示。

圖 5-9　委託代銷退庫業務流程圖

167

第三節　庫存管理業務處理

庫存管理系統的日常業務主要包括：①對各種出入庫業務進行單據填製和審核；②對調撥業務、盤點業務、限額領料、不合格品、貨位調整、條形碼管理、其他業務、再訂貨點管理（Re-Order Point，ROP）等的處理。

一、入庫業務處理

庫存管理系統主要是對各種入庫業務進行單據的填製和審核，即倉庫收到採購或生產的貨物，倉庫保管員驗收貨物的數量、質量、規格型號等，確認驗收無誤後填製並審核入庫，並登記庫存帳。入庫業務單據主要包括採購入庫單、產成品入庫單、其他入庫單。

（一）採購入庫單

採購入庫單是根據採購到貨簽收的實收數量填製的單據。採購入庫單按進出倉庫方向分為藍字採購入庫單、紅字採購入庫單；按業務類型分為普通採購入庫單、受託代銷入庫單（商業）、委外加工入庫單（工業）、代管採購入庫單、固定資產採購入庫單、一般貿易進口入庫單、進料加工入庫單。

採購入庫單既可以手工增加，也可以參照採購訂單、採購到貨單（到貨退回單）、委外訂單、委外到貨單（到貨退回單）生成。

（二）產成品入庫單

產成品入庫單一般是指產成品驗收入庫時所填製的入庫單據，是工業企業入庫單據的主要部分。產成品一般在入庫時無法確定產品的總成本和單位成本，所以在填製產成品入庫單時，一般只有數量，沒有單價和金額。

（三）其他入庫單

其他入庫單是指除採購入庫、產成品入庫之外的其他入庫業務，如調撥入庫、盤盈入庫、組裝拆卸入庫、形態轉換入庫等業務形成的入庫單。其他入庫單一般由系統根據其他業務單據自動生成，也可以手工填製。

二、出庫業務

庫存管理的出庫業務主要指銷售出庫和材料出庫。出庫單據包括銷售出庫單、材料出庫單和其他出庫單。

（一）銷售出庫單

銷售出庫單是銷售出庫業務的主要憑據，在庫存管理系統中用於存貨出庫數量核算，在存貨核算系統中用於存貨出庫成本核算（如果存貨核算系統銷售成本的核

第五章　進銷存業務處理

算選擇依據銷售出庫單）。銷售出庫單按進出倉庫方向分為藍字銷售出庫單、紅字銷售出庫單；按業務類型分為普通銷售出庫單、委託代銷出庫單、分期收款出庫單。

庫存管理系統與銷售管理系統集成使用時，銷售出庫單可以在庫存管理系統中手工填製生成，也可以使用「生單」或「生單」下拉箭頭中「銷售生單」進行參照發貨單、銷售發票、銷售調撥單或零售日報生單生成銷售出庫單。

（二）材料出庫單

材料出庫單是領用材料時所填製的出庫單據，當從倉庫中領用材料用於生產或委外加工時，就需要填製材料出庫單。

材料出庫單可以手工增加，可以配比出庫，可以參照生產訂單系統的生產訂單用料表、補料申請單、限額領料單、領料申請單生成，也可以參照委外管理系統的委外訂單用料表生成。

（三）其他出庫單

其他出庫單是指除銷售出庫、材料出庫之外的其他出庫業務，如調撥出庫、盤虧出庫、組裝拆卸出庫、形態轉換出庫、不合格品記錄等業務形成的出庫單。其他出庫單一般由系統根據其他業務單據自動生成，也可以手工填製。

● 第四節　存貨核算業務處理

一、入庫業務處理

入庫業務單據主要包括採購入庫單、產成品入庫單、其他入庫單。

採購入庫單在庫存管理系統中錄入，在存貨核算系統中可以修改採購入庫單上的入庫金額；採購入庫單上的數量只能在其填製系統中修改。

產成品入庫單在填製時一般只有數量，單價和金額既可以通過修改產成品入庫直接填入，也可以通過存貨核算系統的產成品成本分配功能自動計算填入。

大部分其他入庫單都是由相關業務直接生產的，也可以手工填製。

二、出庫業務

出庫單據包括銷售出庫單、材料出庫單和其他出庫單。在存貨核算系統中可以修改出庫單據上的單價或金額。

三、單據記帳

單據記帳用於將所輸入的單據登記存貨明細帳、差異明細帳/差價明細帳、受託代銷商品明細帳、受託代銷商品差價帳。

採用先進先出法、后進先出法、移動平均法、個別計價法這四種計價方式的存貨在單據記帳時進行出庫成本核算；採用全月平均、計劃價/售價法計價的存貨在期末處理時進行出庫成本核算。

單據記帳注意事項如下：

（1）無單價的入庫單據不能記帳，因此記帳前應對暫估入庫的成本、產成品入庫單的成本進行確認或修改。

（2）各倉庫的單據應該按照實際順序記帳。

（3）已記帳的單據不能修改和刪除。如果發現錯誤要修改，在未結帳、未生成記帳憑證時，可以取消記帳后，再修改或刪除。

四、調整業務

出入庫單據記帳后，發現單據金額錯誤，如果是錄入錯誤，通常採用修改方式進行調整；如果遇到由於暫估入庫后發生零出庫業務等原因造成出庫成本不準確，或庫存數量為零仍有庫存金額的情況，就可以利用調整單據進行調整。

調整單據包括入庫調整單和出庫調整單。它們都只針對當月的出入庫成本進行調整，並且只調整存貨的金額，不調整存貨的數量。

出入庫調整單保存即記帳，因此已保存的調整單不可修改和刪除。

五、暫估處理

存貨核算系統中對採購暫估入庫業務提供了月初回衝、單到回衝、單到補差三種方式，暫估處理方式一旦選擇，不可修改。無論採用哪種方式，都要遵循以下步驟：

（1）待採購發票到達后，在採購管理系統中填製發票並進行採購結算。

（2）在存貨核算系統中完成暫估入庫業務成本處理。

六、生成憑證

在存貨核算系統中，生成憑證用於對本會計月已記帳單據生成憑證，並可以對已生成的所有憑證進行查詢顯示；所生成的憑證在總帳系統中審核、記帳后，可以顯示及生成科目總帳。

所生成憑證的科目是參照存貨核算系統初始設置的科目，也可以修改。

七、綜合查詢

存貨核算系統提供了多種帳簿的查詢功能，如明細帳、總帳、出入庫流水帳、發出商品明細帳、個別計價明細帳、計價輔助數據；提供了多種匯總表的統計功能，

第五章　進銷存業務處理

如入庫匯總表、出庫匯總表、差異分攤表、收發存匯總表、暫估材料/商品餘額表；提供了多種分析表，如存貨週轉率分析、ABC 成本分析、庫存資金占用分析、庫存資金占用規劃、入庫成本分析。

【實務案例】

堯順電子股份有限公司 2016 年 1 月份進銷存日常主要業務如下：

28. 1 月 3 日，向浙江天目公司提出採購請求，採購合金 200 千克，本幣單價 22 元，增值稅稅率為 17%。浙江天目公司同意採購請求，輸入採購訂單。1 月 5 日，收到浙江天目公司發來的 1 月 3 日所訂貨物。取得增值稅專用發票，材料驗收入庫，沒有支付貨款。進行採購結算（自動結算）和採購成本核算，根據業務處理，進入應付款管理系統，生成一張記帳憑證，保存后傳遞到總帳系統。

（採購業務均在企業應用平臺中的「業務工作→供應鏈→採購管理」菜單下的相應子菜單中完成。）

【操作步驟】

第一步，填製請購單：在企業應用平臺中，執行「業務工作→供應鏈→採購管理→請購→請購單」命令，進入請購單主界面，單擊「增加」按鈕，逐一輸入相關信息后，點擊「確定」按鈕保存后再審核請購單。

第二步，依據請購單生成採購訂單的步驟：在採購訂單主界面，點擊「增加」后，點擊工具欄中「生單-請購單」調出採購訂單拷貝並執行主界面，選擇需要生成採購訂單的請購單，點擊「確定」返回採購訂單主界面錄入供應商和單價等信息，再保存，並審核採購訂單。

第三步，生成到貨單步驟：在採購管理系統中的到貨單主界面，點擊「增加」，點擊工具欄的「生單-採購訂單」調出到貨單拷貝並執行主界面，選擇需要生成到貨單的供應商和存貨，點擊「確定」返回到貨單主界面，再保存，並審核採購訂單。

第四步，生成專用發票步驟：在增值稅專用發票主界面，后續操作步驟與上同。

第五步，到貨單生成採購入庫單步驟：在庫存管理系統中的採購入庫單主界面，點擊工具欄的「生單-採購到貨單（藍字）」調出到貨單生單列表主界面，選擇需要生成入庫單的供應商和存貨，點擊「確定」返回入庫單主界面，點擊保存即可。

第六步，自動結算步驟：在採購管理系統中，執行其「採購結算→自動結算」命令並選擇「入庫單和發票結算模式」完成其自動結算。

第七步，在存貨核算系統中，執行「業務核算→正常單據記帳」命令對採購入庫單進行記帳，執行「財務核算→生成憑證」命令進行製單。

第八步，到總帳系統中的「填製憑證」界面，查閱傳到總帳系統的憑證。

29. 1 月 8 日，一車間為生產卧室臺燈領用原材料塑料 100 千克，單價 25 元。

【操作步驟】

第一步，在企業應用平臺中，執行「業務工作→供應鏈→庫存管理→出庫業務

171

中級會計電算化實務

→材料出庫單」命令，進入材料出庫單主界面，點擊「增加」按鈕，輸入相關信息後再保存，並審核出庫單。

第二步，在存貨核算系統中，執行「業務核算→正常單據記帳」命令，選擇該出庫單記帳。

第三步，在存貨核算系統中，執行「財務核算→生成憑證」命令，選擇該出庫單後，點擊「生成」即可生成憑證傳到總帳系統中。

30. 1月10日，本公司與濟南鋼鐵公司達成協議，本公司用自產的臥室臺燈600個償還對濟南鋼鐵公司的貨款，臥室臺燈的市場價是200,000元，成本是135,000元。

【操作步驟】

第一步，在企業應用平臺中，執行「業務工作→供應鏈→銷售管理→銷售發貨→發貨單」命令，進入發貨單主界面，點擊「增加」按鈕，輸入相關信息後再保存（其中價稅合計為200,000元），並審核發貨單。（在參照「銷售類型界面」通過編輯增加輸入「1. 直銷、2. 委託銷售、9. 其他」。本發貨單的銷售類型為「其他」。在參照客戶簡稱時，增加「濟南鋼鐵公司」補填開戶行中國光大銀行濟南支行、帳號133231、帳號名稱基本存款和稅務號2134325345）

第二步，在銷售管理系統中，通過發貨單生成銷售專用發票，並復核發票。

第三步，在庫存管理系統中，執行「出庫業務→銷售出庫單」命令，調出對「濟南鋼鐵公司」的出庫，補填出庫單價225元，保存和審核出庫單。

第四步，在存貨核算系統中，執行「業務核算→正常單據記帳」命令，選擇該出庫單記帳。

第五步，在存貨核算系統中，執行「財務核算→生成憑證」命令，選擇該出庫單後，點擊「生成」即可生成憑證傳到總帳系統中。

31. 1月15日，遼寧勤力公司同意訂購臥室臺燈100個，無稅單價400元，落地臺燈500個，無稅單價220元，訂單預發貨日期為2016-1-31。銷售類型為批發銷售。本公司確認后於1月18日提前發貨（成品倉）並出庫，開出增值稅專用發票一份（增值稅專用發票，軟件自動編號），商品已發出，貨款尚未收到。經財務部門確認該筆應收款項，並在應收款管理中根據發票形成應收帳款傳到總帳。

【操作步驟】

第一步，在企業應用平臺中，執行「業務工作→供應鏈→銷售管理→銷售訂貨→銷售訂單」命令，進入銷售訂單主界面，點擊「增加」按鈕，輸入相關信息后再保存，並審核銷售訂單。（在參照「銷售類型界面」通過編輯增加輸入「3. 批發銷售」。在參照客戶簡稱時，通過編輯補錄勤力公司的銀行信息：中國工商銀行，帳戶：1238888，基本存款戶。）

第二步，在銷售管理系統中，在發貨單增加界面，通過參照銷售訂單生成發貨單，補填發貨倉庫后保存和審核發貨單。

第五章　進銷存業務處理

第三步，在銷售管理系統中，在銷售發票增加界面，通過發貨單生成銷售專用發票，並復核發票。

第四步，在庫存管理系統中，執行「出庫業務→銷售出庫單」命令，調出對「遼寧勤力公司」的出庫，點擊「修改」後補填出庫單價卧室臺燈 225 元，落地臺燈 110 元，保存和審核出庫單。

第五步，在存貨核算系統中，執行「業務核算→正常單據記帳」命令，選擇該出庫單記帳。

第六步，在存貨核算系統中，執行「財務核算→生成憑證」命令，選擇該銷售發票后，點擊「生成」即可生成憑證傳到總帳系統中。

32. 1 月 24 日，二車間完工入庫卧室臺燈 700 個，單價 225 元，產品已驗收入庫。填製產成品入庫單並填製憑證，其中「生產成本——基本生產成本——直接材料 101,000」「生產成本——基本生產成本——直接人工 46,000」「生產成本——基本生產成本——製造費用 10,500」。

【操作步驟】

第一步，在庫存管理系統中，執行「入庫業務→產成品入庫單」命令，調出產成品入庫單，點擊「增加」後錄入相關信息，保存並審核產成品入庫單。

第二步，在存貨核算系統中，執行「業務核算→正常單據記帳」命令，選擇該產品入庫單記帳。

第三步，在存貨核算系統中，執行「財務核算→生成憑證」命令，選擇該產品入庫單后，在生成憑證界面補充相關信息，點擊「生成」即可生成憑證傳到總帳系統中。

33. 1 月 25 日，河北益達公司訂購卧室臺燈 700 件，無稅單價 390 元，落地臺燈 500 件，無稅單價 200 元，訂單預發貨日期為 2016-1-31。銷售類型編碼為 01，銷售類型為批發銷售。本公司確認后於 1 月 26 日發貨（成品倉）並出庫，開出增值稅專用發票一份（增值稅專用發票，軟件自動編號），商品已發出，貨款尚未收到。1 月 27 日財務部門確認 1 月 25 日銷售給河北益達公司的產品的應收款項，並在應收款管理中根據發票形成應收帳款傳到總帳。

操作步驟同 31。

34. 1 月 31 日，本公司與泰安宏運公司達成非貨幣性資產交換協議，本公司以專利權 C 換入泰安宏運公司的塑料 17,600 千克。專利權 C 的帳面餘額為 600,000 元，已攤銷 224,000 元，公允價值 514,800 元。

【操作步驟】

第一步，在採購管理系統中，執行「採購發票→專用採購發票」命令，通過增加錄入採購發票，其公允價值就是價稅合計金額。（在參照供貨單位時，通過編輯補錄泰安宏運公司及其銀行信息：中國工商銀行，帳號：123466）

第二步，在採購管理系統中，執行「入庫業務→採購入庫單」命令，在採購入

庫單增加界面點擊「增加」后，輸入相關信息后保存並審核。

第三步，在存貨核算系統中，執行「業務核算→正常單據記帳」命令，選擇該採購入庫單記帳。

第四步，在存貨核算系統中，執行「財務核算→生成憑證」命令，選擇該採購入庫單后，再生成憑證界面補充相關信息，點擊「生成」即可生成憑證傳到總帳系統中。

第六章　往來業務處理

● 第一節　應收款業務處理

　　應收款業務主要包括發票、其他應收單、收款單等單據的錄入，對企業的往來帳款進行綜合管理，及時、準確地提供客戶的往來帳款餘額資料，提供各種分析報表，如帳齡分析表等；通過各種分析報表，幫助企業合理地進行資金的調配，提高資金的利用效率。

一、應收單據處理

　　應收單據處理是指對應收單據的錄入和審核，通過查閱各種應收單據，完成應收業務管理的日常工作。

　　例如，應收款管理系統和銷售管理系統集成使用，則發票和代墊費用產生的應收單據由銷售系統錄入，並傳遞到應收款系統，在應收款系統，可以對這些單據進行審核、棄審、查詢、核銷、製單等。此時，在本系統需要錄入的單據僅限於應收單據。如果沒有與銷售系統集成使用，則各類發票和應收單據均應在本系統錄入。

二、收款單據處理

　　收款單據處理主要是對結算單據（收款單、付款單即紅字收款單）進行管理，包括收款單、付款單的錄入和審核。

　　應收系統的收款單用來記錄企業所收到的客戶款項，包括應收款、預收款、銷

售定金、現款結算、其他費用等。其中，應收款、預收款性質的收款單將與發票、應收單、付款單進行核銷勾對。

應收系統付款單用來記錄發生銷售退貨時，企業開具的退付給客戶的款項。該付款單可與具有應收、預收性質的收款單、紅字應收單、紅字發票進行核銷。

三、核銷處理

單據核銷是指日常進行的收款核銷應收款的工作。單據核銷的作用是處理收款核銷應收款，建立收款與應收款的核銷記錄，監督應收款及時核銷，加強往來款項的管理。在用友 ERP 系統中可以進行自動核銷處理，也可以進行手工核銷。

四、轉帳處理

應收衝應收：指將客戶、部門、業務員、項目和合同的應收款轉到另一項應收款中去。通過本功能將應收款業務在客戶、部門、業務員、項目和合同之間進行轉入、轉出，實現應收業務的調整，解決應收款業務在不同客戶、部門、業務員、項目和合同間的入錯戶或合併戶問題。

預收衝應收：處理客戶的預收款和該客戶應收欠款的轉帳核銷業務。

應收衝應付：用某客戶的應收帳款沖抵某供應商的應付款項。

紅票對沖：用某客戶的紅字發票與藍字發票進行沖抵。

五、壞帳處理

壞帳處理是指對計提應收壞帳的準備處理、壞帳發生後的處理、壞帳收回後的處理等。用友 ERP 系統能自動計提應收款的壞帳準備，當壞帳發生時即可進行壞帳核銷，當被核銷壞帳又收回時即可進行相應處理。

企業應於期末分析各項應收款項的可收回性，並預計可能產生的壞帳損失。對預計可能發生的壞帳損失，計提壞帳準備，企業計提壞帳準備的方法由企業自行確定。壞帳準備的計提方法有應收餘額百分比法、銷售餘額百分比法、帳齡分析法和直接轉銷法。

企業應當依據以往的經驗、債務單位的實際情況制定計提壞帳準備的政策，明確計提壞帳準備的範圍、提取方法、帳齡的割分和提取比例。

當壞帳發生時，企業應確定哪些應收款為壞帳，通過壞帳發生選定發生壞帳的應收業務單據。當被確定的壞帳又被收回時，企業可以通過壞帳收回功能進行處理。

通過壞帳查詢功能查詢一定期間內發生的應收壞帳業務處理情況及處理結果，加強對壞帳的監督。

第六章　往來業務處理

六、匯兌損益

應收系統有兩種匯兌損益的處理方式，即外幣餘額結清時計算和月末處理兩種方式。外幣餘額結清時計算，即僅當某種外幣餘額結清時才計算匯兌損益。在計算匯兌損益時，界面中僅顯示外幣餘額為 0 且本幣餘額不為 0 的外幣單據。月末計算，即每個月末計算匯兌損益。在計算匯兌損益時，界面中顯示所有外幣餘額不為 0 或者本幣餘額不為 0 的外幣單據。

七、製單處理

製單即生成憑證，並將憑證傳遞至總帳系統。系統在各個業務處理的過程中都提供了即時製單的功能。除此之外，系統提供了一個統一製單的平臺，可在此快速、成批生成憑證，並可依據規則進行合併製單等處理。

製單規則：

應收發票製單：對銷售發票製單時，系統首先判斷控制科目依據，根據控制科目依據取「控制科目設置」中對應的科目；然后判斷銷售科目依據，單據銷售科目依據取「產品科目設置」中對應的科目。若沒有設置，則取「基本科目設置」中設置的應收科目和銷售科目，若無，則手工輸入。

例如，控制科目依據為按客戶，則系統依據銷售發票上的客戶，取該客戶在「控制科目設置」中的科目：應收帳款——濟南鋼鐵公司。銷售科目依據為按存貨分類，則系統依據銷售發票上的存貨，找尋其存貨分類的銷售科目：主營業務收入——臥室臺燈；稅金科目：應交稅費——應交增值稅——銷項稅。

借：應收帳款——濟南鋼鐵公司

　　貸：主營業務收入——臥室臺燈

　　　　應交稅費——應交增值稅——銷項稅

質保金發票製單：銷售發票表體帶有質保金金額製單時，系統首先判斷控制科目依據，根據控制科目依據取「控制科目設置」中的對應的應收帳款科目；然后判斷銷售科目依據，單據銷售科目依據取「產品科目設置」中對應的科目。若沒有設置，則取「基本科目設置」中設置的應收科目、質保金科目和銷售科目，若無，則手工輸入。

例如，控制科目依據為按客戶，則系統依據銷售發票上的客戶，取該客戶在「控制科目設置」中的應收科目：應收帳款——濟南鋼鐵公司；「基本科目設置」中設置的質保金科目為其他應收款——濟南鋼鐵公司；銷售科目依據為按存貨分類，則系統依據銷售發票上的存貨，找尋其存貨分類的銷售科目：主營業務收入——臥室臺燈；稅金科目：應交稅費——應交增值稅——銷項稅。

借：應收帳款——濟南鋼鐵公司

其他應收款——濟南鋼鐵公司
　　貸：主營業務收入——臥室臺燈
　　　　應交稅費——應交增值稅——銷項稅。
　　應收單製單：對應收單製單時，借方取應收單表頭科目，貸方取應收單表體科目，若應收單上沒有科目，則需要手工輸入科目。受控科目取法同上。
　　借：應收科目
　　　　貸：對方科目
　　合同結算單製單：對合同結算單製單時，借方科目取應收系統的控制科目，貸方科目取合同收入科目，合同收入科目設置時只能選擇應收系統的非受控科目，而且必須是末級、本位幣科目，如工程收入科目。
　　借：應收科目
　　　　貸：合同收入科目
　　收款單製單：借方科目為表頭結算科目。若款項類型為應收款，則貸方科目為應收科目；若款項類型為預收款，則貸方科目為預收科目；若款項類型為其他費用，則貸方科目為費用科目。若無科目，則需要手工輸入科目。
　　借：結算科目　　　（表頭金額）
　　　　貸：應收科目　（款項類型為應收款）
　　　　　　預收科目　（款項類型為預收款）
　　　　　　費用科目　（款項類型為其他費用）
　　付款單製單：借方科目為結算科目，取表頭金額，金額為紅字。若款項類型為應收款，則貸方科目為應收科目，金額為紅字；若款項類型為預收款，則貸方科目為預收科目，金額為紅字；若款項類型為其他費用，則貸方科目為費用科目，金額為紅字。若無科目，則用戶需要手工輸入科目。
　　借：結算科目（紅字）　　（表頭金額）
　　　　貸：應收科目（紅字）（款項類型＝應收款）
　　　　　　預收科目（紅字）（款項類型＝預收款）
　　　　　　費用科目（紅字）（款項類型＝其他費用）
　　核銷製單：結算單核銷製單受系統初始選項的控制，若選項中選擇核銷不製單，則即使入帳科目不一致也不製單。核銷製單需要應收單及收款單已經製單，才可以進行核銷製單。在核銷雙方的入帳科目不相同的情況下才需要進行核銷製單。
　　應用舉例：應收單入帳科目為應收科目——濟南鋼鐵公司（核銷金額＝130萬元），現結單入帳時對應受控科目有應收科目——濟南鋼鐵公司（核銷金額＝30萬元）、應收科目——天津公司（核銷金額＝80萬元）、預收科目（核銷金額＝20萬元），則這兩張單據核銷時生成的憑證應該是：
　　　　借：應收科目——天津公司　　　　　　　　　　800,000
　　　　　　預收科目——天津公司　　　　　　　　　　200,000

第六章　往來業務處理

　　貸：應收科目——濟南鋼鐵公司　　　　　　　　　　　　1,000,000
　　票據處理製單：票據處理製單分為收到票據製單、票據計息製單、票據背書製單、票據貼現製單、票據結算製單、票據退回製單、票據轉出製單。
　　票據科目、應收帳款等分別按「基本科目」設置的科目選取，若「基本科目」中無科目設置，需要手工輸入科目。
　①收到票據
　借：應收票據
　　貸：應收帳款等科目
　②票據計息
　借：應收票據
　　貸：財務費用（票據計息）
　③票據背書
　借：應付帳款
　　　預付帳款
　　貸：應收票據
　④票據貼現
　借：銀行存款等科目
　　　財務費用
　　貸：應收票據
　⑤票據結算
　借：銀行存款等結算科目
　　貸：應收票據
　⑥票據退回（如用作抵付購貨款的商業承兌匯票）
　借：應收票據
　　貸：應付帳款
　⑦票據轉出
　借：應收帳款
　　貸：應收票據
　匯兌損益製單：匯兌損益科目取「基本科目」設置中的匯兌損益科目。
　匯率上升：
　借：應收票據
　　貸：匯兌損益
　匯率下降：
　借：匯兌損益
　　貸：應收票據
　轉帳製單：依據系統選項進行判斷轉帳是否製單。

①應收衝應收

借：應收帳款——A 轉入戶

　　貸：應收帳款——B 轉出戶

② 預收衝應收

　　貸：預收帳款

　　貸：應收帳款

③紅票製單

同方向一正一負。

④應收衝應付製單

借：應付帳款

　　　預付帳款

　　貸：應收帳款

或

借：應付帳款

　　貸：應收帳款

　　　　預收帳款

現結製單：對現結/部分現結的銷售發票製單時，貸方取「產品科目設置」中對應的銷售科目和應交增值稅科目。借方取「結算方式科目」設置中的結算方式對應的科目。

完全現結：

借：銀行存款

　　貸：主營業務收入

　　　　應交稅費——應交增值稅——銷項稅

部分現結：

借：應收帳款

　　　銀行存款

　　貸：主營業務收入

　　　　應交稅費——應交增值稅——銷項稅

壞帳處理製單：

借：壞帳準備

　　貸：應收帳款

壞帳計提製單：

借：資產減值損失

　　貸：壞帳準備

壞帳收回製單：

借：應收帳款

第六章　往來業務處理

　　貸：壞帳準備
　借：銀行存款等結算科目
　　貸：應收帳款

八、單據查詢

系統提供對發票、應收單、收付款結算單、憑證、單據報警、信用報警和應收核銷等的查詢。在系統中可以進行各類單據詳細信息的查詢，也可以自定義需要查詢的內容。

九、帳表管理

應收系統的帳表管理包括自定義我的帳表、業務帳表查詢、統計分析、科目帳表查詢。

（一）我的帳表

通過「我的帳表」進行新建帳夾，設置帳夾口令，進行自定義報表。系統提供的自定義報表就是根據企業管理的要求，為企業提供的內部管理分析報表工具，是一種可以設置報表標題、表頭、表體、定義報表數據來源，靈活定義過濾條件和顯示打印方式的自定義查詢報表工具。

（二）業務帳表查詢

通過業務帳表查詢，可以及時地瞭解一定期間內期初應收款結存匯總情況，應收款發生、收款發生的匯總情況，累計情況及期末應收款結存匯總情況；還可以瞭解期初應收各個客戶貸款結存明細情況，應收款發生、收款發生的明細情況，累計情況及期末應收款結存明細情況，能及時發現問題，加強對往來款項的監督管理。

（三）統計分析

通過統計分析，可以按自定義的帳齡區間，進行一定期間內應收款帳齡分析、收款帳齡分析，瞭解各個客戶應收款週轉天數、週轉率，瞭解各個帳齡區間內應收款、收款情況，能及時發現問題，加強對應收款項動態的監督管理。

應收款帳齡分析功能，分析客戶一定時期內各個帳齡區間的應收款情況。收款帳齡分析功能，分析客戶一定時期內各個帳齡區間的收款情況。欠款分析，分析截至某一日期，客戶、部門或業務員的欠款金額，以及欠款組成情況。

收款預測，可以在此預測將來的某一段日期範圍內，客戶、部門或業務員等對象的收款情況。

（四）科目帳表查詢

通過科目餘額表，可以查詢應收受控科目各個客戶的期初餘額、本期借方發生額合計、本期貸方發生額合計、期末餘額。

科目明細帳可以查詢客戶往來科目下各個往來客戶的往來明細帳。

中級會計電算化實務

【實務案例】

堯順電子股份有限公司2016年1月份應收款業務如下：

35. 1月10日，對第五章銷售環節的第30筆業務的應收款進行處理。

【操作步驟】

前五個步驟與第30筆業務的步驟相同。

第六步，在應收款管理系統中，執行「應收單據處理→應收單據審核」命令，調出該增值稅專用發票進行審核。

第七步，在應收款管理系統中，執行「製單處理」命令，調出該增值稅專用發票進行製單，並補填相關信息。

第八步，在應收款管理系統中，執行「轉帳→應收衝應付」命令，指定對沖的客戶和供應商以及對沖的金額保存後，立即製單。

第九步，到總帳系統查詢憑證。

36. 1月15日，對第五章銷售環節的第31筆業務的應收款進行處理。

【操作步驟】

前六個步驟與第31筆業務的步驟相同。

第七步，在應收款管理系統中，執行「應收單據處理→應收單據審核」命令，調出該增值稅專用發票進行審核。

第八步，在應收款管理系統中，執行「製單處理」命令，調出該增值稅專用發票進行製單，並補填相關信息。

第九步，到總帳系統查詢憑證。

37. 1月27日財務部門確認25日銷售給河北益達公司的產品的應收款項，並在應收款管理中根據發票形成應收帳款傳到總帳。接第五章第33筆業務內容。

補填益達公司開戶銀行信息：中國工商銀行河北支行，帳號156788，基本存款戶。

【操作步驟】

操作步驟同前。

第二節 應付款業務處理

通過採購發票、其他應付單、付款單等單據的錄入，對企業的應付帳款進行綜合管理，及時、準確地提供供應商的往來帳款餘額資料，提供各種分析報表，幫助企業合理地進行資金的調配，提高資金的利用效率。

一、應付單據處理

應付單據處理主要是對應付單據（採購發票、應付單）進行管理，包括應付單

第六章　往來業務處理

據的錄入、審核。例如：應付款管理系統和採購系統集成使用，則發票由採購系統錄入，在本系統可以對採購發票進行審核、棄審、查詢、核銷、製單等處理；應付款管理系統只能對應付單進行錄入。如沒有使用採購系統，則各類發票和應付單均應在應付款管理系統中錄入。

二、付款單據處理

付款單據處理主要是對結算單據（付款單、收款單即紅字付款單）進行管理，包括付款單、收款單的錄入、審核。付款單用來記錄企業所支付的款項。收款單用來記錄發生採購退貨時，企業所收到的供應商退款。

三、核銷處理

核銷處理是指企業進行日常的付款核銷應付款的工作。單據核銷的作用是處理付款核銷應付款，建立付款與應付款的核銷記錄，監督應付款及時核銷，加強往來款項的管理。

手工核銷：手工確定系統內付款與應付款的對應關係，選擇進行核銷。通過本功能可以根據查詢條件選擇需要核銷的單據，然后手工核銷，該方式加強了往來款項核銷的靈活性。

自動核銷：系統自動確定系統內付款與應付款的對應關係，選擇進行核銷。通過本功能可以根據查詢條件選擇需要核銷的單據，然后由系統自動核銷。

四、轉帳處理

應付衝應付是指將供應商、部門、業務員、項目和合同的應付款轉到另一項應付款中去。通過本功能將應付款業務在供應商、部門、業務員、項目和合同之間進行轉入、轉出，實現應付業務的調整，解決應付款業務在不同供應商、部門、業務員、項目和合同間入錯戶或合併戶的問題。

預付衝應付：可將預付供應商款項和所欠供應商的貨款進行轉帳核銷處理。

應付衝應收：用對某供應商的應付帳款沖抵對某客戶的應收帳款。

紅票對沖：指將同一供應商的紅票發票和藍字發票進行衝銷。

五、匯兌損益

匯兌損益是指對有外幣的單據的處理，其處理方法有兩種，即外幣餘額結清時計算和月末處理兩種方式。

外幣餘額結清時計算，即僅當某種外幣餘額結清時才計算匯兌損益。在計算匯兌損益時，界面中僅顯示外幣餘額為0且本幣餘額不為0的外幣單據。

月末計算，即每個月末計算匯兌損益。在計算匯兌損益時，界面中顯示所有外幣餘額不為0或者本幣餘額不為0的外幣單據。

六、製單

製單是指應付系統依據製單規則對不同的單據或不同的業務生成憑證，並將憑證傳遞至總帳。應付系統製單類型包括發票製單、進口發票製單、收付單製單、合同結算單製單、收付款單製單、核銷製單、票據處理製單、並帳製單、現結製單、壞帳處理製單、轉帳製單、匯兌損益製單。企業可以根據其實際需要選取需要製單的類型。各業務製單規則如下：

採購發票製單：對採購發票製單時，系統首先判斷控制科目依據，根據單據上的控制科目依據取「控制科目設置」中對應的科目；然后判斷採購科目依據，根據單據上的採購科目依據取「產品科目設置」中對應的科目。若沒有設置，則取「基本科目設置」中設置的應付科目和採購科目，若無，則手工輸入。

例如，控制科目依據為按供應商，則系統依據採購發票上的供應商，取該供應商在「控制科目設置」設置中的科目：應付帳款——濟南鋼鐵公司。採購科目的依據為按存貨分類，則系統依據採購發票上的存貨，尋找其存貨分類的採購科目：在途物資——塑料，稅金科目：應交稅費——應交增值稅——進項稅額。

借：在途物資——塑料

　　應交稅費——應交增值稅——進項稅額

　貸：應付帳款——濟南鋼鐵公司

質保金發票製單：採購發票表體帶有質保金金額製單時，系統首先判斷控制科目依據，根據控制科目依據取「控制科目設置」中的對應的應付帳款科目；然后判斷採購科目依據，單據採購科目依據取「產品科目設置」中對應的科目。若沒有設置，則取「基本科目設置」中設置的應付科目、質保金科目和採購科目，若無，則手工輸入。

例如，控制科目依據為按供應商，則系統依據採購發票上的供應商，取該供應商在「控制科目設置」中的應付科目：應付帳款——濟南鋼鐵公司。「基本科目設置」中設置的質保金科目：其他應付款——濟南鋼鐵公司。採購科目依據為按存貨分類，則系統依據採購發票上的存貨，尋找其存貨分類的採購科目：在途採購——西藥；稅金科目：應交稅費——應交增值稅——進項稅額。

借：在途物資——西藥

　　應交稅費——應交增值稅——進項稅額

　貸：應付帳款——濟南鋼鐵公司

　　　其他應付款——濟南鋼鐵公司

進口發票製單：進口發票製單時，應付帳款科目的取數規則與原來採購發票的

第六章　往來業務處理

受控科目一致。應付系統的貸方科目是否有稅金科目由進口發票上是否有稅金決定，有稅金的情況下，與採購發票製單取科目的規則保持一致。

各種發票的製單生成的分錄如下：

收到進口商務發票：

借：進口商品採購科目（採購科目）
　貸：應付帳款

進口商務發票付款：

借：應付帳款
　貸：銀行存款

運費發票和費用發票的財務處理與採購系統的運費發票及費用發票一樣。

收到海關進口關稅發票：

借：進口商品採購科目（採購科目）
　貸：應交稅費——應交進口關稅（關稅科目）

交納進口關稅：

借：應交稅費——應交進口關稅（關稅科目）
　貸：銀行存款

收到海關進口增值稅票：

借：應交稅金/應交增值稅/進項稅額（採購稅金科目）
　貸：應付帳款

交納海關進口增值稅：

借：應付帳款
　貸：銀行存款

應付單製單：對應付單製單時，貸方取應付單表頭科目，借方取應付單表體科目。若應付單上表體沒有科目，則需要手工輸入科目；若應付單上表頭沒有科目，則取控制科目設置中的應付科目。

借：對應科目
　貸：應付科目

合同結算單製單：對合同結算單製單時，借方科目取合同支付科目，貸方科目取應付系統的控制科目。合同支付科目設置時只能選擇應付系統的非受控科目，而且必須是末級、本位幣科目，如分包款科目。

借：合同支付科目
　貸：應付科目

付款單製單：應付系統中的付款單製單，結算單表體款項類型為應付款，則借方科目為應付科目；款項類型為預付款，則借方科目為預付科目；款項類型為其他費用，則借方科目為費用科目；貸方科目為結算科目，取表頭金額。

借：應付科目　（款項類型為應付款）

預付科目　　（款項類型為預付款）

　　　費用科目　　（款項類型為其他費用）

　　貸：結算科目　表頭金額

　收款單製單：應付系統中的收款單製單，即結算單表體款項類型為應付款，則借方科目為應付科目，金額為紅字；款項類型為預付款，則借方科目為預付科目，金額為紅字；款項類型為其他費用，則借方科目為費用科目，金額為紅字；貸方科目為結算科目，取表頭金額，金額為紅字。

　　借：應付科目（紅字）　　（款項類型為應付款）

　　　預付科目（紅字）　　（款項類型為預付款）

　　　費用科目（紅字）　　（款項類型為其他費用）

　　貸：結算科目（紅字）　表頭金額

　結算單核銷製單：結算單核銷製單在核銷雙方的入帳科目不相同的情況，才需要製單。同時，該功能受系統初始選項的控制，若選項中選擇核銷不製單，則即使入帳科目不一致也不製單。

　例如，應付單入帳科目為應付科目——濟南鋼鐵公司（核銷金額＝130萬元）、結算單入帳時對應受控科目有應付科目——濟南鋼鐵公司（核銷金額＝30萬元）、應付科目——天津公司（核銷金額＝80萬元）、預付科目（核銷金額＝20萬元），則這兩張單據核銷時生成的憑證應該是：

　　借：應付科目——濟南鋼鐵公司　　　　　　　　　1,000,000

　　貸：預付科目——濟南鋼鐵公司　　　　　　　　　　200,000

　　　　應付科目——天津公司　　　　　　　　　　　　800,000

　票據處理製單：應付票據製單，借方取「基本科目」中的應付票據科目，貸方取「產品科目設置」中的採購科目及稅金科目。票據利息製單，借方取「結算方式科目設置」中的結算科目，貸方取「基本科目」設置中的票據利息科目。

　支付票據：

　　借：應付帳款等科目

　　　貸：應付票據

　票據計息：

　　借：財務費用（票據計息）

　　　貸：應付票據

　票據結算：

　　借：應付票據

　　　貸：結算科目

　票據轉出：

　　借：應付票據

　　　貸：應付帳款

第六章　往來業務處理

匯兌損益製單：匯兌損益製單，匯兌損益科目取「基本科目」設置中的匯兌損益科目。

匯率上升：

借：匯兌損益
　　貸：應付票據

匯率下降：

借：應付票據
　　貸：匯兌損益

轉帳製單：依據系統選項進行判斷轉帳是否製單。

應付衝應付：

借：應付帳款——濟南鋼鐵公司　轉出戶
　　貸：應付帳款——天津公司　轉入戶

預付衝應付：

借：預付帳款（紅字）
借：應付帳款（紅字）

紅票製單：同方向一正一負。

應收衝應付製單：

借：應付帳款
　　預付帳款
　　貸：應收帳款

或

借：應付帳款
　　貸：應收帳款
　　　　預收帳款

現結製單：對現結/部分現結的採購發票製單時，借方取「產品科目設置」中對應的採購科目和應交增值稅科目，貸方取「結算方式科目」設置中的結算方式對應的科目。

完全現結：

借：在途物資
　　稅金科目
　　貸：結算科目

部分現結

借：在途物資
　　稅金科目
　　貸：結算科目
　　　　應付帳款

七、單據查詢

系統提供對採購發票、應付單、收付款結算單、應付核銷明細表、憑證、單據報警、信用報警、付款申請單報警、單據核銷情況、合同結算單和進口發票等的查詢。在系統中可以進行各類單據詳細信息的查詢，也可以自定義需要查詢的內容，還可以在單據列表、業務帳表、統計分析中進行聯查原始單據。

八、帳表管理

應付系統的帳表管理與應收系統的帳表管理功能類似。企業可通過「我的帳表」自定義查詢報表，也可通過業務帳表查詢，及時地瞭解一定期間內期初應付款結存匯總情況、應付款發生、付款發生的匯總情況、累計情況及期末應付款結存匯總情況；還可以瞭解期初應付各供應商貨款結存明細情況、應付款發生、付款發生的明細情況、累計情況及期末應付款結存明細情況，能及時發現問題，加強對應付款項的監督管理。

（一）統計分析

通過統計分析，可以按自定義的帳齡區間，進行一定期間內應付款帳齡分析、付款帳齡分析，瞭解各個應付款週轉天數、週轉率，瞭解各個帳齡區間內應付款、付款情況，能及時發現問題，加強對付款項動態的監督管理。

應付帳齡分析：分析一定時期內各個帳齡區間的應付款情況。

付款帳款分析：分析一定時期內各個帳齡區間的付款情況。

付款預測：預測將來的某一段日期範圍內，供應商、部門或業務員等對象的付款情況。

欠款分析：分析截至某一日期，供應商、部門或業務員的欠款金額，以及欠款組成情況。

（二）科目帳表查詢

通過科目餘額表，可以查詢應付受控科目各個供應商的期初餘額、本期借方發生額合計、本期貸方發生額合計、期末餘額。它包括科目餘額表、供應商餘額表、三欄式餘額表、業務員餘額表、供應商分類餘額表、部門餘額表、項目餘額表、地區分類餘額表八種查詢方式。

通過科目明細帳，可以查詢供應商往來科目下各個往來供應商的往來明細帳。它包括科目明細表、供應商明細帳、三欄式明細帳、多欄式明細帳、供應商分類明細帳、業務員明細帳、部門明細帳、項目明細帳、地區分類明細帳九種查詢方式。

【實務案例】

堯順電子股份有限公司2016年1月份應付款業務如下：

38. 1月5日，對第五章採購環節的第8筆業務的應付款進行處理。

第六章　往來業務處理

【操作步驟】

前八個步驟與第 8 筆業務的步驟相同。

第九步，進入應付款管理系統，執行「應付單據處理→應付單據審核」命令，在應付單據列表界面，選擇並審核單據。

第十步，在應付款管理系統中，執行「製單處理」命令，選擇「發票製單」後點擊「確定」。在製單界面選擇要製單的發票，再點擊工具欄「製單」按鈕調出憑證填製界面，補充完相關信息後就可以保存憑證。

39. 1 月 13 日，財務部開具轉帳支票一張（票號：003386），預付沈陽吉昌公司貨款 6,000 元。財務人員在應付款管理中根據相應單據形成憑證傳到總帳系統。

第一步，在企業應用平臺中，執行「業務工作→財務會計→應付款管理→付款單據處理→付款單據錄入」命令，進入付款單主界面，點擊「增加」按鈕，輸入相關信息後再保存，並審核並立即製單。（其付款類型選擇預付款）

第二步，到總帳系統查詢憑證。

40. 1 月 8 日，公司由於資金緊張，與濟南鋼鐵公司達成債務重組協議，本公司欠濟南鋼鐵公司的 200,000 元，本公司償還 190,000 元，餘款不再追究。

付款單用來記錄企業所支付的款項。每一筆款項時，無論是結算供應商貨款，還是提前支付供應商的預付款，還是支付供應商其他費用，都需錄入付款單。在錄入付款單時通過款項類型來區別不同的用途，如果同一張付款單包含不同用途的款項，應在表體記錄中分行顯示。

對於不同的用途的款項，系統提供的后續業務處理不同。對於衝銷應付款，以及形成預付款的款項，需要進行付款結算，即將付款單與其對應的採購發票或應付單進行核銷勾對，進行衝銷企業債務的操作。對於其他費用用途的款項則不需要進行核銷。

【操作步驟】

第一步，在企業應用平臺中，執行「業務工作→財務會計→應付款管理→付款單據處理→付款單據錄入」命令，進入付款單主界面，點擊「增加」按鈕，輸入相關信息後再保存，並審核付款單。（付款單錄兩張：一張 190,000 元，其結算方式為轉帳支票，結算科目為 100201；另一張 10,000 元，其結算方式為其他，結算科目不填。）

第二步，在應付款管理系統中，執行「製單處理」命令，選擇「付款單」進行製單。

第三步，在應付款管理系統中，執行「核銷處理→手工核銷」命令，選擇「濟南鋼鐵公司」，向下分攤進行核銷，保存核銷結果。

第四步，在應付款管理系統中，執行「單據查詢→憑證查詢」命令查詢憑證。

第五步，到總帳系統查詢憑證。

41. 1 月 31 日，對第五章採購環節的第 34 筆業務的應付款進行處理。

中級會計電算化實務

【操作步驟】

前四個步驟與第 34 筆業務的步驟相同。

第五步，在應付款管理系統中，執行「付款單據處理→付款單據審核」命令，調出泰安宏運的發票進行審核。

第六步，在應付款管理系統中，執行「製單處理」命令，選擇「付款單」進行製單。

第七步，在總帳系統中，填製以下憑證：

借：應付帳款——泰安宏運公司	514,800
累計攤銷	224,000
貸：無形資產——專利權 C	600,000
營業外收入——非流動資產處置淨收益	138,800

第七章 薪資管理

工資核算系統的任務是以職工個人的工資原始數據為基礎，計算應發工資、應扣款項和實發工資等，編製工資結算單；按部門和人員類別進行匯總，進行個人所得稅計算；按工資的用途、部門進行工資費用分配與計提，並實現自動轉帳處理；提供多種方式的查詢，實現工資分析和管理；打印工資發放表、各種匯總表及個人工資條。

第一節 薪資管理流程概述

一、手工方式薪資管理業務處理流程

為了實現薪資管理電算化，首先應瞭解手工方式下薪資管理的程序和處理流程，如圖 7-1 所示。

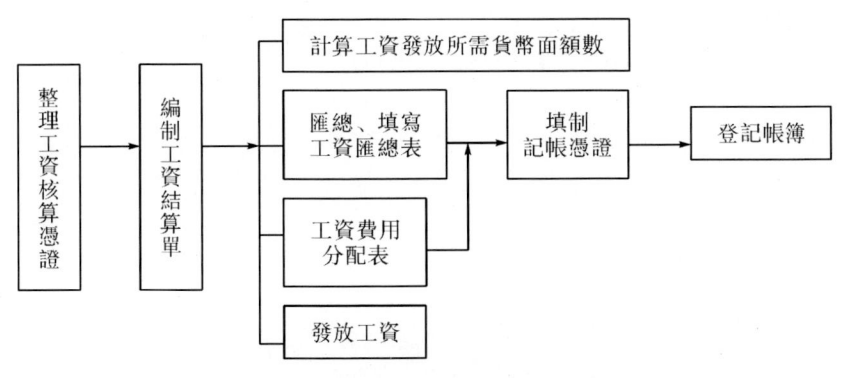

圖 7-1 手工方式薪資管理業務流程

二、計算機方式薪資管理數據處理流程

電算化下的薪資管理是根據手工薪資管理流程按照薪資管理的要求進行的，具體流程如圖7-2所示。

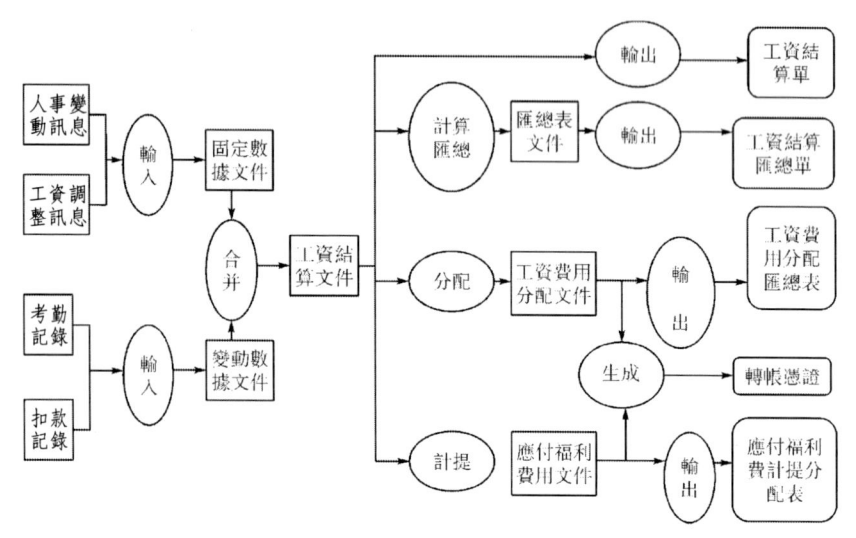

圖7-2　電算化薪資管理業務流程

三、薪資管理系統基本操作流程

工資管理由於涉及處理的先後問題，所以進入系統后，必須按正確的順序調用系統的各項功能。只有按正確的次序使用，才能保證數據的正確性，特別是第一次使用的企業，更應遵守使用次序。

如果企業中所有人員的工資統一管理，而人員的工資項目、工資計算公式全部相同，則可按下列方法建立薪資管理系統：

(1) 安裝並啟動薪資管理系統；
(2) 設置工資帳套參數（選擇單個工資類別）；
(3) 設置部門；
(4) 設置工資項目、銀行名稱和帳號長度、設置人員類別；
(5) 輸入人員檔案；
(6) 設置工資計算公式；
(7) 輸入工資數據；
(8) 進行其他業務處理。

薪資管理系統單類別工資核算操作流程如圖7-3所示。

第七章　薪資管理

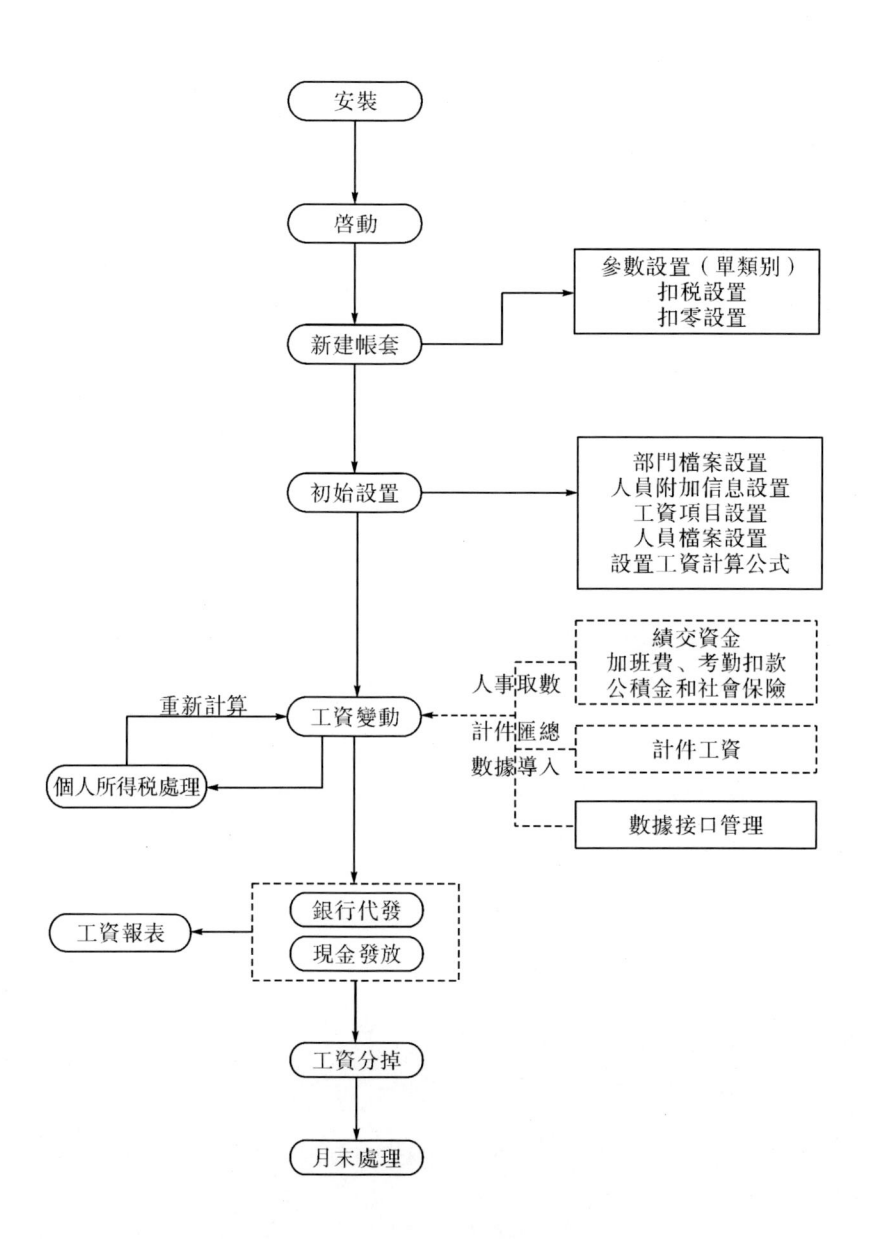

```
                    ┌──────┐
                    │ 安裝 │
                    └──┬───┘
                       ↓
                    ┌──────┐
                    │ 啟動 │
                    └──┬───┘
                       ↓                    ┌──────────────────┐
                    ┌──────────┐            │ 參數設置（單類別）│
                    │ 新建帳套 │───────────→│ 扣稅設置         │
                    └──┬───────┘            │ 扣零設置         │
                       ↓                    └──────────────────┘
                                            ┌──────────────────┐
                                            │ 部門檔案設置     │
                    ┌──────────┐            │ 人員附加信息設置 │
                    │ 初始設置 │───────────→│ 工資項目設置     │
                    └──┬───────┘            │ 人員檔案設置     │
                       ↓                    │ 設置工資計算公式 │
                                            └──────────────────┘
                                                  ┌──────────────────────┐
                                                  │ 繳交資金             │
          ┌──────────┐                 人事取數   │ 加班費、考勤扣款     │
   重新計算│          │←─────────────────────────│ 公積金和社會保險     │
  ┌──────→│ 工資變動 │                           └──────────────────────┘
  │       └──┬───────┘                 計件匯總   ┌──────────┐
  │          │                          數據導入  │ 計件工資 │
┌─┴──────────┐                        ←──────────└──────────┘
│個人所得稅處理│                                  ┌──────────────┐
└─────────────┘                                   │ 數據接口管理 │
                       ↓                          └──────────────┘
                 ┌ ─ ─ ─ ─ ─ ─ ┐
   ┌──────────┐  │ ┌──────────┐│
   │ 工資報表 │←─│ │ 銀行代發 ││
   └──────────┘  │ └──────────┘│
                 │ ┌──────────┐│
                 │ │ 現金發放 ││
                 │ └──────────┘│
                 └ ─ ─ ─ ─ ─ ─ ┘
                       ↓
                    ┌──────────┐
                    │ 工資分掉 │
                    └──┬───────┘
                       ↓
                    ┌──────────┐
                    │ 月末處理 │
                    └──────────┘
```

圖 7-3　單類別工資核算操作流程圖

中級會計電算化實務

薪資管理系統多類別工資核算操作流程如圖7-4所示。

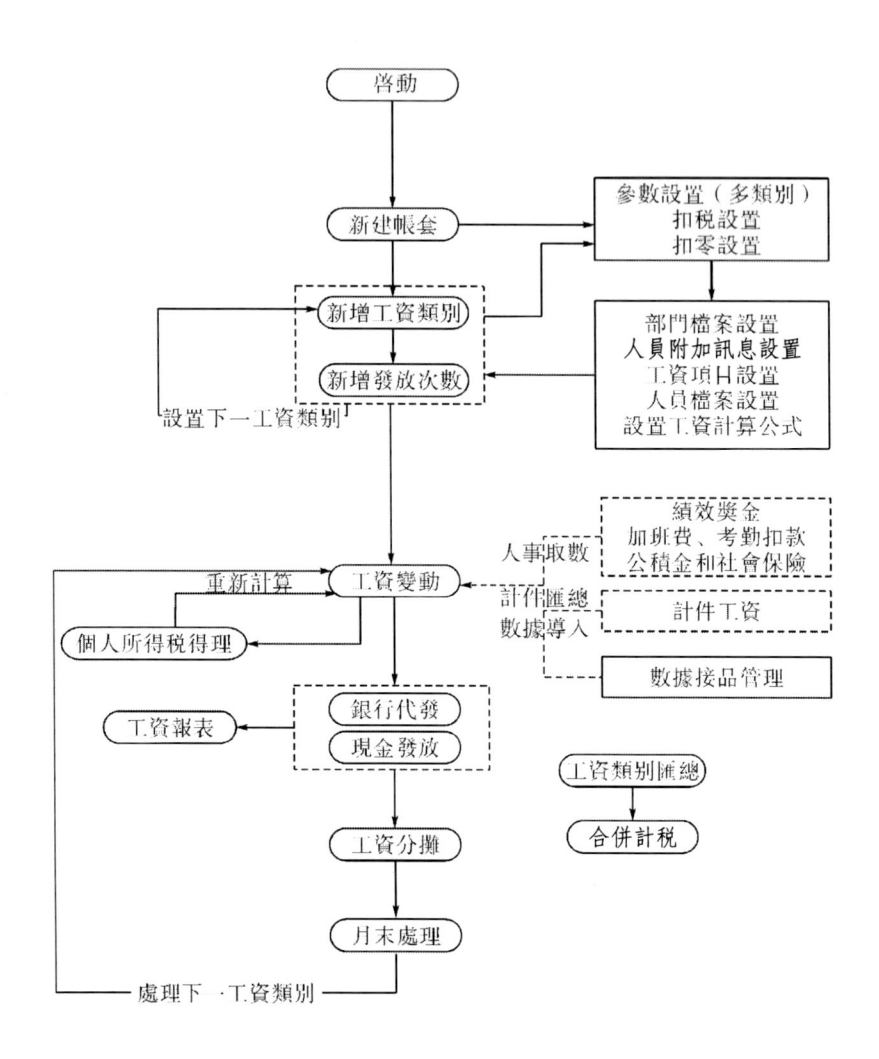

圖7-4 多類別工資核算操作流程圖

第七章　薪資管理

老用戶操作流程如圖 7-5 所示。

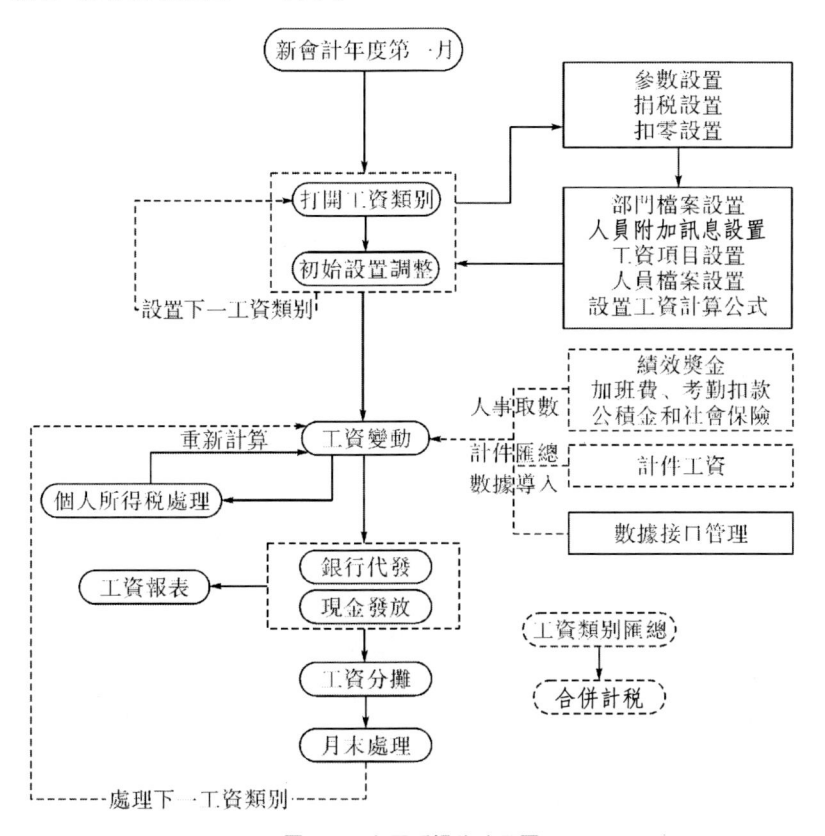

圖 7-5　老用戶操作流程圖

● 第二節　薪資管理業務處理

　　薪資管理的業務處理主要是對職工工資數據進行計算和調整，比如某個職工工資變動、個別數據修改、個人所得稅的報稅處理、銀行代發等工作。其中，有些項目是一次輸入，有些項目是每月錄入，有些項目可通過計算公式來實現。

一、固定工資數據編輯

　　固定工資數據是指每月基本不變的工資項目，如基本工資、工齡工資、固定補貼、崗位工資等。這些工資項目的數據一般較為穩定，數值很少變動，在日常工作中只有待其發生變化時才重新調整，平時是無須反覆輸入的。這些數據可以在系統初始時輸入，當月不需要進行修改。輸入數據的途徑有兩種：一是通過「人員檔

案」對話框進入，二是通過「工資變動」窗口進入。

二、變動工資數據編輯

變動工資項目是指每月均要發生變化的項目，如獎金、請假天數、個人所得稅等。這些工資項目的數據在發生變動時輸入或修改。在變動數據中，有些變動數據的編輯必須通過手工逐項錄入完成，如請假天數；有些變動數據則可以成批處理，如獎金；還有一些變動數據則由系統根據既定的公式自動計算生成，如請假扣款、個人所得稅等。

（一）修改個別變動項目數據

在對某一個職工的數據修改調整時，可在「工資變動」窗口通過「定位」功能快速地定位需要修改的記錄。

（二）人員增減的調整

由於人事調動、新進員工、員工辭職等原因會造成企業職員的增減變動，這時需在人員檔案設置中進行相應的人員變動、增減的調整。

（三）成批替換工資數據

如果要對同一工資項目進行統一變動，則可以通過「工資變動」窗口「替換」功能一次性地對所有滿足條件的職工相關的工資項目數據進行調整。

三、工資計算與匯總

在修改了某些數據，重新設置了計算公式，或者進行了數據替換等操作後，必須調用工資變動中「重算工資」和「工資匯總」功能對個人工資數據重新計算匯總以保證工資數據的正確。

四、個人所得稅計算

個人所得稅是根據《中華人民共和國個人所得稅法》對個人所得徵收的一種稅。按照現行《中華人民共和國個人所得稅法》《中華人民共和國稅收徵收管理法》及其相關實施細則的有關規定，凡向個人支付應納所得的單位，都有代扣個人所得稅的義務。因此，計算、申報和繳納個人所得稅成為薪資管理系統的一項重要內容。為此，用友的薪資管理系統設置了自動計算個人所得稅的功能，用戶只需輸入工資數據，並根據職工個人收入的來源構成，在系統中定義好計稅基數，系統便會自動計算出每位職工的個人所得稅並生成個人所得稅申報表。

（一）如何設置扣繳個人所得稅

（1）在「選項」界面中轉到「扣稅設置」頁簽，點擊「編輯」按鈕，如圖7-6所示。

（2）選中「從工資中代扣個人所得稅」。

第七章 薪資管理

（3）設置工資的扣稅工資項目，系統默認為「實發合計」，在實際業務中，因可能存在免稅收入項目（如政府特殊津貼、院士津貼等）和稅後列支項目，有時需要單獨設置一個工資項目來計算應納稅工資，如計稅工資等。

（4）設置月度工資的扣稅方式：不扣稅、代扣稅、代付稅。

（5）設置年終獎的扣稅方式：不扣稅、代扣稅、代付稅。

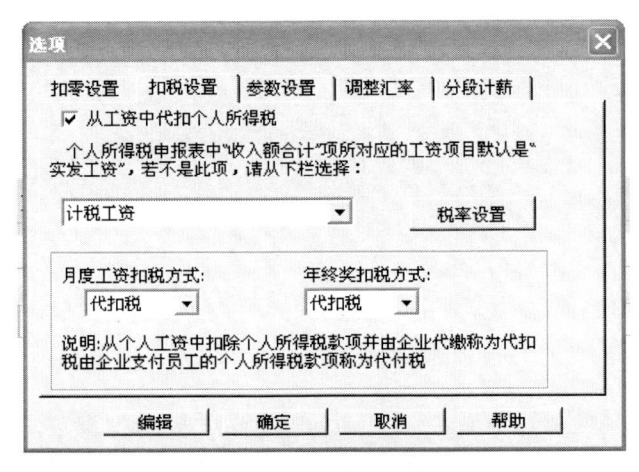

圖 7-6　薪資管理選項設置界面

註：工資和年終獎可採用不同的扣稅方式，如工資為代扣稅，而年終獎為代付稅。

（二）如何設置稅率表

在圖 7-6 中點擊「稅率設置」按鈕，進入稅率表設置界面，如圖 7-7 所示，代扣稅和代付稅稅率表需要分別設置。

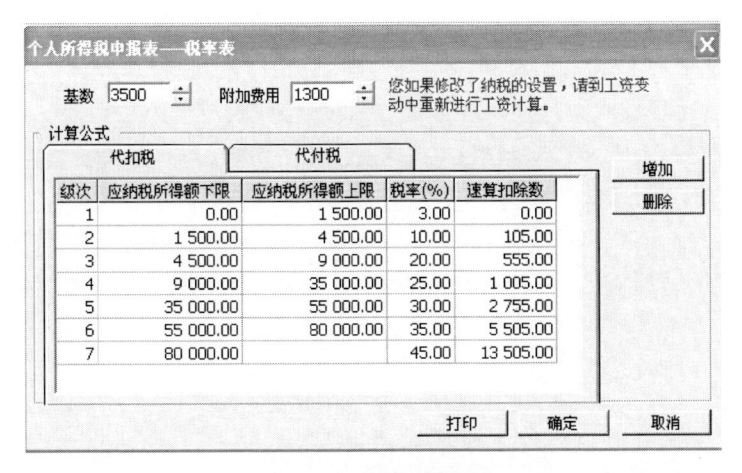

圖 7-7　稅率表設置界面

稅率表定義界面初始為國家頒布的工資、薪金所得所適用的九級超額累進稅率，稅率為 5%～45%，級數為 9 級，費用基數為 3,500 元，附加費用為 1,300 元。

可以根據單位需要調整費用基數和附加費用以及稅率，可以增加級數也可以刪除級數。

當增加新的一級時，其上限等於其上一級的下限加 1，由系統自動累加；而其新增級數的下限等於下一級的上限減 1。

系統稅率表初始界面的速算扣除數由系統給定，可以進行修改；增加新的一級，則該級的速算扣除數需要輸入。

當調整某一級的下限時，該級的下一級的上限也隨之改動。

點擊「確認」按鈕，系統將根據其設置自動計算並生成新的個人所得稅申報表；否則，可點擊「取消」按鈕返回個人所得稅主界面。

(三) 如何啟用工資變動審核控制

(1) 在「選項」界面中轉到「參數設置」頁簽，點擊「編輯」按鈕；

(2) 選中「是否啟用工資變動審核控制」；

(3) 點擊「確定」按鈕，保存設置。

工資變動審核控制：如果啟用了工資變動審核控制的工資類別，在其工資變動節點中增加「審核」「棄審」按鈕，選擇具體薪資數據后，點擊審核，則已計算的數據完成審核，如有數據未審核，則彈出提示。審核后的數據不允許修改，不參與工資計算、替換、取數、數據接口導入等操作。

完成計算后的薪資數據才允許審核。當前工資類別的薪資數據全部審核後，才能夠進行月末處理。進行銀行代發時，只顯示已審核人員數據。同一工資類別的多次發放審核、棄審控制一致，如其中有一個發放次數勾選該項，則該工資類別的其他發放次數該選項也被勾選上。

未啟用工資變動審核控制的工資類別，無審核棄審按鈕，薪資數據不受「是否審核」控制。

(四) 扣繳所得稅

為解決各地企業的個人所得稅申報問題，薪資管理系統支持輸出個人所得稅年度申報表、個人信息登記表、扣繳個人所得稅報表和扣繳匯總報告表。企業可以通過薪資管理系統的「扣繳所得稅」模塊導出的 Excel 格式報表向稅務部門進行納稅申報。在薪資管理系統中執行「業務處理→扣繳所得稅」即可進入個人所得稅申報模板界面，如圖 7-8 所示。

第七章 薪資管理

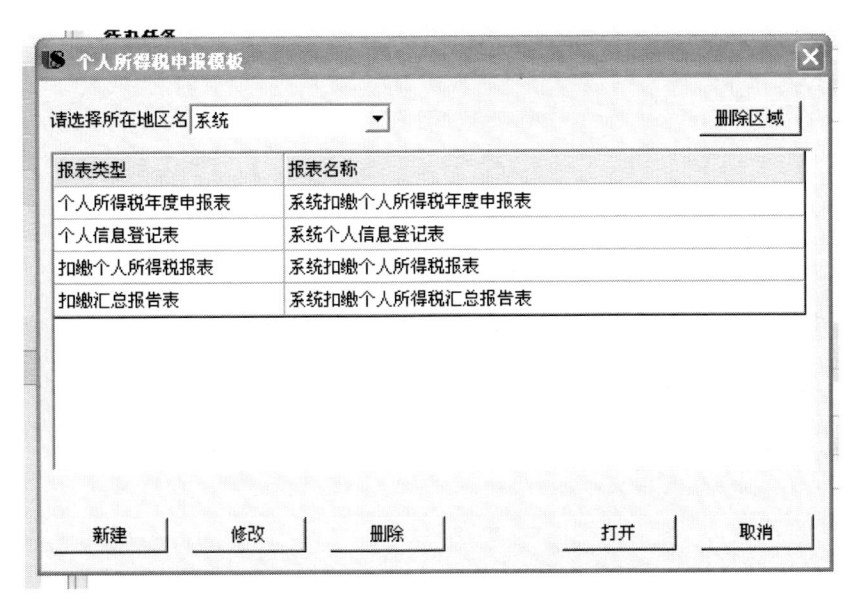

圖 7-8 個人所得稅申報模板界面

1. 如何新建、刪除地區

（1）從「地區」選擇下拉框中選中「新建」，在彈出的界面中輸入企業所在的地區名稱確定即可。

（2）從「地區」選擇下拉框中選中要刪除的地區，點擊「刪除區域」確定即可。

2. 如何新建、修改和刪除申報表模板

（1）從系統預置的模板中查找最接近的報表（可參考其他地區的模板），並選中。

（2）點擊「新建」按鈕，在彈出的界面中選擇要建立申報表的地區及報表名稱。

（3）新建的報表與原報表模板完全一致。找到新建的報表模板，點擊「修改」按鈕，修改報表模板后保存即可。

（4）選中要刪除的申報表模板，點擊「刪除」即可。

3. 個人所得稅申報（企業）

網上申報個人所得稅需要結合申報軟件（一般由地方稅務局提供）和扣繳所得稅模塊進行。瞭解當地稅務局要求的個人所得稅申報數據格式，獲取申報軟件，要求支持導入 Excel 格式文件。

在用友薪資管理系統中，通過「打開」個人所得稅報表等來查詢或輸出報表數據。

五、銀行代發工資

銀行代發工資即由銀行發放企業職工個人工資。銀行代發工資業務處理的主要內容是向銀行提供規定格式的工資數據文件。銀行代發工資對格式的要求分為文件格式設置和磁盤輸出格式設置。

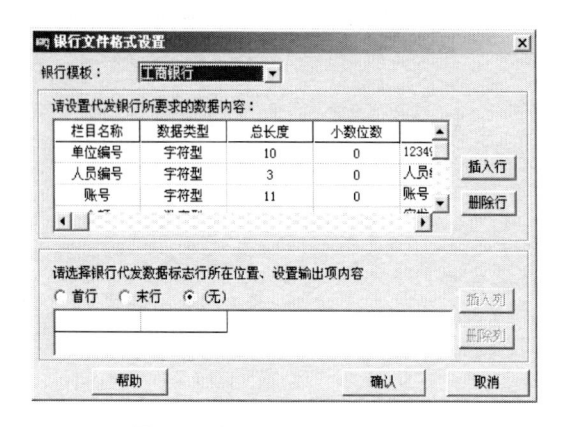

(一) 銀行代發文件格式設置

銀行代發文件格式設置是指對銀行代發一覽表欄目的設置及其欄目類型、長度和取值的定義，通常系統默認設置有單位編號、人員編號、帳號、金額和錄入時間等欄目，可以根據需要進行增刪修改，如圖7-9所示。

圖7-9　銀行代發文件格式設置

(二) 銀行代發磁盤輸出格式設置

銀行代發磁盤輸出格式設置是指對工資數據文件輸出的格式進行設置，也即文件方式設置，有TXT、DAT和DBF三種格式選擇，並可以對數據的顯示格式進行定義，如圖7-10所示。

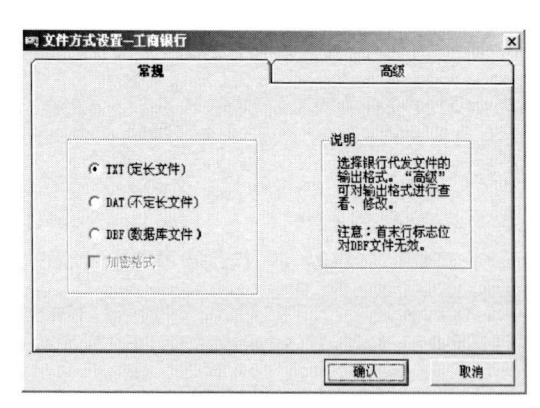

圖7-10　文件方式設置

第七章　薪資管理

六、工資分攤

把工資數據文件報送銀行后，財會部門還需根據工資費用分配表，將工資費用根據用途進行分配，並計提各項經費，最后編製相關的轉帳憑證，傳入總帳系統供記帳處理。

（一）工資分攤構成設置

在系統「業務處理」菜單中單擊「工資分攤」，即可進入「工資分攤」窗口，如圖 7-11 所示。

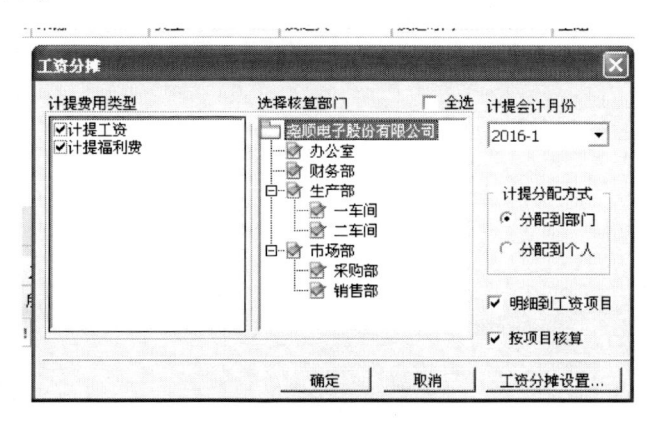

圖 7-11　工資分攤窗口

首次使用工資分攤功能，應先進行工資分攤設置。所有與工資相關的費用及基金均需建立相應的分攤類型名稱及分攤比例，如應付工資、福利費、工會經費、職工教育經費、養老保險金等。

（1）在「工資分攤」界面點擊「工資分攤設置」按鈕，進入「分攤類型設置」界面，如圖 7-12 所示。

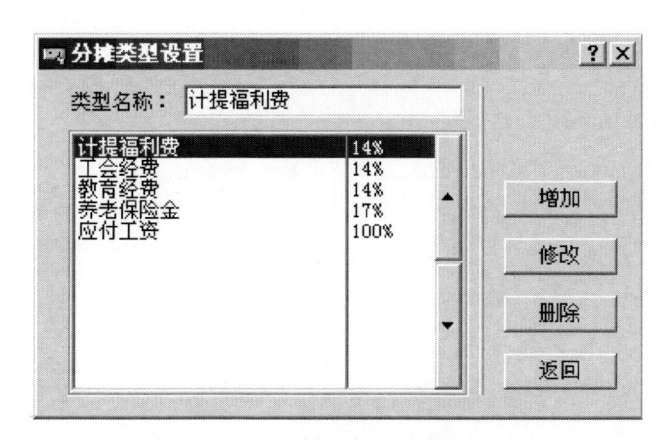

圖 7-12　分攤類型設置窗口

中級會計電算化實務

　　(2) 點擊「增加」按鈕，可增加新的工資分配計提類型；點擊「修改」按鈕，可修改一個已設置的工資分配計提類型；點擊「刪除」按鈕，可刪除一個已設置的工資分配計提類型，已分配計提的類型不能刪除，最後一個類型也不能刪除。

　　(3) 輸入新計提類型名稱和計提分攤比例，單擊「下一步」進入分攤構成設置，如圖 7-13 所示。

圖 7-13　工資分攤構成設置窗口

　　(4) 輸入分攤構成設置，所有構成項目均可參照輸入。
　　(5) 單擊「完成」，返回「分攤類型設置」。
　　(6) 單擊「返回」按鈕，返回到「工資分攤」對話框。

(二) 生成憑證

工資分攤設置完成后，可以進行費用的分攤和轉帳憑證的生成。

　　(1) 在「工資分攤」窗口中的「計提費用類型」中選擇要分攤的費用，如「應付工資」「應付福利費」等。
　　(2) 選擇參與核算的部門，如選擇所有部門。
　　(3) 選擇計提費用的月份與計提分配方式。
　　(4) 選擇費用是否明細到工資項目，如選中該項，則在「應付工資一覽表」窗口中顯示借貸方科目，否則不予顯示。
　　(5) 單擊「確定」按鈕，打開「應付工資一覽表」窗口。在該窗口中，根據需要選擇「合併科目相同、輔助項相同的分錄」復選框，如圖 7-14 所示。

第七章　薪資管理

計提工資一覽表

部門名稱	人員類別	應發合計 分配金額	借方科目	借方項目大類	借方項目	貸方科目	貸方項目大類	貸方項目
辦公室	管理人員	5500.00	660201			2211		
財務部	管理人員	16300.00	660201			2211		
一車間	生產人員	11100.00	500102	生产成本	落地台灯	2211		
二車間	生產人員	5200.00	500102	生产成本	卧室台灯	2211		
採購部	採購人員	7100.00	660201			2211		
銷售部	銷售人員	3400.00	660201			2211		

圖7-14　工資分攤一覽表窗口

（6）單擊「製單」按鈕，生成工資分攤的憑證。

（7）對憑證的類別，輔助核算項目進行修改錄入，然後保存，系統自動顯示「已生成」紅色字樣。

（8）到總帳系統，通過填製憑證可查到薪資管理系統中生產的憑證。

七、工資數據輸出

工資業務處理完成后，相關工資報表數據將同時生成。系統提供了多種形式的報表來反應薪資管理的結果。報表格式是工資項目按照一定的格式設定的，如果對報表提供的固定格式不滿意，系統提供修改報表和新建報表的功能。

（一）我的帳表

「我的帳表」主要功能是對工資系統中所有的報表進行管理，有工資表和工資分析表兩種報表類型。如果系統提供的報表不能滿足企業的需要，企業還可以啟用自定義報表功能，新增帳表夾和設置自定義報表。

（二）工資表的查詢

工資表用於本月工資的發放和統計，本功能主要完成查詢和打印各種工資表的的工作。工資表包括以下一些由系統提供的原始表：工資卡、工資發放條、部門工資匯總表、部門條件匯總表、工資發放簽名表、人員類別匯總表、條件統計（明細）表，工資變動匯總（明細）表。

在工資系統中，選擇「統計分析」列表中的「工資表」，打開「工資表」對話框，選擇要查看的工資表，單擊「查看」按鈕，進入查詢條件設置界面（如圖7-15所示），輸入相應的條件後點擊「確定」即可得到相應的查詢結果。

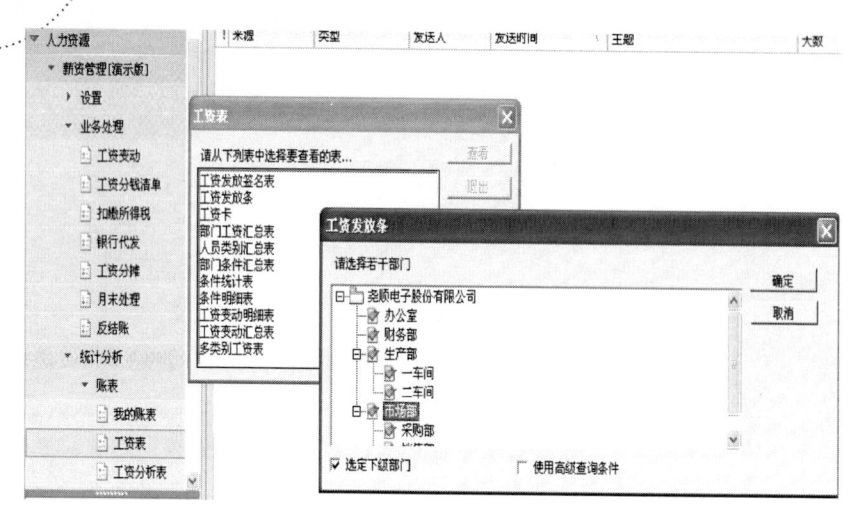

圖 7-15　工資表查看對話框

（三）工資分析表的查詢

工資分析表是以工資數據為基礎，對部門、人員類別的工資數據進行分析和比較，產生各種分析表，供決策人員使用。工資分析表包括工資增長分析表、按月分類統計表、部門分類統計表、工資項目分析表、員工工資匯總表、按項目分類統計表、員工工資項目統計表、分部門各月工資構成分析表、部門工資項目構成分析表。

（四）憑證查詢

薪資管理系統傳輸到總帳系統的憑證，在總帳系統中只能進行憑證的查詢、審核和記帳等操作，但不能修改或刪除。如果需修改或刪除，可通過工資系統中的「統計分析」下的「憑證查詢」功能來刪除和衝銷。

【實務案例】

堯順電子股份有限公司 2016 年 1 月份薪資業務如下：

42. 1 月 31 日，處理在職人員薪資，如表 7-1 所示，並進行工資分攤。一車間工人工資是為生產落地臺燈發生的，二車間工人工資是為生產臥室臺燈發生的。

表 7-1　　　　　　　　　　　　　　　　　　　　　　　　　　　　　　　　單位：元

姓名	基本工資	崗位工資	獎金	醫療保險	養老保險	失業保險	住房公積金	事假天數（天）
林越	4,200.00	500.00	800.00	50	85	20	200	
張紅	3,000.00	400.00	800.00	40	70	20	180	
劉勇	2,200.00	200.00	800.00	30	60	20	150	
王曉	1,800.00	400.00	800.00	25	50	20	130	

第七章 薪資管理

表7-1(續)

姓名	基本工資	崗位工資	獎金	醫療保險	養老保險	失業保險	住房公積金	事假天數(天)
董小輝	2,000.00	300.00	800.00	30	60	20	150	
吳紅梅	1,600.00	400.00	800.00	25	50	20	130	2
孫貴武	3,200.00	500.00	2,000.00	40	70	20	180	1
劉朋	3,000.00	400.00	2,000.00	40	70	20	180	1
歐陽春	2,800.00	400.00	2,000.00	30	60	20	150	1
趙巍	3,000.00	500.00	800.00	40	70	20	180	1
張明玉	1,700.00	300.00	800.00	25	50	20	130	
吳宇	2,200.00	400.00	800.00	30	60	20	150	3

【操作步驟】

第一步，在企業應用平臺中，執行「業務工作→人力資源→薪資管理→業務處理→工資變動」命令，進入工資變動處理界面，依據上表輸入相關信息后再匯總計算。

第二步，在薪資管理系統中，執行「業務處理→扣繳所得稅」命令，查閱個人所得稅申報表。

第三步，在薪資管理系統中，執行「業務處理→工資分攤」命令，對工資費用進行分攤設置，並進行製單處理。

第四步，到總帳系統中查詢工資及福利費計提的憑證。

第八章　固定資產管理

第一節　固定資產管理概述

一、固定資產管理系統的任務

固定資產是企業的勞動手段，也是企業賴以生產經營的主要資產。它的管理和核算是企業經營管理和會計核算的一個重要組成部分，是改善企業經營管理的一個重要方面。由於固定資產在企業總資產中所占比重很大，所以數據結構規律性強，核算方法也比較規範。

（一）固定資產管理系統的特點

固定資產管理系統與其他系統相比有三個明顯的特點：

（1）數據存儲量大。在一般企業中，固定資產不僅價值高，而且數量較多，同時反應每一項資產的信息項目也比較多，根據管理的需要為每項固定資產建立卡片，所以數據存儲量大。

（2）日常輸入數據少。固定資產管理系統投入運行之后，一般只有在固定資產發生購入以及內部調動等情況下需要輸入新數據。除此之外，需要輸入的數據一般很少。這對於固定資產管理系統來說，減少了出錯的可能性。

（3）輸出數據多。在固定資產管理系統中，系統日常輸出的數據比日常輸入的數據要多。由於使用的目的不同，往往同一項固定資產數據要反應在不同的帳表上。在手工方式上，不僅編製這種帳表的工作量很大，而且受手工條件的限制，容易出現數據不一致的差錯。採用計算機進行處理后，不但輸出的速度可以提高，而且可以避免出現數據不一致的現象。

第八章　固定資產管理

(二) 固定資產管理系統的任務

固定資產管理系統的任務是：完成企業固定資產日常業務的核算和管理，生成固定資產卡片，按月反應固定資產的增加、減少、原值變化及其他變動，並輸出相應的增減變動明細帳，保證固定資產的安全完整並充分發揮其效能，同時按月自動計提折舊，生成折舊分配憑證，輸出一些相關的報表和帳簿。

二、固定資產管理系統數據處理流程

固定資產管理系統中資產的增加、減少以及原值和累計折舊的調整、折舊計提都要將有關數據通過記帳憑證的形式傳輸到總帳系統，同時通過對帳保持固定資產帳目與總帳的平衡，並可以查詢憑證。固定資產管理系統為成本管理系統提供折舊費用數據。UFO 報表系統可以通過使用相應的函數從固定資產系統中提取分析數據。

(一) 固定資產手工業務流程

固定資產手工業務的流程如圖 8-1 所示。

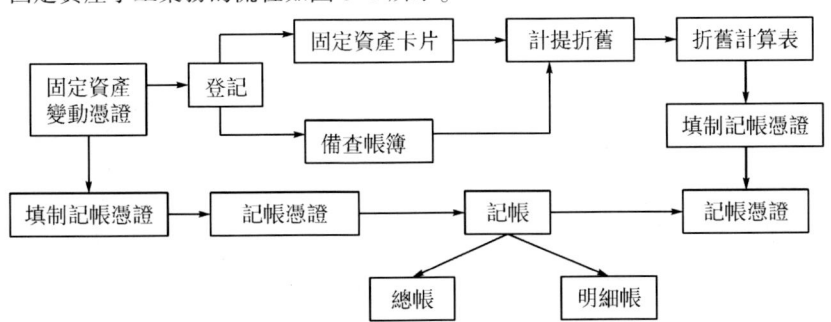

圖 8-1　固定資產手工業務流程圖

(二) 固定資產管理系統數據流程

固定資產管理系統的數據流程如圖 8-2 所示。

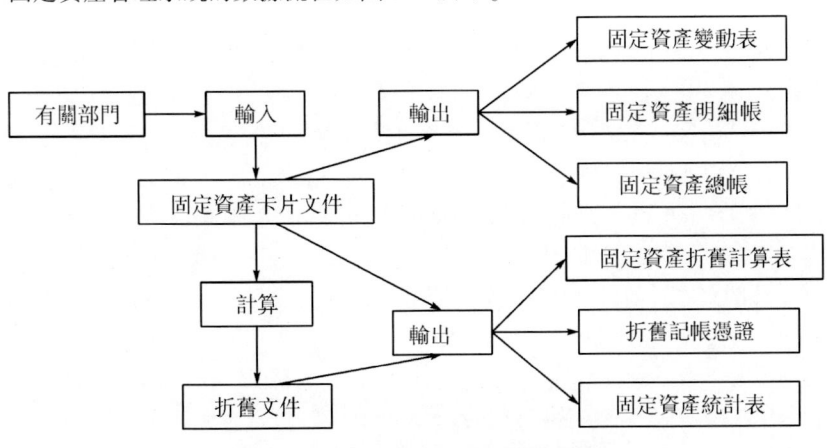

圖 8-2　固定資產管理系統數據流程圖

三、固定資產管理系統基本功能簡介

固定資產管理系統基本功能如圖8-3所示。

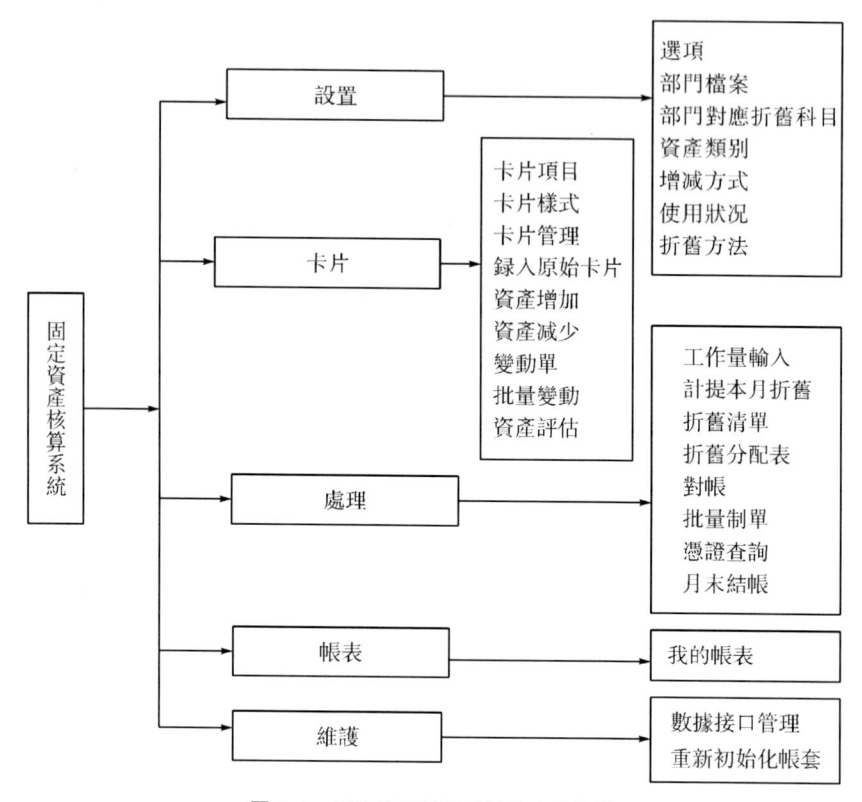

圖8-3 固定資產管理系統基本功能圖

（一）設置

（1）選項：包括在帳套初始化中設置的參數和其他一些在帳套運行中使用的參數或判斷。

（2）部門檔案：主要用於設置企業各個職能部門的信息。部門是指某使用單位下轄的具有分別進行財務核算或業務管理要求的單元體，不一定是實際中的部門機構，按照已經定義好的部門編碼級次原則輸入部門編號及其信息。部門檔案包含部門編碼、名稱、負責人、部門屬性等信息。

（3）部門對應折舊科目：固定資產計提折舊後必須把折舊歸入成本或費用，根據不同使用者的具體情況按部門或按類別歸集。當按部門歸集折舊費用時，某一部門所屬的固定資產折舊費用將歸集到一個比較固定的科目，所以部門對應折舊科目設置就是給部門選擇一個折舊科目。錄入卡片時，該科目自動顯示在卡片中，不必一個一個輸入，可提高工作效率。然後，在生成部門折舊分配表時，每一部門按折

第八章　固定資產管理

舊科目匯總，生成記帳憑證。在使用本功能前，必須已建立好部門檔案，可在基礎設置中設置，也可在本系統的「部門檔案」中完成。

（4）資產類別：固定資產的種類繁多，規格不一，要強化固定資產管理，及時準確做好固定資產核算，必須建立科學的固定資產分類體系，為核算和統計管理提供依據。企業可根據自身的特點和管理要求，確定一個較為合理的資產分類方法。

（5）增減方式：包括增加方式和減少方式兩類。增加的方式主要有直接購入、投資者投入、捐贈、盤盈、在建工程轉入、融資租入；減少的方式主要有出售、盤虧、投資轉出、捐贈轉出、報廢、毀損、融資租出等。

（6）使用狀況：從固定資產核算和管理的角度，需要明確資產的使用狀況，一方面可以正確地計算和計提折舊；另一方面便於統計固定資產的使用情況，提高資產的利用效率。

（7）折舊方法定義：折舊方法設置是系統自動計算折舊的基礎。系統給出了常用的五種方法：不提折舊、平均年限法、工作量法、年數總和法、雙倍餘額遞減法。這幾種方法是系統設置的折舊方法，只能選用，不能刪除和修改。另外，如果這幾種方法不能滿足企業的使用需要，系統提供了折舊方法的自定義功能，可以定義自己合適的折舊方法的名稱和計算公式。

（二）卡片

（1）卡片項目：是固定資產卡片上顯示的用來記錄固定資產資料的欄目，如原值、資產名稱、使用年限、折舊方法等卡片最基本的項目。用友 ERP-U8 固定資產系統提供了一些常用卡片必需的項目，稱為系統項目；如果這些項目不能滿足對資產特殊管理的需要，可以通過卡片項目定義來定義需要的項目，定義的項目稱為自定義項目。這兩部分構成卡片項目目錄。

（2）卡片樣式：指卡片的顯示格式，包括格式（表格線、對齊形式、字體大小、字形等）、所包含的項目和項目的位置等。由於不同的企業使用的卡片樣式可能不同，即使是同一企業內部對不同的資產也會由於管理的內容和側重點而使用不同樣式的卡片，所以本系統提供卡片樣式自定義功能，充分體現了用友 ERP-U8 產品的靈活性。

（3）卡片管理：是對固定資產系統中所有卡片進行綜合管理的功能操作。通過卡片管理可完成卡片修改、卡片刪除、卡片打印。

（4）錄入原始卡片：原始卡片是指卡片記錄的資產開始使用日期的月份大於其錄入系統的月份，即已使用過並已計提折舊的固定資產卡片。在使用固定資產系統進行核算前，必須將原始卡片資料錄入系統，保持歷史資料的連續性。原始卡片的錄入不限制在第一個期間結帳前，任何時候都可以錄入原始卡片。

（5）資產增加：即新增加固定資產卡片，在系統日常使用過程中，可能會購進或通過其他方式增加企業資產，該部分資產通過「資產增加」操作錄入系統。只有當固定資產開始使用日期的會計期間＝錄入會計期間時，才能通過「資產增加」錄入。

（6）資產減少：資產在使用過程中，總會由於各種原因，如毀損、出售、盤虧等，退出企業，該部分操作稱為「資產減少」。本系統提供資產減少的批量操作，同時為清理一批資產提供方便。

（7）變動單：包括原值增加、原值減少、部門轉移、使用狀況變動、折舊方法調整，使用年限調整，工作總量調整、淨殘值（率）調整。

（8）批量變動：需批量變動的資產輸入變動內容及變動原因後，可以將需變動的資產成批生成變動單。

（9）資產評估：隨著市場經濟的發展，企業在經營活動中，根據業務需要或國家要求需要對部分資產或全部資產進行評估和重估，其中固定資產評估是資產評估的重要部分。本系統資產評估主要完成的功能是：將評估機構的評估數據手工錄入或定義公式錄入到系統；根據國家要求手工錄入評估結果或根據定義的評估公式生成評估結果。本系統資產評估功能提供可評估的資產內容包括原值、累計折舊、淨值、使用年限、工作總量、淨殘值率。

（三）處理

（1）工作量輸入：當帳套內的資產有使用工作量法計提折舊的時候，每月計提折舊前必須錄入資產當月的工作量，本功能提供當月工作量的錄入和以前期間工作量信息的查看。

（2）計提本月折舊：執行此功能后，系統將自動計提各個資產當期的折舊額，並將當期的折舊額自動累加到累計折舊項目。

（3）折舊清單：折舊清單顯示所有應計提折舊的資產所計提折舊數額的列表，單期的折舊清單中列示了資產名稱、計提原值、月折舊率、單位折舊、月工作量、月折舊額等信息。全年的折舊清單中同時列出了各資產在 12 個計提期間中月折舊額、本年累計折舊等信息。

（4）折舊分配表：是編製記帳憑證、把計提折舊額分配到成本和費用的依據。什麼時候生成折舊分配憑證根據在初始化或選項中選擇的折舊分配匯總週期確定，如果選定的是一個月，則每期計提折舊后自動生成折舊分配表；如果選定的是 3 個月，則只有到 3 的倍數的期間，即第 3、6、9、12 期間計提折舊后才自動生成折舊分配憑證。折舊分配表有部門折舊分配表和類別折舊分配表兩種類型，但只能選擇一個製作記帳憑證。

（5）對帳：系統在運行過程中，應保證本系統管理的固定資產的價值和帳務系統中固定資產科目的數值相等。而兩個系統的資產價值是否相等，通過執行本系統提供的對帳功能實現，對帳操作不限制執行的時間，任何時候均可進行對帳。系統在執行月末結帳時自動對帳一次，給出對帳結果，並根據初始化或選項中的判斷確定帳戶不平的情況下是否允許結帳。只有系統初始化或選項中選擇了與帳務對帳，本功能才可操作。

（6）批量製單：在完成任何一筆需製單的業務的同時，可以通過單擊「製單」製作記帳憑證並傳輸到帳務系統，也可以在當時不製單（選項中製單時間的設置必

第八章　固定資產管理

須為「不立即製單」），而在某一時間（比如月底）利用本系統的「批量製單」功能完成製單工作。批量可同時將一批需製單業務連續製作憑證傳輸到帳務系統，避免了多次製單的繁瑣。凡是業務發生當時沒有製單的，該業務自動排列在批量製單表中，表中列示應製單而沒有製單的業務發生的日期、類型、原始單據號、缺省的借貸方科目和金額以及製單選擇標誌。

（四）帳表

在固定資產管理過程中，需要及時掌握資產的統計、匯總和其他各方面的信息。本系統根據企業日常操作和管理的需要，自動提供這些信息，以報表的形式提供給財務人員和資產管理人員。本系統提供的報表分為五類：分析表、減值準備表、統計表、帳簿、折舊表。另外，如果所提供的報表不能滿足要求，系統提供自定義報表功能，可以根據需要定義報表。

（1）分析表包含部門構成分析表、使用狀況分析表、價值結構分析表、類別構成分析表。

（2）減值準備表包括減值準備總帳、減值準備餘額表、減值準備明細帳。

（3）統計表包括評估匯總表、評估變動表、固定資產統計表、逾齡資產統計表、盤盈盤虧報告表、役齡資產統計表、固定資產原值一覽表、固定資產變動情況表、固定資產到期提示表、採購資產統計表。

（4）帳簿包括固定資產總帳、單個固定資產明細帳、固定資產登記簿、部門類別明細帳。

（5）折舊表包括部門折舊計提匯總表、固定資產折舊清單表、固定資產折舊計算明細表、固定資產及累計折舊表。

（五）維護

（1）數據接口管理：具有卡片導入功能，可以將已有的固定資產管理系統的資產卡片自動寫入到本系統中，這樣可以減少手工錄入卡片的工作量。

（2）重新初始化帳套：系統在運行過程中發現帳錯誤很多或太亂，無法或不想通過「反結帳」糾錯，這種情況可以通過「重新初始化帳套」將該帳套的內容全部清空，然后從系統初始化開始重新建立帳套。

四、固定資產管理系統接口

本系統與用友其他產品的接口主要涉及的是總帳系統。本系統資產增加（錄入新卡片）、資產減少、卡片修改（涉及原值或累計折舊時）、資產評估（涉及原值或累計折舊變化時）、原值變動、累計折舊調整、計提減值準備調整、轉回減值準備調整、折舊分配、增值稅調整都要將有關數據通過記帳憑證的形式傳輸到總帳系統，同時通過對帳保持固定資產帳目的平衡。系統之間的接口關係如圖 8-4 所示。

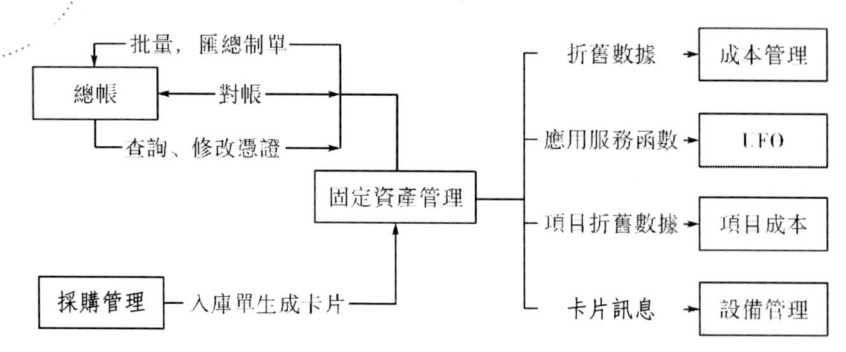

圖 8-4　固定資產管理系統與其他系統接口關係圖

五、固定資產管理系統基本操作流程

（一）新用戶操作流程

新用戶操作流程如圖 8-5 所示。

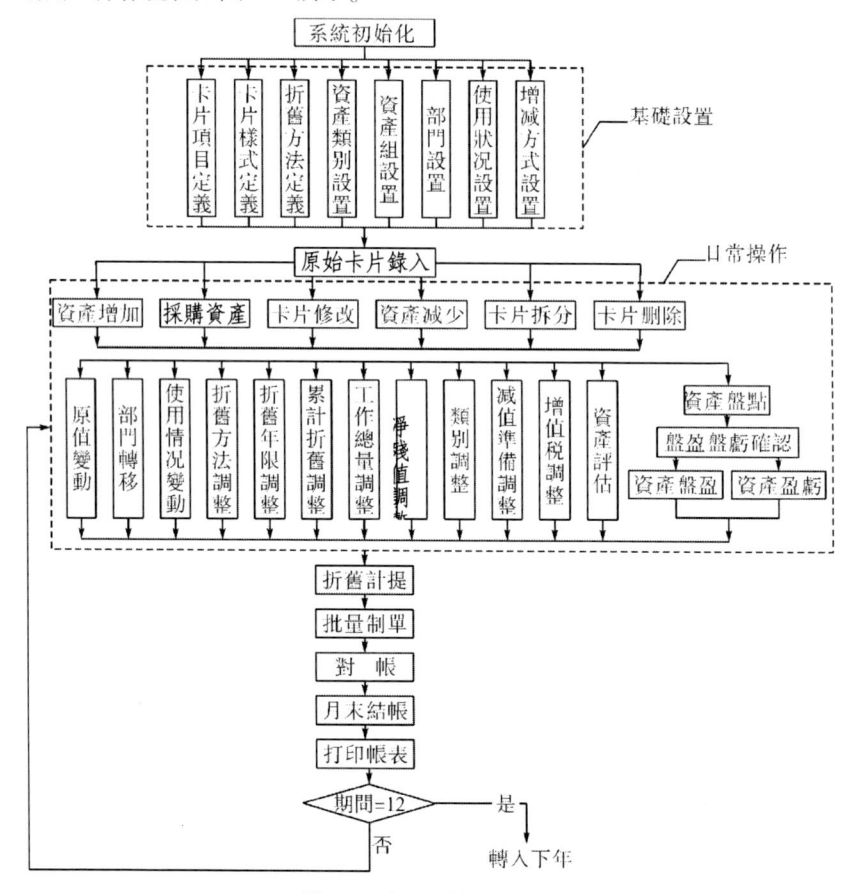

圖 8-5　新用戶操作流程圖

第八章　固定資產管理

（二）老用戶操作流程

老用戶操作流程如圖 8-6 所示。

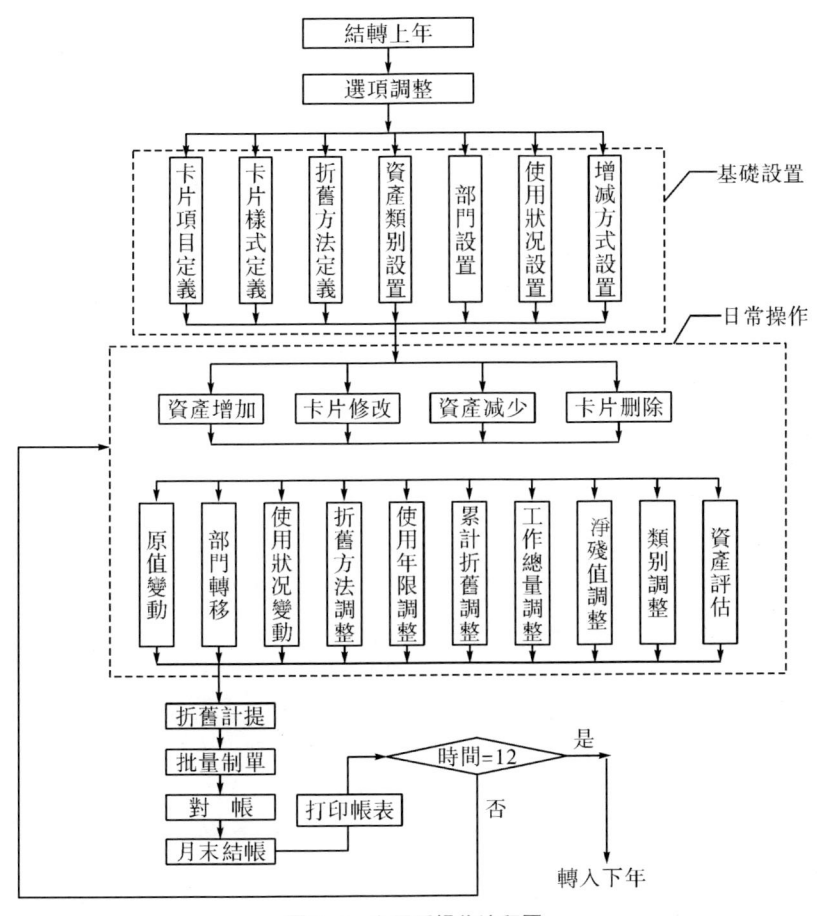

```
結轉上年
   ↓
選項調整
   ↓
┌─────────────────────────────────────────┐
│ 卡片項目定義  卡片樣式定義  折舊方法定義  │ 基礎設置
│ 資產類別設置  部門設置  使用狀況設置      │
│ 增減方式設置                              │
└─────────────────────────────────────────┘
   ↓
┌─────────────────────────────────────────┐
│ 資產增加  卡片修改  資產減少  卡片刪除    │ 日常操作
│   ↓                                       │
│ 原值變動  部門轉移  使用狀況變動          │
│ 折舊方法調整  使用年限調整                │
│ 累計折舊調整  工作總量調整                │
│ 淨殘值調整  類別調整  資產評估            │
└─────────────────────────────────────────┘
   ↓
折舊計提
   ↓
批量製單
   ↓
對　帳 ← 打印帳表
   ↓
月末結帳
   ↓
時間=12 ─是→ 轉入下年
   └否→（回到日常操作）
```

圖 8-6　老用戶操作流程圖

在企業會計制度中，不同性質的企業，固定資產的會計處理方法不同。固定資產管理系統提供企業單位應用方案和行政事業單位應用方案兩種選擇。行政事業單位應用方案與企業單位應用方案的差別在於行政事業單位整個帳套不提折舊。從操作流程來看，所有與折舊有關的操作環節在行政事業單位操作流程中均不體現。

● 第二節　固定資產業務處理

一、固定資產增加核算

資產增加即新增加固定資產卡片，在系統日常使用過程中，可能會購進或通過

213

其他方式增加企業資產，該部分資產通過「資產增加」操作錄入系統。當固定資產開始使用日期的會計期間等於錄入會計期間時，才能通過「資產增加」錄入。新增固定資產卡片第一個月不提折舊，折舊額為空或零。

【實務案例】

43. 2016年1月28日，購入電腦1臺，單位售價4,000元，價稅合計4,680元，進項稅額可以抵扣，預計使用5年，以轉帳支票（票號：003398）方式支付，已交付採購部使用。由固定資產模塊生成1張憑證傳遞到總帳系統。

【操作步驟】

第一步，在企業應用平臺中，執行「業務工作→財務會計→固定資產→卡片→資產增加」命令，進入固定資產增加界面，點擊「增加」按鈕，輸入相關信息後再保存，並審核固定資產卡片。

第二步，在固定資產系統中，執行「處理→批量製單」命令，選擇製單的卡片後，在「製單設置」中補充相關信息後點擊「憑證」進行製單。在憑證界面補填「進項稅」科目及金額后保存憑證，並到總帳系統中查閱憑證。

二、採購資產

採購資產是指根據入庫單中的存貨結轉生成的固定資產卡片。在採購管理系統存在業務類型是固定資產採購的入庫單時，其數據可以直接傳遞到固定資產系統的「採購資產」功能點，可以選擇入庫單結轉生成卡片。

在固定資產系統中，執行「卡片→採購資產」命令，進入后分訂單、入庫單上下列表顯示。選擇一條訂單記錄，入庫單列表自動顯示與訂單號、存貨編號相對應的入庫單記錄。點「增加」進入採購資產分配設置界面，設置資產類別、開始使用日期、存貨數量、抵扣增值稅。在採購資產分配設置中通過快捷鍵「CTRL+ALT+G」激活修改狀態就可以對採購訂單的單價進行修改。點「確定」進入資產卡片界面，補充資產信息並保存。

可結轉生成固定資產卡片的入庫單須滿足：①業務類型為固定資產採購；②必有訂單；③結轉生成卡片的存貨已經全部結算。與選中訂單對應的入庫單必須一次結轉完畢，不允許分次結轉。採購資產卡片不在固定資產製單，在應付管理系統製單。

三、固定資產減少核算

資產在使用過程中，總會由於各種原因，如毀損、出售、盤虧等，退出企業，該部分操作稱為「資產減少」。因此，固定資產系統提供資產減少的功能，以滿足該操作。本系統提供資產減少的批量操作，為同時清理一批資產提供方便。

【實務案例】

44. 1月31日，本公司以臥室臺燈100個、公允價值為35,000元和不需用的一

第八章　固定資產管理

輛大眾邁騰小汽車和一輛貨車對廣東東莞家具公司進行長期股權投資，取得廣東東莞家具公司 30%的份額，能夠對廣東東莞家具公司實施重大影響，其大眾邁騰小汽車原值為 240,000 元，已提折舊 1,920 元；貨車原值為 230,000 元，已提折舊 1,840 元，二者的公允價值均為其帳面淨值。東莞家具公司所有者權益公允價值為 200 萬元。

【操作步驟】

第一步，由於可實施重大影響，所以採用權益法。

第二步，投資總成本為 = 35,000 + (240,000 - 1,920) + (230,000 - 1,840) = 501,240 元。

第三步，按比例應享有的份額 = 2,000,000×30% = 600,000 元。

第四步，計入當期損益營業外收入 = 600,000 - 501,240 = 98,760 元。

第五步，對卧室臺燈的出庫處理步驟同前 8 題。

第六步，在固定資產系統中，執行「卡片→資產減少」命令后增加要減少的兩輛車，補充相關信息后，按確定進行保存。

第七步，執行「處理→批量製單」命令，補填科目保存后點擊「憑證」進行製單。

第八步，在總帳系統中填製下列憑證。

借：長期股權投資——成本　　　　　　　　　　　　　　600,000
　　貸：應收帳款——廣東東莞家具公司　　　　　　　　35,000
　　　　固定資產清理　　　　　　　　　　　　　　　　466,240
　　　　營業外收入　　　　　　　　　　　　　　　　　98,760

撤銷已減少資產：資產減少的恢復是一個糾錯的功能，當月減少的資產可以通過本功能恢復使用。通過資產減少的資產只有在減少的當月可以恢復。從卡片管理界面中，選擇「已減少的資產」，選中要恢復的資產，單擊「恢復減少」即可。如果資產減少操作已製作憑證，必須刪除憑證后才能恢復。

四、固定資產變動核算

資產在使用過程中，除發生下列情況外，價值不得任意變動：①根據國家規定對固定資產重新估價；②增加補充設備或改良設備；③將固定資產的一部分拆除；④根據實際價值調整原來的暫估價；⑤發現原記固定資產價值有誤的；⑥本系統原值發生變動通過「原值變動」功能實現。原值變動包括原值增加和原值減少兩部分。如執行「卡片→原值增加」命令，可進入固定資產變動單——原值增加界面，如圖 8-7 所示。

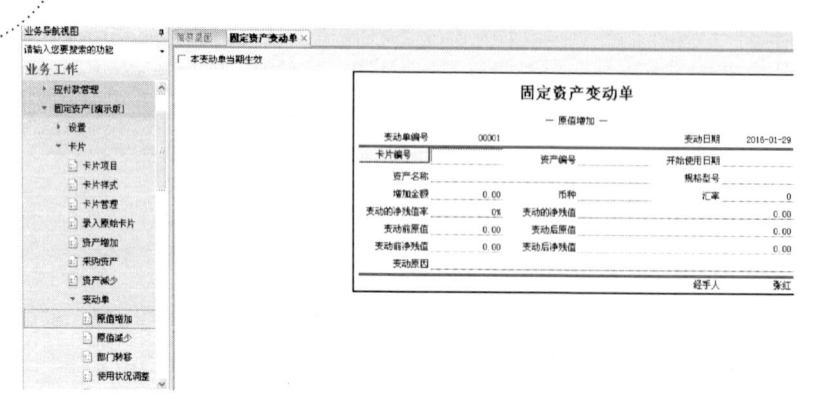

圖 8-7　固定資產變動單——原值增加界面

原值減少、部門轉移、使用狀況調整、折舊方法調整、累計折舊調整、使用年限調整、工作總量調整、淨殘值（率）調整、類別調整、減值準備期初、計提減值準備、轉回減值準備、增值稅調整以及位置調整的操作與前類似。

五、批量變動

因政策變更或其他原因需要批量變動一些固定資產的信息，可執行「卡片→批量變動」命令，進入「批量變動單」界面，在「變動類型」下拉列框中選擇需變動的類型。

選擇批量變動的資產：有手工選擇和條件選擇兩種方法。

手工選擇：如果需批量變動的資產沒有共同點，則可在「批量變動單」界面內直接輸入卡片編號或資產編號，也可使用參照按鈕，將資產一個一個地增加到批量變動表內進行變動。

條件選擇：是指通過一些查詢條件，將符合該條件集合的資產挑選出來進行變動。如果要變動的資產有共同之處，可以通過條件選擇的方式選擇資產，而不用一個資產一個資產地增加。點擊「條件篩選」按鈕，則屏幕顯示條件篩選界面。在該界面中輸入篩選條件集合後，單擊「確定」，則批量變動表中自動列示按條件篩選出的資產。

生成變動單：輸入變動內容及變動原因後，點擊右鍵選擇「保存」菜單，可將需變動的資產生成變動單。

填充數據：可以對以下數據項統一填充變動後的數據：變動原因，原值增加調整單中的增加金額，原值減少調整單中的減少金額，部門轉移調整單中的變動後部門和新存放地點，使用狀況調整單中的變動後使用狀況，折舊方法調整單中的變動後折舊方法，使用年限調整單中的使用年限，工作總量調整單中的變動後工作總量，淨殘值（率）調整單中的淨殘值率，計提減值準備調整單中的減值準備金額，轉回減值準備調整單中的轉回減值準備和變動後累計折舊，期初減值準備調整單中的期

第八章　固定資產管理

初減值準備金額。先將焦點定位於可填充列，在「填充數據」後輸入要統一變動的內容，點擊「填充數據」按鈕即可。

六、資產評估

隨著市場經濟的發展，企業在經營活動中，根據業務需要或國家要求需要對部分資產或全部資產進行評估和重估，其中固定資產評估是資產評估的重要組成部分。

進行資產評估時包括以下三個步驟：

第一步，選擇要評估的項目。進行資產評估時，每次要評估的內容可能不一樣，可以根據需要從系統給定的可評估項目中選擇。在資產評估管理界面中點擊「增加」按鈕，進入「評估資產選擇」窗口，在左側的「可評估項目」列表中選擇要評估的項目。用友 ERP 系統中的原值、累計折舊和淨值三個中只能選兩個，另一個通過公式「原值-累計折舊=淨值」推算得到。

第二步，選擇要評估的資產。每次要評估的資產也可能不同，可以選擇以手工選擇方式，或以條件選擇方式，挑選出要評估的資產。

第三步，製作資產評估單。選擇評估項目和評估資產后，必須錄入評估后的數據或通過自定義公式生成評估后的數據，系統才能生成評估單。評估單顯示評估資產所評估的項目在評估前和評估后的數據。填完評估單后，點擊「保存」。卡片上的數據根據評估單改變。

當評估變動表中評估后的原值和累計折舊的合計數與評估前的數據不同時，點擊「憑證」按鈕，通過記帳憑證將變動數據傳輸到總帳系統。

如何定義公式生成評估數據：選擇要定義公式的區域，選中后該區域背景是藍色（所選的區域只能是評估后數據區域，並且選中的只能是一列）；單擊「計算公式」按鈕，屏幕顯示定義公式界面。雙擊評估項目將該項目添加到公式中，同時使用鍵盤輸入計算符和數字，定義出評估公式。單擊「確定」，則選中的區域的數據是按公式計算出的數據。

七、資產盤點

企業要定期對固定資產進行清查，至少每年清查一次，清查通過盤點實現。本系統將固定資產盤點簡稱為資產盤點，是指在對固定資產進行實地清查後，將清查的實物數據錄入固定資產系統與帳面數據進行比對，並由系統自動生成盤點結果清單的過程。

（一）資產盤點

資產盤點包括以下三個步驟：

第一步，選擇要盤點的範圍。進行資產盤點時，每次要進行盤點的範圍可能不同，可以根據需要從系統給定盤點範圍中選擇。在資產盤點管理界面中點擊「增加」按

鈕，進入「新增盤點單-數據錄入」窗口，點擊「範圍」按鈕，進入「資產盤點」窗口，選擇實際盤點的發生日期，再選中要進行盤點的方式及對應該方式的明細分類。

第二步，進行項目設置。每次盤點的側重點不同，要錄入的盤點數據與要核對的數據也不盡相同，系統提供相關卡片項目供選擇，點擊工具欄「欄目」可將其調出。

核對項目：生成盤點結果清單時要與系統內卡片進行核對的項目。

錄入項目：實際盤點數據需要錄入的項目。

核對項目與錄入項目的供選項目完全一致，均為系統內相關卡片項目。選中核對項目則相應地錄入項目自動選中，若單獨選中錄入項目，對應核對項目可以不選。

第三步，錄入盤點數據並生成盤點結果清單。根據所選盤點範圍以及項目設置，錄入盤點數據，生成盤點結果清單供企業對比分析。錄入數據：點擊「增行」，系統新增一行，錄入對應各項目的實際盤點數據。

生成盤點結果清單，點擊「核對」按鈕，系統將根據當前盤點單中的數據同系統內盤點日期的卡片數據相比較生成結果清單，可以查看固定資產是與實際相符還是出現了盤盈盤虧，也可以選中「過濾掉相符情況」單獨查看盤盈及盤虧的資產清單。

保存盤點單，要將本次錄入的盤點單保存在系統內供查詢，點擊工具欄上的「保存」按鈕。

(二) 盤點盈虧確認

企業進行資產的盤點之后，要對盤盈盤虧結果進行審核。盤點記錄審核，先選擇需要審核的盤點單；對需要審核的盤盈或盤虧記錄進行審核，選擇「同意」或「不同意」，錄入處理意見。

盤點記錄批量處理，批量填充意見，在需要審核記錄的「選擇」欄打上「Y」標記；在「批量填充」後的文字錄入框中輸入處理意見；點擊「批量填充」，可將意見填入所選行記錄作為處理意見。批量審核方法同前。盤點單關閉，所有的審核同意記錄都進行了盤盈或盤虧處理后，該盤點單自動關閉。不需要再進行盤盈或盤虧資產操作的盤點單，可以手工關閉。已關閉的盤點單不能進行后續盤盈或盤虧資產操作。已進行盤盈或盤虧資產操作的記錄，系統自動標記為已處理。

(三) 資產盤盈

資產盤盈處理，執行「卡片→資產盤盈」命令，可進入資產盤盈處理界面，選擇需要進行盤盈處理的盤點單，錄入待盤盈資產的開始使用日期及資產類別，點擊「盤盈資產」進入所選記錄的資產卡片補充資產信息並保存。盤盈資產的操作是增加資產卡片的操作，要求先錄入開始使用日期及資產類別才能進行資產增加。

盤點記錄批量盤盈，在需要盤盈記錄的「選擇」欄打上「Y」標記，在「日期」和「資產類別」中錄入相應信息；點擊「批量填充」將開始使用日期及資產類別填入所選記錄的對應欄目；點擊「盤盈資產」對所選記錄的資產逐張補充資產信息並保存。

第八章　固定資產管理

（四）資產盤虧

資產盤虧處理，執行「卡片→資產盤虧」命令，可進入資產盤虧處理界面，選擇需要處理的盤點單，在需要審核記錄的「選擇」欄打上「Y」標記，再選擇需要進行盤虧處理的盤點單，點擊「盤虧資產」進入「資產減少」對所選記錄的資產進行減少處理。盤虧資產將進行資產減少操作，應先計提折舊后才可以進行。

八、固定資產折舊處理

自動計提折舊是固定資產系統的主要功能之一。系統每期計提折舊一次，根據錄入系統的資料自動計算每項資產的折舊，並自動生成折舊分配表；然後製作記帳憑證，將本期的折舊費用自動登帳。

（一）折舊計提和分配的基本原則

若選項中的「新增資產當月計提折舊」選項被選中，則本月計提新增資產的折舊；反之，本月不計提新增資產的折舊，下月計提。系統提供的直線法計算折舊是以淨值作為計提原值，以剩餘使用年限作為計提年限計算折舊。

本系統影響折舊計算的因素包括原值變動、累計折舊調整、淨殘值（率）調整、折舊方法調整、使用年限調整、使用狀況調整、工作總量調整、減值準備期初、計提減值準備調整、轉回減值準備調整。

本系統發生與折舊計算有關的變動后，以前修改的月折舊額或單位折舊的繼承值無效。如加速折舊法在變動生效的當期以淨值為計提原值，以剩餘使用年限為計提年限計算折舊。

當發生原值調整，若變動單中的「本變動單當期生效」選項被選中，則該變動單本月計提的折舊額按變化后的值計算折舊；反之，本月計提的折舊額不變，下月按變化后的值計算折舊。

當發生累計折舊調整，若選項中的「累計折舊調整當期生效」選項被選中，則本月計提的折舊額按變化后的值計算折舊；反之，本月計提的折舊額不變，下月按變化后的值計算折舊。

當發生淨殘值（率）調整時，若選項中的「淨殘值（率）調整當期生效」選項被選中，則本月計提的折舊額按變化后的值計算折舊；反之，本月計提的折舊額不變，下月按變化后的值計算折舊。

折舊方法調整、使用年限調整、工作總量調整、減值準備期初當月按調整后的值計算折舊。

使用狀況調整、計提減值準備調整、轉回減值準備調整，本月計提的折舊額不變，下月按變化后的值計算折舊。

本系統各種變動后計算折舊採用未來適用法，不自動調整以前的累計折舊，採用追溯調整法的企業只能手工調整累計折舊。

折舊分配：部門轉移和類別調整當月計提的折舊分配，分配到變動後的部門和類別。

報表統計：將當月折舊和計提原值匯總到變動後的部門和類別。

如果選項中「當月初使用月份＝使用年限×12-1 時是否將折舊提足」的判斷結果是「是」，則除工作量法外，本月月折舊額＝淨值-淨殘值，並且不能手工修改；如果選項中「當月初使用月份＝使用年限×12-1 時是否將折舊提足」的判斷結果是「否」，則該月不提足，並且可手工修改，但如果以後各月按照公式計算的月折舊率或折舊額是負數時，認為公式無效，令月折舊率＝0，月折舊額＝淨值-淨殘值。

【實務案例】

45. 1 月 31 日，按部門計提本月累計折舊。

【操作步驟】

第一步，在固定資產系統中，執行「處理→計提本月折舊」命令計提本月折舊。

第二步，執行「處理→折舊分配表」命令調出分配清單後，點擊「憑證」進行製單，補填「累計折舊」科目後保存。

本系統在一個期間內可以多次計提折舊，每次計提折舊後，只是將計提的折舊累加到月初的累計折舊，不會重複累計。如果上次計提折舊已製單把數據傳遞到帳務系統，則必須刪除該憑證才能重新計提折舊。計提折舊後又對帳套進行了影響折舊計算或分配的操作，必須重新計提折舊，否則系統不允許結帳。如果自定義的折舊方法月折舊率或月折舊額出現負數，自動中止計提。

（二）計提折舊憑證製作

在固定資產系統中，執行「處理→折舊分配表」命令，可進入折舊分配表界面（如圖 8-8 所示）。錄入折舊科目後，點擊工具欄「憑證」進入聯查憑證界面，選擇憑證類別，修改金額，也可修改任何科目，增加科目，最後保存即可。

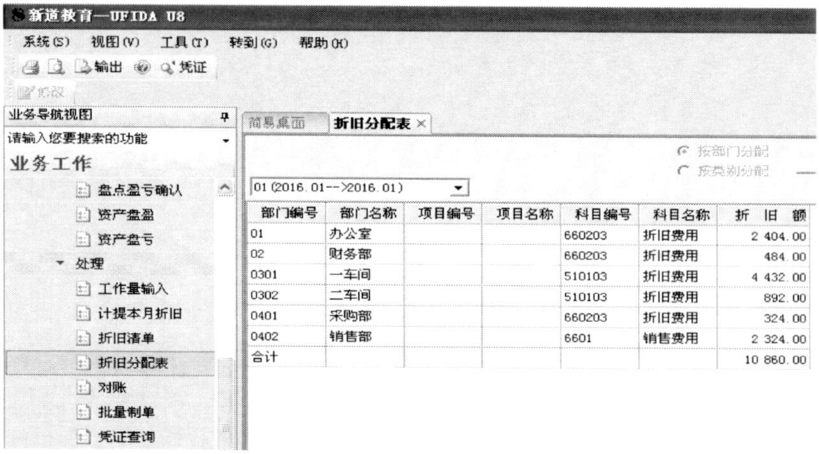

圖 8-8　折舊分配表界面

第八章　固定資產管理

九、報表

在固定資產管理過程中，需要及時掌握資產的統計、匯總和其他各方面的信息。用友固定資產系統可以根據日常業務處理情況，自動提供這些信息，以報表的形式提供給財務人員和資產管理人員。本系統提供的報表分為五類：帳簿、折舊表、匯總表、分析表、減值準備表。另外，如果所提供的報表不能滿足要求，系統提供自定義報表功能，企業可以根據需要定義符合自己要求的報表。

（1）帳簿包括固定資產總帳、單個固定資產明細帳、固定資產登記簿和部門類別明細帳。

（2）分析表包括部門構成分析表、使用狀況分析表、價值結構分析表和類別構成分析表。

（3）統計表包括評估匯總表、評估變動表、固定資產統計表、逾齡資產統計表、盤盈盤虧報告表、役齡資產統計表、固定資產原值一覽表、固定資產變動情況表、固定資產到期提示表和採購資產統計表。

（4）折舊表包括部門折舊計提匯總表、固定資產折舊清單表、固定資產折舊計算明細表、固定資產及累計折舊表。

（5）減值準備表包括減值準備總帳、減值準備餘額表和減值準備明細帳。

第九章　期末處理

　　期末會計事項處理是指會計人員在每個會計期末都需要完成的一些特定的會計工作,如銀行對帳、自動轉帳、對帳、結帳及年末處理。與日常業務相比,數量不多,但業務種類繁雜且時間緊迫。在手工會計工作中,每到會計期末,會計人員的工作非常繁忙。而在計算機環境下,由於各會計期間的許多期末業務具有較強的規律性,且方法很少改變,如費用計提、分攤的方法,銷售成本的結轉和期間損益的結轉等,由計算機來處理這些有規律的業務,不但減少了會計人員的工作量,也可以加強財務核算的規範性。

● 第一節　銀行對帳

一、銀行對帳的意義

(一) 銀行對帳的意義

　　為了準確掌握銀行存款的實際餘額,瞭解實際可以動用的貨幣資金數額,防止記帳發生差錯,企業應按期根據銀行提供的對帳單核對帳目,並編製銀行存款餘額調節表。銀行對帳是企業出納人員的最基本工作之一。一般來說,企業的結算業務大部分要通過銀行進行結算,但企業銀行帳和銀行對帳單之間由於銀行與企業間單據傳遞的時間差造成了未達帳項。系統中的銀行對帳可快速核對企業銀行存款日記帳記錄與開戶銀行提供的銀行對帳單記錄,找出所有的未達帳項,並通過編製餘額調節表使得調節后的銀行存款日記帳餘額與調節后的銀行對帳單餘額相符,保證銀行存款的安全、完整。

第九章　期末處理

（二）銀行對帳流程

計算機方式下的銀行對帳流程圖，如圖 9-1 所示。

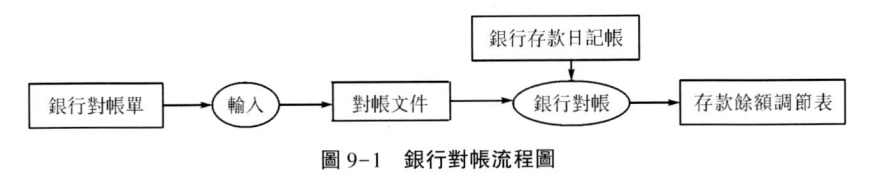

```
                                    銀行存款日記帳
                                         │
                                         ▼
銀行對帳單 → 輸入 → 對帳文件 → 銀行對帳 → 存款餘額調節表
```

圖 9-1　銀行對帳流程圖

二、期初未達帳項錄入

為保證銀行對帳工作的順利進行，使用銀行對帳功能進行對帳之前，必須在對帳月初先將日記帳、銀行對帳單未達帳項輸入到系統中。

具體的操作步驟如下：

第一步，在總帳系統中，執行「出納→銀行對帳→銀行對帳期初錄入」命令，可進入「銀行科目選擇」對話框，如圖 9-2 所示。

第二步，在「科目」下拉列表框中選擇相應的銀行科目並單擊「確定」按鈕，即可進入銀行對帳期初餘額錄入界面，如圖 9-3 所示。

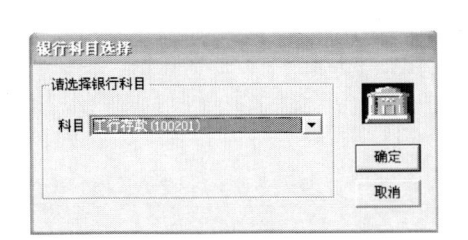

圖 9-2　「銀行科目選擇」對話框 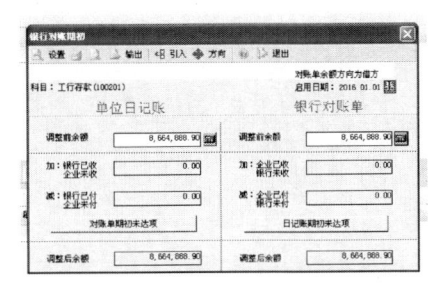　　圖 9-3　銀行對帳期初餘額錄入界面

第三步，在該窗口中根據需求，選擇「啟用日期」，並填製「調整前餘額」（也可以運用系統默認的內容）。選擇完畢之後，單擊「對帳單期初未達帳」按鈕即可進入銀行方期初未達帳項界面，如圖 9-4 所示。單擊工具欄上的「增加」按鈕，逐條錄入銀行方期初未達帳項，即可錄入啟用日期前尚未進行兩清勾對的銀行對帳單，然后退出。

第四步，在圖 9-3 中單擊「日記帳單期初未達項」按鈕，可錄入期初未進行兩清勾對的單位日記帳。

223

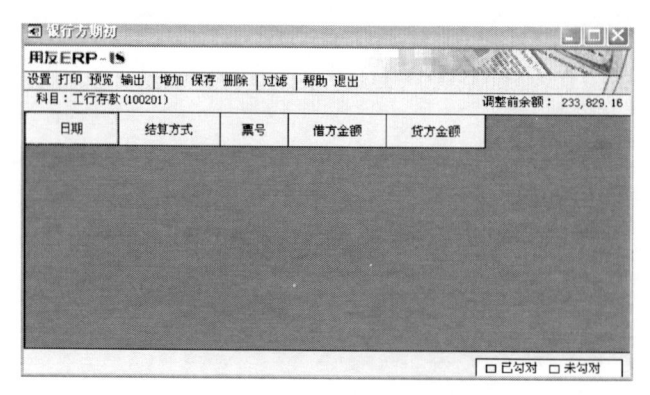

圖 9-4　銀行方期初未達帳項界面

【實務案例】

堯順電子股份有限公司銀行日記帳和銀行帳期初餘額均為 8,664,888.90 元。

三、銀行對帳單錄入

要實現計算機自動對帳，在每月月末未對帳前，須將銀行開出的銀行對帳單輸入計算機。

銀行對帳單是銀行定期發送給單位存款用戶用於核對銀行存款帳項的帳單，它是月末各單位進行銀行對帳的主要依據。

（一）手工錄入銀行對帳單

手工錄入銀行對帳單，是指在指定帳戶（銀行科目），手工逐條錄入本帳戶下的銀行對帳單。如企業在多家銀行開戶，對帳單應與其對應帳號所對應的銀行存款下的末級科目一致。

【實務案例】

堯順電子股份有限公司 2016 年 1 月工商銀行對帳單見表 9-1。

表 9-1

月	摘要	結算號	收入	支出	方向	餘額
	期初餘額（與企業期初相同）		0.00	0.00	借	8,664,888.90
01	借入專用款	其他	600,000.00	0.00	借	9,264,888.90
01	發行債券	現金結算	1,266,600.00	0.00	借	10,531,488.90
01	簽發轉帳支票辦理存出投資款	轉帳支票	0.00	50,000.00	借	10,481,488.90
01	上交上月增值稅	轉帳支票	0.00	43,680.00	借	10,437,808.90
01	預付貨款	轉帳支票（003386）	0.00	6,000.00	借	10,431,808.90

第九章　期末處理

表9-1(續)

月	摘要	結算號	收入	支出	方向	餘額
01	支付廣告費	轉帳支票(003388)	0.00	10,000.00	借	10,421,808.90
01	銀行代發上月工資	現金支票	0.00	76,000.00	借	10,345,808.90
01	直接購入資產		0.00	4,680.00	借	10,341,128.90
01	閒置借款收益	其他	41.67	0.00	借	10,341,170.57
01	購入專利權	現金支票	0.00	300,000.00	借	10,041,170.57
01	對濟南紀元公司進行長期股權投資	現金支票	0.00	4,000,000.00	借	6,041,170.57
01	償還利息	現金支票	0.00	502,500.00	借	5,538,670.57
01	支付利息	現金支票	0.00	20,000.00	借	5,518,670.57
01	收到勤力公司前欠貨款	轉帳支票	175,500.00		借	5,694,170.57
01	支付前欠天目公司的貨款	托收承付		78,975.00	借	5,615,195.57

【操作步驟】

在總帳系統中，執行「出納→銀行對帳→銀行對帳單」命令，進入「銀行科目選擇」對話框，選擇相應的科目：工行存款，指定月份：01。然后單擊「確定」按鈕，打開銀行對帳單錄入界面，單擊工具欄上的「增加」按鈕，即可出現一個空白行，如圖9-5所示，逐條錄入銀行對帳單信息后保存。

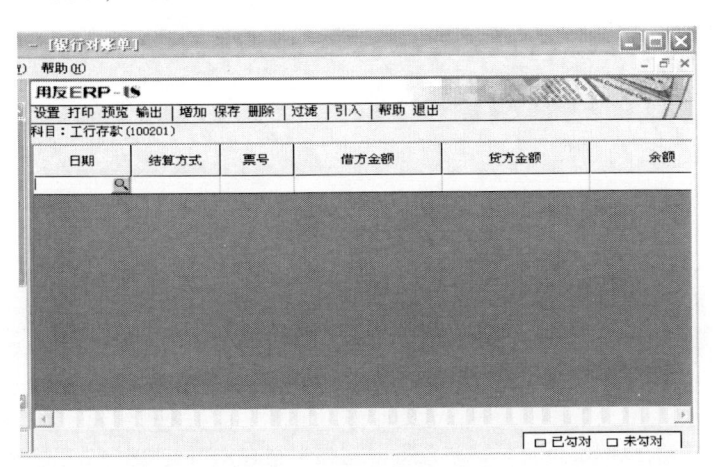

圖9-5　銀行對帳單錄入界面

(二) 引入銀行對帳單

銀行對帳單除手工錄入外，還可直接引入從銀行帳務系統導出的對帳單。

(1) 在「銀行對帳單」錄入界面中，單擊工具欄上的「引入」按鈕，打開「銀行對帳單引入接口管理」對話框，如圖9-6所示。

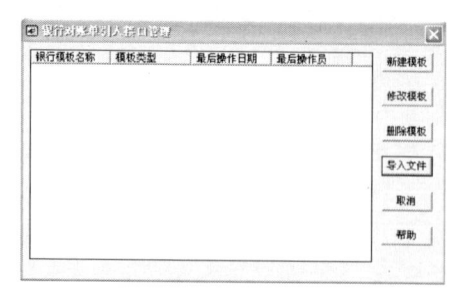

图 9-6 「銀行對帳單引入接口管理」對話框

（2）單擊「新建模板」按鈕，彈出「選擇文件中包含的字段」對話框，如圖 9-7 所示。

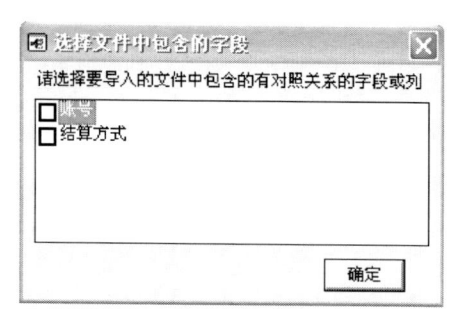

圖 9-7 「選擇文件中包含的字段」對話框

（3）從模板中可以看到，沒有需要的格式，可單擊「確定」按鈕進行以下操作，彈出「模板製作向導」對話框，根據向導的提示輸入相應內容。

四、對帳處理

在期初未達帳項及銀行對帳單輸入後，可進行對帳處理，即將系統中的銀行日記帳與輸入的銀行對帳單進行核對，以檢查二者是否相符。銀行對帳有自動對帳和手動對帳兩種形式。

（一）自動對帳

自動對帳是計算機根據對帳依據將銀行日記帳與銀行對帳單進行自動核對、勾銷，對於已核對上的銀行業務，系統將自動在銀行存款日記帳和銀行對帳單雙方寫上兩清標誌，並視為已達帳項，對於在兩清欄未寫上兩清符號的記錄，系統則視其為未達帳項。對帳依據通常是「結算方式＋結算號＋方向＋金額」或「方向＋金額」。

在總帳系統中，執行「出納→銀行對帳→銀行對帳」命令，進入「銀行科目選擇」對話框選擇需對帳的科目後，即可打開「銀行對帳」界面，單擊工具欄上的「對帳」按鈕即可打開「自動對帳」對話框，如圖 9-8 所示。輸入截止日期並選擇對帳的相應條件和相差天數（必須是小於 30 的數字）後，單擊「確定」按鈕即可

第九章　期末處理

顯示自動對帳的結果。

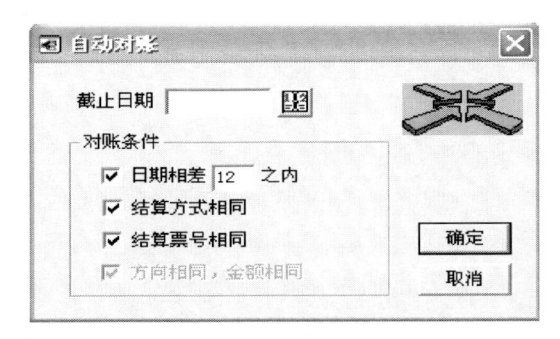

圖 9-8 「自動對帳」對話框

（二）手工對帳

手工對帳是對自動對帳的補充。由於系統中的銀行未達帳項是通過憑證處理自動形成的，期間有人工輸入過程，可能存在輸入不規範的情況。使用完自動對帳以後，有可能還有一些特殊的已達帳沒有對出來，而被視為未達帳項。所以，為了保證對帳的徹底和正確，可用手工對帳來進行調整勾銷。

以下 4 種情況中，只有第一種情況能自動核銷已對帳的記錄，后 3 種情況均需通過手工對帳來強制核銷。

（1）對帳單文件中一條記錄和銀行日記帳文件中一條記錄完全相同。
（2）對帳單文件中一條記錄和銀行日記帳文件中多條記錄完全相同。
（3）對帳單文件中多條記錄和銀行日記帳文件中一條記錄完全相同。
（4）對帳單文件中多條記錄和銀行日記帳文件中多條記錄完全相同。

通常執行手工對帳功能時，系統首先要求使用者選好銀行科目，接著屏幕被分成兩部分：一部分是單位日記帳業務數據，另一部分是銀行對帳單業務數據。使用者可通過目測分析，將單位日記帳和銀行對帳單上的已達業務，按操作提示進行核銷。在自動對帳窗口，對於一些應勾對而未勾對上的帳項，可分別雙擊「兩清」欄，直接進行手工調整。

對帳完畢，單擊「檢查」按鈕，進行對帳平衡情況檢查。

五、輸出餘額調節表

餘額調節表是月末證實銀行日記帳與銀行實有存款帳實相符的主要帳表，編製和輸出銀行存款餘額調節表是月末銀行對帳工作的成果體現。在對銀行帳進行兩清勾對后，計算機自動整理匯總未達帳和已達帳，生成「銀行存款餘額調節表」，以檢查對帳是否正確。該餘額調節表為截至對帳截止日期的餘額調節表，若無對帳截止日期，則為最新餘額調節表。

在總帳系統窗口中，執行「出納→銀行對帳→餘額調節表查詢」命令，打開

「銀行存款餘額調節表」窗口，從中選擇一個銀行科目，單擊工具欄上的「查看」按鈕，或是雙擊所選的銀行科目，即可顯示該銀行帳戶的銀行存款餘額調節表，單擊工具欄上的「詳細」按鈕可查看到更詳細的餘額表。

六、查詢對帳單或日記帳勾對情況

對帳單或日記帳勾對情況查詢，主要用於查詢單位日記帳和銀行對帳單的對帳結果。它是對餘額調節表的補充，可進一步瞭解對帳後對帳單上勾對的明細情況（包括已達帳項和未達帳項），從而進一步查詢對帳結果。

如果銀行存款餘額調節表顯示帳面餘額不平，可以從以下幾個方面查找原因：

（1）查看「單位日記帳期初未達項」及「銀行對帳單期初未達項」是否錄入正確，如果不正確則進行相應調整。

（2）銀行對帳單錄入是否正確，如果不正確則進行相應調整。

（3）銀行對帳中勾對是否正確，如果不正確則進行相應調整。

七、刪除已達帳

刪除已達帳是指在單位日記帳和銀行對帳單的對帳結果檢查無誤後，可通過核銷銀行帳來刪除已達帳。

由於單位日記帳的已達帳項數據和銀行對帳單數據是輔助數據，正確對帳後，已達帳項數據已無保留價值，因此，通過對銀行存款餘額調節表和對帳明細情況的查詢，確信對帳正確後，可刪除單位日記帳已達帳項和銀行對帳單已達帳項。

● 第二節　總帳系統內部自動轉帳

在會計業務中存在一些憑證，它們每月或每年有規律地重複出現。如每月計提短期借款利息、分攤無形資產、結轉收入類和費用類帳戶餘額，年底結轉本年利潤等。這類憑證的摘要、借貸方科目、金額的來源或計算方法基本不變。如果要編製此類憑證，每月都將做許多重複工作，而且所取金額必須待記帳後才能查閱，稍有不慎，就會出現遺漏或錯誤。使用總帳系統中的自動轉帳功能可以提高這項工作的效率。

一、期末轉帳的特點

轉帳分為外部轉帳和內部轉帳。外部轉帳是指將其他業務核算子系統生成的憑證轉入總帳系統中；內部轉帳主要是指在總帳系統內部把某個或某幾個會計科目中的餘額或本期發生額結轉到一個或多個會計科目中。本節闡述的是總帳系統內部自

第九章　期末處理

動轉帳。一般期末轉帳具有以下特點：

（1）期末轉帳業務大多在各個會計期的期末進行。

（2）期末轉帳業務大多是會計部門自己填製的憑證，但又不同於日常核算，不必附有反應該業務的原始憑證，它的摘要、借貸方科目固定不變，金額的來源或計算方法也基本不變。

（3）期末轉帳業務大多數要從帳簿中提取數據。這就要求在處理期末轉帳業務前必須先將其他經濟業務全部登記入帳。

（4）有些期末轉帳業務必須依據另一些期末轉帳業務產生的數據。這就要求期末轉帳需要根據業務的特點分批按步驟進行處理。

實現自動轉帳包括轉帳定義和轉帳生成兩部分。

二、自動轉帳數據流程

在帳務處理過程中，將憑證的摘要、會計科目、借貸方向、金額的計算公式預先存入計算機中，系統根據預先定義的金額來源計算方法從帳簿中取數，自動產生記帳憑證，並完成相應的結轉任務。每筆轉帳業務每月一般只需進行一次。自動轉帳數據流程如圖 9-9 所示。

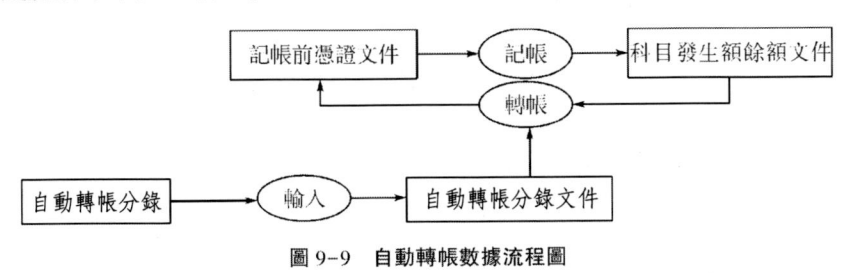

圖 9-9　自動轉帳數據流程圖

三、自動轉帳工作過程

一般地，把憑證的摘要、會計科目、借貸方向及金額的計算公式稱為自動轉帳分錄，而由自動轉帳分錄所填製的記帳憑證則稱為機制憑證。

自動轉帳分錄分為兩類：第一類為獨立自動轉帳分錄，表示其金額的大小與本月發生的任何經濟業務無關；第二類為相關自動轉帳分錄，表示其金額的大小與本月發生的業務有關。

（一）設置自動轉帳分錄

設置自動轉帳分錄就是將憑證的摘要、會計科目、借貸方向以及金額計算方法存入計算機中的過程，包括增加、刪除、修改分錄或對自動轉帳分錄進行查詢打印。如何設計金額的計算公式是設置自動轉帳分錄的關鍵。

在電算化方式下的自動轉帳主要包括自定義轉帳、對應結轉、銷售成本結轉、

匯兌損益結轉和期間損益結轉等。

1. 自定義轉帳設置

由於各個企業情況不同，各種計算方法也不盡相同，特別是對各類成本費用分攤結轉方式的差異，必然會造成各個企業這類轉帳的不同。在電算化方式下，為實現在各個企業的通用，使用者可以自行定義自動轉帳憑證。自定義轉帳可以完成的轉帳業務有：

「費用分配」的結轉，如工資分配等；

「費用分攤」的結轉，如製造費用、長期待攤費用、無形資產等；

「稅金計算」的結轉，如增值稅、城建稅、教育費附加、所得稅等；

「提取各項費用」的結轉，如提取福利費、提取借款利息等；

「部門核算」的結轉；

「個人核算」的結轉；

「客戶核算」的結轉；

「供應商核算」的結轉。

如果使用應收款、應付款管理系統，則在總帳管理系統中，不能按客戶、供應商輔助項進行結轉，只能按科目總數進行結轉。

【實務案例】

堯順電子股份有限公司期末自定義轉帳業務如下：

2016年1月31日，「製造費用」在臥室臺燈和落地臺燈中按1：1的比例分配；計提短期借款利息，短期借款用於滿足流動資金的需要，年利率為12%。

【操作步驟】

第一步，在總帳系統中，執行「期末→轉帳定義→自定義轉帳」命令，進入自定義轉帳設置界面，如圖9-10所示。

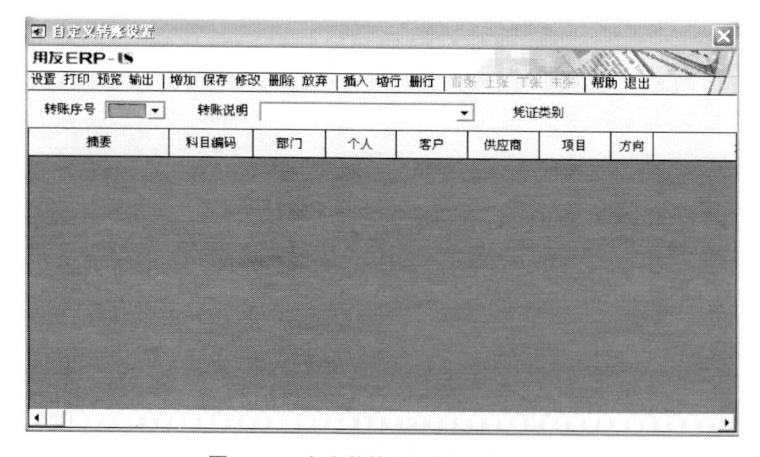

圖9-10　自定義轉帳設置界面（一）

第九章　期末處理

第二步，單擊其中的「增加」按鈕即可彈出「轉帳目錄」對話框，如圖9-11所示。

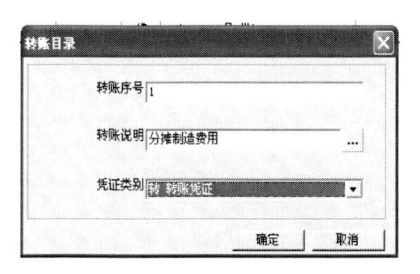

圖9-11　「轉帳目錄」對話框

第三步，輸入轉帳序號：「1」，轉帳說明：「分配製造費用」，憑證類別：「轉帳憑證」。單擊「確定」按鈕，即可進入到新增加的自定義轉帳設置界面，如圖9-12所示。

圖9-12　自定義轉帳設置界面（二）

第四步，在第一行的科目編碼欄內輸入「500103」，項目欄選擇「臥室臺燈」，方向欄選擇「借」，然后雙擊金額公式欄，單擊「參照」按鈕，進入「公式向導」對話框，如圖9-13所示。在公式的「公式名稱」中選擇「借方發生額」，然后單擊「下一步」，可進入另一個「公式向導」對話框中，如圖9-14所示。

231

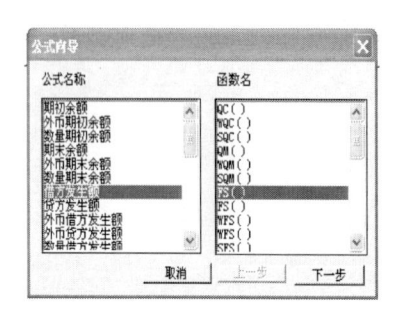

圖 9-13 「公式向導（名稱）」對話框 　　圖 9-14 「公式向導（公式說明）」對話框

第五步，在「公式向導（公式說明）」對話框中輸入科目「5101」，勾選「繼續輸入公式」，運算符為「*」；然后單擊「下一步」按鈕，可進入「公式向導」對話框，如圖 9-15 所示。在公式的「公式名稱」中選擇「常數」，單擊「下一步」，可進入「公式常數設置」對話框（如圖 9-16 所示），輸入「0.5」；然后單擊「完成」按鈕，所選公式已經在「自定義轉帳設置」界面中第一行顯現出來，如圖 9-12 所示。

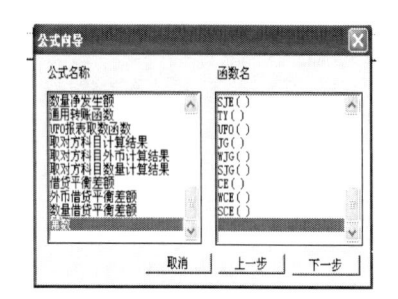

圖 9-15 「公式向導（名稱）」對話框 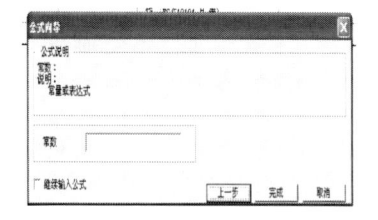　　圖 9-16 「公式常數設置」對話框

圖 9-12 中製造費用分配設置的第二、三、四、五和六行定義方式與上相似。

2. 對應結轉設置

如果要對兩個科目進行一一對應結轉，稱為對應結轉。對應結轉不僅可進行兩個科目一對一結轉，還提供科目的一對多結轉功能。對應結轉的科目可為上級科目，但其下級科目的科目結構必須一致（相同明細科目）。如果有輔助核算，則兩個科目的輔助帳類也必須一一對應。該功能只結轉期末餘額，若結轉發生額，需在自定義結轉中設置。

在總帳系統中，執行「期末→轉帳定義→對應結轉」命令，進入對應結轉設置界面，如圖 9-17 所示；輸入需要對應結轉的編號、憑證類別、摘要、轉出科目編碼、轉出科目名稱和轉出輔助項。單擊工具欄上的「增行」按鈕，在空行中輸入需要轉入科目的編碼、名稱、輔助項和結轉系數。單擊工具欄上的「保存」按鈕，即可保存該轉帳憑證的設置。

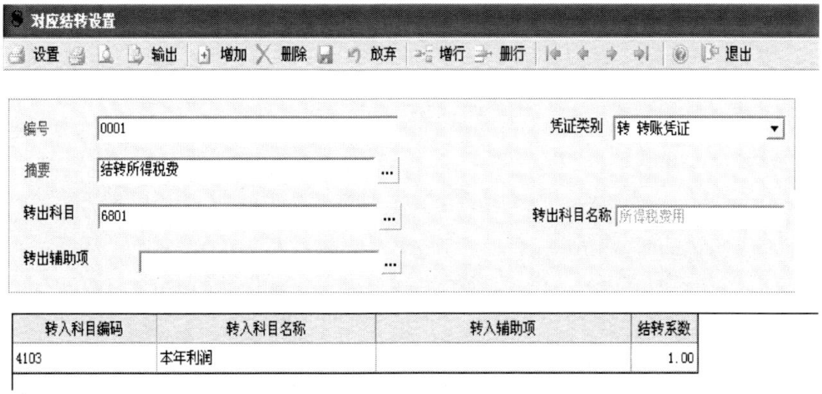

第九章　期末處理

圖 9-17　「對應結轉設置」界面

3. 銷售成本結轉設置

銷售成本結轉設置主要用來輔助沒有啟用供應鏈管理系統的企業完成銷售成本的計算和結轉，有兩種方法——全月平均法和售價法。本書綜合案例不需結轉。

全月平均法：在總帳系統中，執行「期末→轉帳定義→銷售成本結轉」命令，進入銷售成本結轉設置界面，如圖 9-18 所示。售價法一般用在商業企業，其設置與前類似。

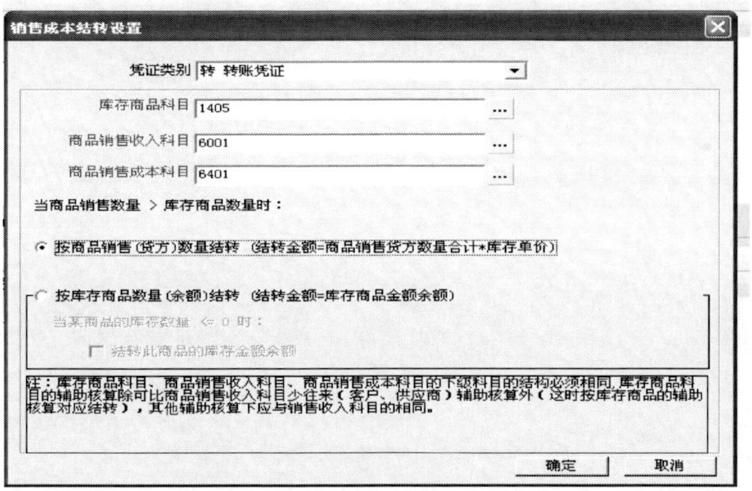

圖 9-18　「銷售成本結轉設置」界面

4. 匯兌損益結轉設置

匯兌損益結轉設置用於期末自動計算外幣帳戶的匯兌損益，並在轉帳生成中自動生成匯兌損益轉帳憑證。匯兌損益只處理外匯存款帳戶，外幣現金帳戶，外幣結算的各項債權、債務；不包括所有者權益類帳戶、成本類帳戶和損益類帳戶。

233

為了保證匯兌損益計算正確，在填製某月的匯兌損益憑證時，必須先將本月的所有未記帳憑證先記帳。

匯兌損益入帳科目不能是輔助帳科目或有數量外幣核算的科目。

若啟用了應收款、應付款管理系統，則計算匯兌損益的外幣科目不能是帶客戶或供應商往來核算的科目。

5. 期間損益結轉設置

期間損益結轉設置用於在一個會計期間終止時，將損益類科目的餘額結轉到本年利潤科目中，從而及時反應企業利潤的盈虧情況。期間損益結轉主要是對於管理費用、銷售費用、財務費用、銷售收入、營業外收支等科目的結轉。

損益科目結轉中將列出所有的損益科目。如果希望某損益科目參與期間損益的結轉，則應在該科目所在行的本年利潤科目欄填寫本年利潤科目代碼，若為空，則將不結轉此損益科目的餘額。

（二）生成自動轉帳憑證

轉帳定義完成后，每月月末只需執行轉帳生成功能即可快速生成轉帳憑證，在此生成的轉帳憑證將自動追加到未記帳憑證中去，通過審核、記帳后才能真正完成結轉工作。

自動轉帳分錄只能在某些相關的經濟業務入帳后使用，否則計算金額時就會發生差錯。因此，在生成轉帳憑證之前，必須將以前的經濟業務全部登記入帳，方可採用已定義的轉帳分錄格式生成機制憑證，通常一個獨立自動轉帳分錄每月只使用一次。因此，期末自動轉帳業務必須按照合理的先后次序逐一生成機制憑證，在產生機制憑證時，自動轉帳分錄中的摘要、借貸標誌、會計科目直接作為憑證的內容存入憑證臨時文件；同時，計算機根據金額計算公式自動計算結果存入機制憑證的金額欄。

1. 生成自定義轉帳憑證

本書綜合案例第一步只自動結轉分攤製造費用和計提短期借款利息，在期間損益結轉完后，再通過此處的自定義轉帳生成計提所得稅憑證。具體步驟如下：

執行「期末→轉帳生成」命令，進入「轉帳生成」對話框，單擊「自定義轉帳」單選按鈕，在「是否結轉」欄目雙擊本次需要生成的自定義憑證：分攤製造費用和計提短期借款利息，「是否結轉」欄目出現「Y」，如圖 9-19 所示。點擊「確定」按鈕即可自動生成憑證，如圖 9-20 所示。單擊「保存」按鈕，該憑證上就會顯示「已生成」字樣，即已自動將當前憑證追加到未記帳憑證中。

2. 生成匯兌損益憑證

匯兌損益的結轉憑證方法與自定義的基本一樣，但系統是按照已記帳憑證數據進行計算，並根據計算結果進行結轉匯兌損益的，所以要在生成匯兌損益結轉憑證之前，對未記帳憑證進行一次記帳工作，然后才能進行結轉。匯兌損益結轉分為兩步：

第一步，在企業應用平臺中，執行「基礎設置→基礎檔案→財務→外幣設置」命令，打開「外幣設置」對話框，單擊「調整匯率」的空白欄，輸入期末匯率值，

第九章　期末處理

然后單擊「退出」按鈕，如圖 9-21 所示。

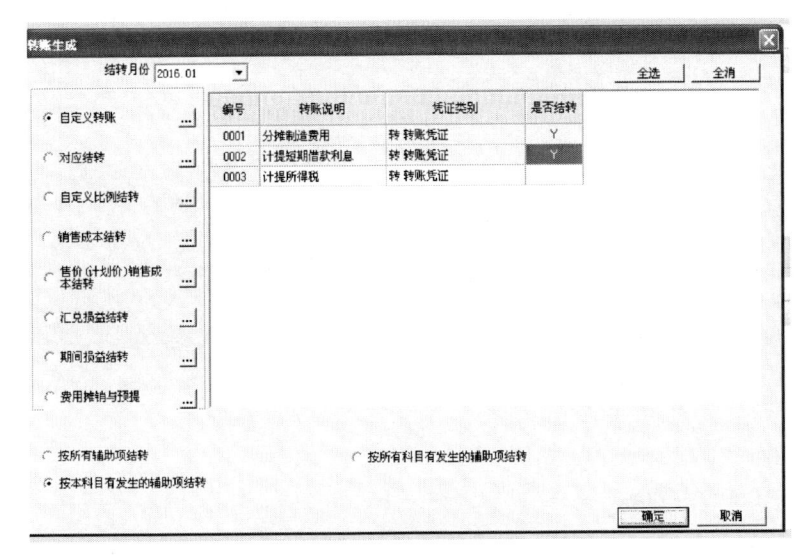

圖 9-19　「轉帳生成」對話框

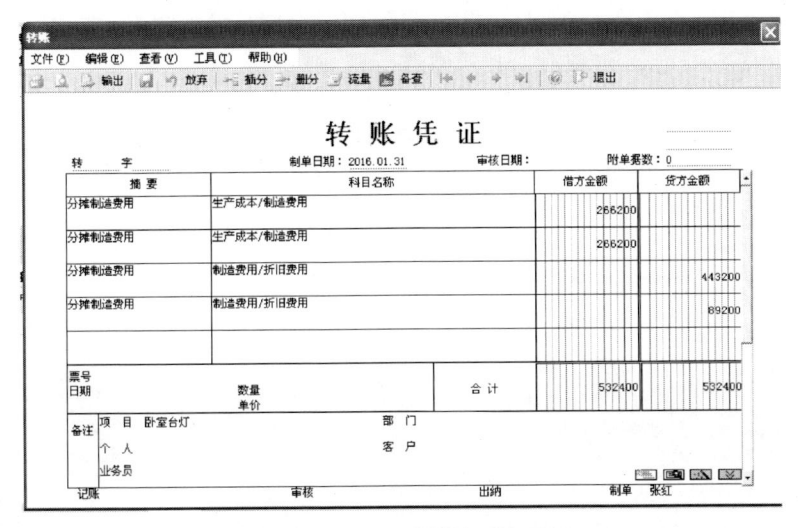

圖 9-20　生成自定義轉帳憑證界面

235

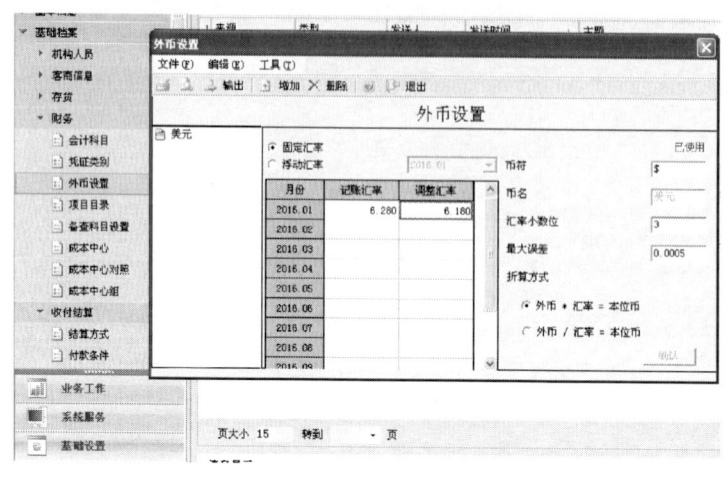

圖 9-21 「外幣設置」對話框

第二步，在總帳系統中，執行「期末→轉帳生成」命令，彈出「轉帳生成」對話框，在該對話框中選擇「匯兌損益結轉」單選按鈕，選擇外幣幣種：美元，雙擊「是否結轉」欄，如圖 9-22 所示。單擊「確定」按鈕進入「匯兌損益試算表」對話框，在該對話框中拖動滾動條可以查看系統生成的匯兌損益數據，查看完畢之後，單擊「確定」按鈕即可自動生成轉帳憑證。

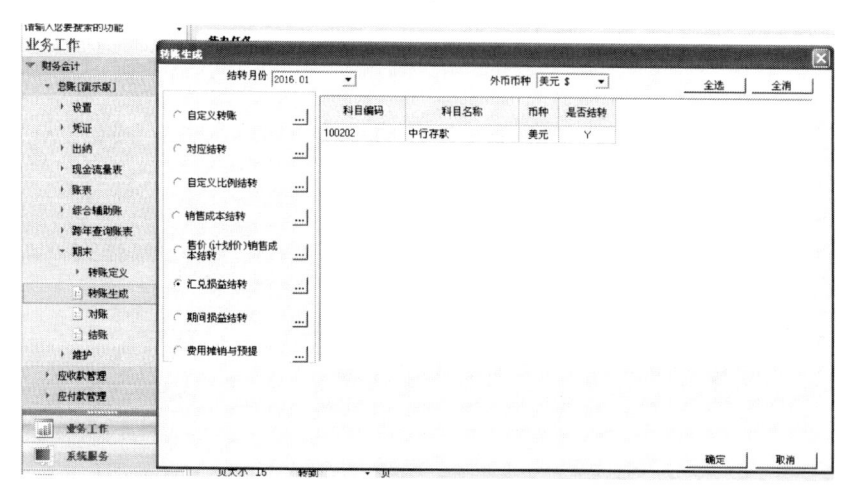

圖 9-22 「轉帳生成」（匯兌損益結轉）對話框選擇結轉

對應結轉和銷售成本結轉的轉帳憑證生成的方法和步驟與匯兌損益結轉憑證生成的第二步基本相同。

3. 生成期間損益憑證

期間損益結轉既可以按科目分別結轉，也可以按損益類型結轉，又可以按全部結轉，結轉方式應視實際情況而定。生成期間損益結轉憑證之前，應先將所有未記

第九章 期末處理

帳憑證審核記帳，否則，生成的憑證數據可能有誤。

在「轉帳生成」對話框中，單擊「期間損益結轉」單選按鈕，單擊「類型」下拉列表框的下三角按鈕，在下拉列表中選擇「全部」選項。單擊「全選」按鈕，期間損益轉帳分錄一覽表變色，「是否結轉」欄出現「√」，如圖9-23所示，單擊「確定」按鈕，即可生成憑證。

圖9-23 「轉帳生成」（期間損益結轉）對話框

4. 計提所得稅

在總帳系統中，對期間損益憑證進行審核並記帳，再在自定義轉帳設置中定義計提所得稅，本單位所得稅為30%。

在「轉帳生成」對話框中，雙擊計提所得稅后的「是否結轉」欄（如圖9-24所示），點擊「確定」可生成憑證（如圖9-25所示），點擊「保存」。並對該憑證進行審核和記帳。

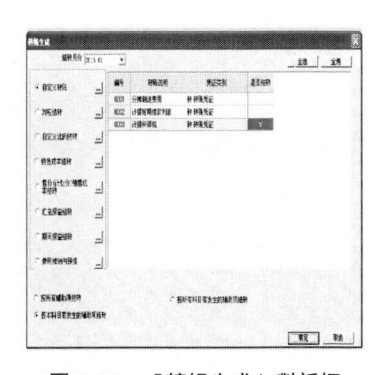

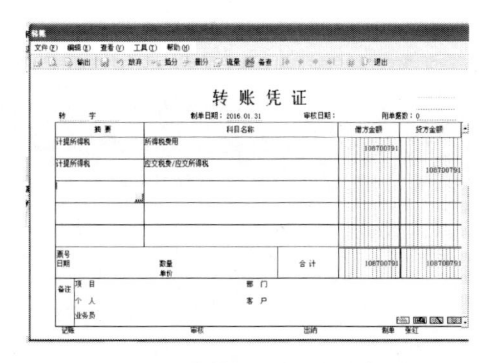

圖9-24 「轉帳生成」對話框　　圖9-25 自定義轉帳生成所得稅憑證界面

5. 結轉所得稅與未分配利潤

第一步，結轉所得稅。在「轉帳生成」對話框中，選擇「對應結轉」后雙擊結轉所得稅行，此行就會立即變顏色（如圖9-26所示），點擊「確定」可生成自定義

237

結轉所得稅憑證（如圖9-27所示），點擊「保存」。

第二步，結轉未分配利潤。在對結轉所得稅憑證記帳後，再結轉未分配利潤，其步驟與前相同。

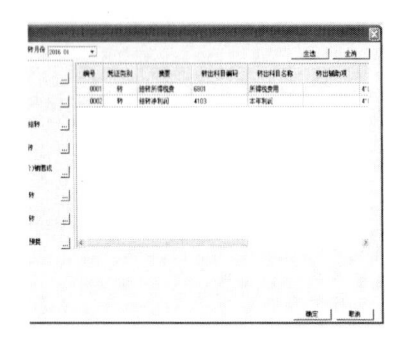

圖9-26 「轉帳生成-對應結轉」對話框 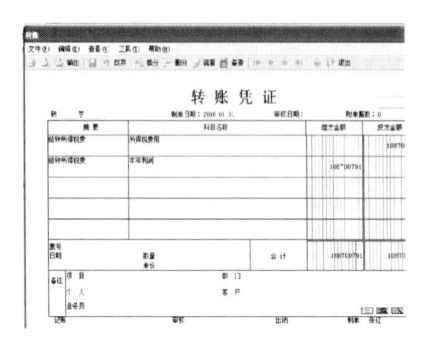　　圖9-27 自定義結轉所得稅憑證界面

第三節　試算平衡與結帳

一、試算平衡與對帳

試算平衡就是將系統中所設置的所有科目的期末餘額按會計平衡公式「借方餘額＝貸方餘額」進行平衡檢驗，並輸出科目餘額表及是否平衡信息。

對帳是對各個帳簿數據進行核對，以便檢查各個對應記帳數據是否正確和帳簿是否平衡。它主要是通過核對總帳與明細帳、總帳與輔助帳、財務帳與業務帳數據來完成帳帳核對。

一般實行計算機記帳后，只要記帳憑證輸入正確，計算機自動記帳后各種帳簿都應是正確、平衡的，但由於非法操作、計算機病毒、其他原因，有時可能會造成某些數據被破壞，因此，許多財務軟件為在期末結帳前進一步確保憑證相符和帳帳相符，仍然保留了控制系統進行自動試算平衡與自動對帳的功能。為了保證帳證相符和帳帳相符，應經常進行對帳，至少一個月一次。一般應在每月月底結帳前，通過調用試算平衡和對帳功能，再一次進行正確性檢驗。

如果使用了應收/應付管理系統，則在總帳管理系統中不能對往來客戶帳、供應商往來帳進行對帳。當對帳出現錯誤或記帳有誤時，系統允許「恢復記帳前狀態」，進行檢查、修改，直到對帳正確。

在總帳系統中，執行「期末→對帳」命令，進入「對帳」窗口，雙擊要進行對帳月份的「是否對帳」欄，或是選中要對帳的月份，然后單擊「選擇」圖標按鈕，在「是否對帳」欄內即出現一個「Y」標誌，再點擊「試算」，可調出其失算平衡

第九章　期末處理

表（如圖 9-28 所示），點擊「對帳」，系統將自動核對相關帳目（如圖 9-29 所示）。

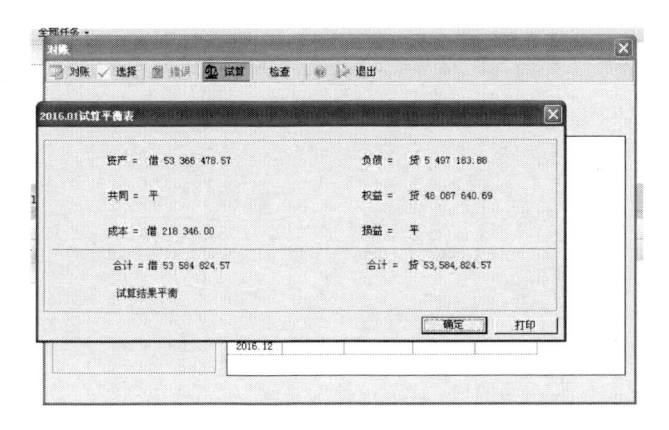

圖 9-28　「試算」窗口

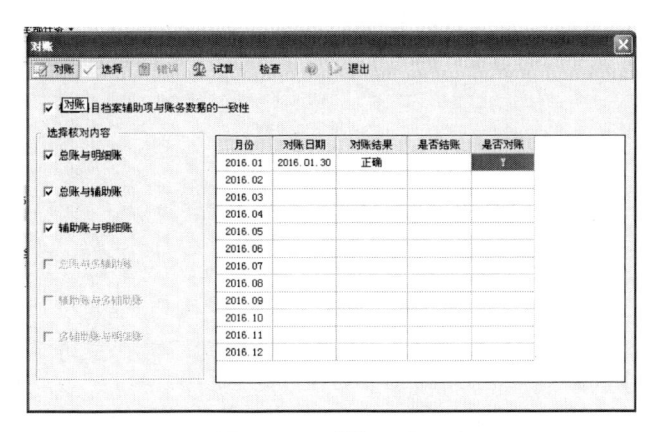

圖 9-29　「對帳」窗口

二、結帳

在手工帳務處理中，每個會計期末都需要進行結帳處理，結帳實際上就是計算和結轉各帳簿的本期發生額和期末餘額，並終止本期帳務處理的工作。在計算機帳務系統中，也有這一過程，以符合會計制度的要求。

然而，計算機帳務處理與手工帳務處理的結帳有些不同，使用計算機進行結帳與手工相比更加簡單，計算機帳務系統在每次記帳時實際上已經結出各科目的餘額和發生額。結帳主要是對結帳月份日常處理的限制，表明該月的數據已經處理完畢，不能再輸入當期憑證，也不能再在當期進行各帳戶的記帳工作，可以說是在帳務系統中畫上了一個句號。

當各功能模塊集成使用時，它們不再是獨立的，而是相互聯繫、相互依賴的，並共同完成會計的核算、控制和監督。其中，總帳系統處於核心地位，它與其他功能模塊之間都有十分密切的聯繫。一方面，總帳系統接受其他系統提供的數據，如固定資產管理系統、薪資管理系統、存貨核算系統、應收款管理系統、應付款管理系統都要將生成的記帳憑證傳遞到總帳系統；另一方面，其他系統間也存在相互傳遞的關係，如採購管理系統與應付款管理系統之間就雙向傳遞數據，銷售管理系統與應收款管理系統之間也雙向傳遞數據。這種數據傳遞順序決定著它們之間的控制關係、操作的先後順序。同理，各功能模塊的期末結帳也有一定的順序，其結帳順序與其數據傳遞關係相似。

（一）對單向數據傳遞系統結帳

企業 ERP 系統中薪資管理、固定資產、採購管理、銷售管理系統屬單向數據傳遞系統，它們之間沒有直接的數據傳遞關係，所以它們可以在相關業務處理完畢後，同時進行月末結帳處理，且不分先後順序。

1. 薪資管理

薪資管理期末結轉是將當月的工資數據經過處理後結轉至下月。每月工資數據處理完畢後均要進行月末結轉。其操作步驟如下：①在薪資管理系統中，執行「業務處理→月末處理」命令，點擊「確定」按鈕；②當詢問「繼續月末處理嗎？」時，點擊「是」按鈕；③當詢問「是否選擇清零項？」時，根據實情，點擊「是」或「否」按鈕；④點擊「確定」按鈕，完成月末結帳。

2. 固定資產

固定資產系統生成憑證後，自動傳遞至總帳系統，在總帳系統中經出納簽字、審核憑證後，進行記帳。當總帳記帳完畢，固定資產系統才可以進行對帳，對帳平衡，開始月末結帳。其操作步驟如下：①在固定資產系統中，執行「處理→月末結帳」命令，點擊「開始結帳」按鈕；②系統會提示與帳務對帳結果（只有系統初始化或選項中選擇了與帳務對帳，才能進行對帳操作），如圖 9-30 所示，點擊「確定」按鈕，完成結帳。

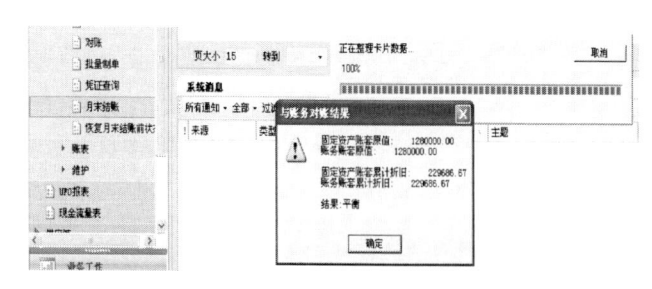

圖 9-30　系統提示與帳務對帳結果窗口

3. 採購管理

採購管理系統月末結帳是逐月將單據數據封存，並將當月的採購數據計入有關

第九章 期末處理

帳表中。月末結帳後，該月的單據將不能修改、刪除。該月未輸入的單據只能視為下個月單據處理。其操作步驟：執行「供應鏈→採購管理→月末結帳」，點擊「結帳」按鈕，並關閉所有採購訂單。

4. 銷售管理

銷售管理系統月末結帳是將當月的單據數據封存，結帳後不允許再對該會計期的銷售單據進行增加、修改、刪除處理。操作步驟：執行「供應鏈→採購管理→月末結帳」，點擊「結帳」，並關閉所有銷售訂單。值得注意的是：沒有期初記帳，將不允許月末結帳；不允許跨月結帳，只能從未結帳的第一個月逐月結帳；上月未結帳，本月單據可以正常操作，不影響日常業務的處理，但本月不能結帳。

（二）對雙向數據傳遞系統結帳

企業 ERP 系統中庫存管理、存貨核算、應收款管理、應付款管理系統（模塊）屬雙向數據傳遞系統，即它們既要接受其他子系統數據的傳入，經處理后，又要傳遞給另外的子系統。

1. 庫存管理

由於庫存管理系統接受採購管理和銷售管理的數據后，再將入庫數據傳遞給存貨核算系統，因此，庫存管理系統必須在採購管理、銷售管理系統結帳后，才能進行結帳。

庫存管理系統月末結帳只能每月進行一次。結帳前應檢查本月工作是否全部完成，只有在本月所有工作全部完成的前提下，才能進行月末結帳，否則會遺漏某些業務。月末結帳時，系統首先開始進行合法性檢查，若檢查通過，系統會立即進行結帳操作；否則，會提示不能結帳的原因。結帳後本月不能再填製單據。其操作步驟：執行「供應鏈→庫存管理→月末結帳」，點擊「結帳」。

2. 存貨核算

存貨核算系統主要通過對存貨的增加、減少與結存的核算，從而計算存貨成本。存貨核算系統接受採購管理系統、銷售管理系統和庫存管理系統數據處理后，再傳遞到總帳系統，其月末結帳必須在採購、銷售和庫存管理系統結帳后才能進行。

存貨核算系統進行月末結帳前必須進行月末處理，即通過月末處理完成：①計算按全月平均方式核算的存貨的全月平均單價及其本會計月出庫成本；②計算按計劃價/售價方式核算的存貨的差異率/差價率及其本會計月的分攤差異/差價；③對已完成日常業務的倉庫/部門/存貨做處理標誌。系統提供恢復期末處理功能，但是在總帳結帳后將不可恢復。其操作步驟：①執行「供應鏈→存貨核算→業務核算→期末處理」命令，進入月末處理窗口（如圖9-31所示）。②選擇月末需要處理的倉庫或存貨後，點擊「處理」。③執行「月末結帳」命令，選擇需要結帳的月份，點擊「確定」，可完成月末結轉工作。取消月末結帳需在次月才能進行。

241

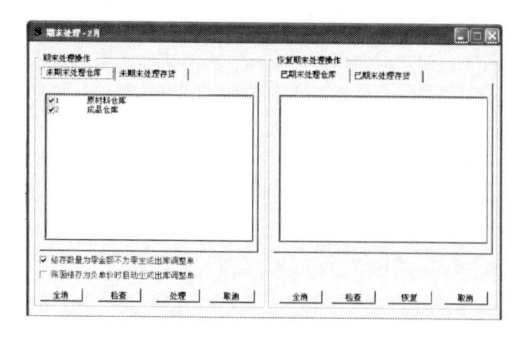

圖 9-31　月末處理窗口

3. 應收款管理

應收款管理系統主要用於接受銷售管理系統傳遞的發票等數據來核算和管理客戶往來款項，並將處理的會計憑證傳遞到總帳系統中。當確認應收款管理系統的當月業務全部處理完畢，銷售管理系統月末已結轉后，可選擇執行月末結帳功能。其操作步驟：①執行「應收款管理→期末處理→月末結帳」命令，打開「月末處理」對話框，選擇要結帳的月份；②單擊「下一步」按鈕，即可顯示出月末結帳的檢查結果；③如果要查看處理類型的詳細情況，則可雙擊要查看的類型，打開「月末處理詳細」對話框；④在進行相應的查看之後，單擊「完成」按鈕，即可開始結帳操作。

4. 應付款管理

應付款管理系統主要接受採購管理系統傳遞的發票等數據來對企業的應付款項進行綜合管理，並將處理的會計憑證傳遞到總帳系統中。當確認應付款管理系統的當月業務全部處理完畢，採購管理系統已結帳，可選擇執行月末結帳功能。其操作步驟：執行「應付款管理→期末處理→月末結帳」命令，打開「月末處理」對話框，選擇要結帳的月份；其餘步驟同應收款管理的月末結帳。

（三）對總帳系統結帳

在除總帳系統外的各個系統月末均結帳后，可對總帳系統進行月末結帳操作。總帳系統要集中對本月所有經濟業務填製或生成的記帳憑證（不論是本系統的還是其他系統傳遞過來的）進行處理。總帳系統的期末結帳意味著每月月末計算和結轉各帳簿的本期發生額和期末餘額，並終止本月的帳務處理工作。所以，總帳系統的月末結帳操作自然就排在了最後。和前述一樣，結帳只能每月進行一次，若本月有未記帳憑證，則月末不能結帳；其他系統未全部結帳時，月末不能結帳；上月未結帳時本月不能結帳；若總帳與明細帳對帳不平，則本月不能結帳。

其操作步驟：①執行「總帳→期末→結帳」命令；②選擇「結帳月份」後點擊「下一步」；③按照提示，點擊「對帳→下一步→結帳」按鈕；④系統顯示結帳標誌「Y」。

第九章　期末處理

　　在以上各系統中，除了有月末結帳功能外，還伴隨有「取消結帳」功能。它又稱為「反結帳」，是系統提供的一個糾錯功能。如果由於某種原因，在結帳後發現結帳前的操作有誤，而結帳后不能修改結帳前的數據，則可使用此功能恢復到結帳前狀態去修改錯誤。

第十章 財務報表

● 第一節 財務報表管理系統概述

　　財務報表管理系統是財務信息系統中的一個獨立的子系統，它為企業內部各管理部門及外部相關部門提供綜合反應企業一定時期財務狀況、經營成果和現金流量的會計信息。

一、財務報表管理系統的任務

　　財務報表按照報送對象不同分為對外報送報表和對內報送報表。對外報送報表主要包括資產負債表、損益表、現金流量表等。對內報送報表主要包括成本分析表、費用明細表等。

　　財務報表管理系統既可編製對外報表，又可編製各種各樣的內部報表。它的主要任務是設計報表格式、編製報表取數公式，對報表進行審核、匯總、生成各種分析圖，並按預定格式輸出各種財務報表。其中，對外報送報表格式和編製方法相對固定，而對內報送報表格式和編製方法會因管理需要而經常變化。

二、財務報表管理系統數據處理流程

　　編製財務報表是每個會計期末最重要的工作之一，從一定意義上說編製完財務報表是一個會計期間工作完成的標誌。

　　在報表管理系統中，財務報表的數據來源一般有會計帳簿、會計憑證、其他報

第十章　財務報表

表、其他業務子系統以及人工直接輸入等。

報表管理系統的處理流程：利用事先定義的報表公式從帳簿、憑證和其他報表等文件中採集數據，經過分析、計算、填列在表格中，再生成報表數據輸出，如圖10-1所示。

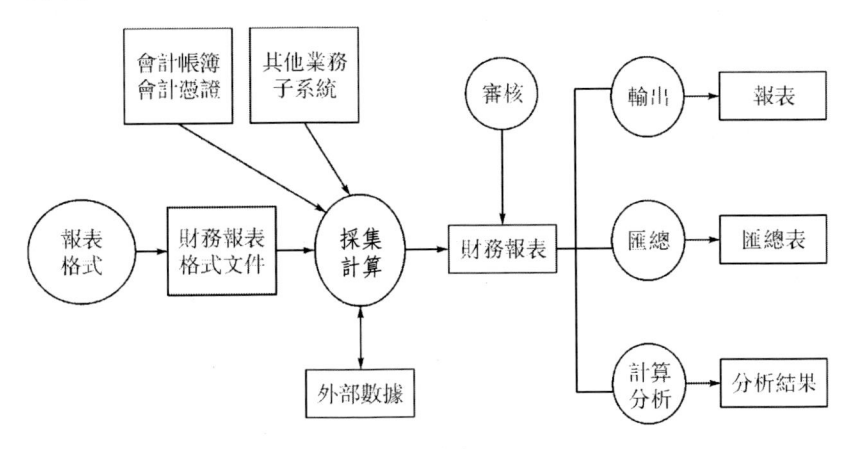

圖 10-1　報表處理流程

三、UFO 報表管理系統基本功能

用友 UFO 報表管理系統具有文件管理功能、格式管理功能、數據處理功能、圖形功能、打印功能和二次開發功能。

（一）文件管理功能

UFO 提供了創建新文件、打開已有的文件、保存文件、備份文件的文件管理功能，並且能夠進行不同文件格式的轉換。UFO 的文件可以轉換為 ACCESS 文件、MS EXCEL文件、LOTUS1-2-3 文件、文本文件、DBASE 文件。上述文件格式的文件也可轉換為 UFO 文件。

（二）格式管理功能

UFO 提供了豐富的格式設計功能。如設計表的尺寸、畫表格線（包括斜線）、調整行高列寬、設置字體和顏色等，可以製作符合各種要求的報表，並且內置了 11 種套用格式和 17 個行業的標準財務報表模板。

（三）數據處理功能

UFO 以固定的格式管理大量不同的表頁。它能將多達 99,999 張具有相同格式的報表資料統一在一個報表文件中管理，並且在每張表頁之間建立有機的聯繫。UFO 提供了排序、審核、舍位平衡、匯總功能；提供了絕對單元公式和相對單元公式，可以方便、迅速地定義計算公式；提供了種類豐富的函數，可以直接從帳務系統中提取帳務數據，生成財務報表。

(四) 圖形功能

UFO 提供了很強的圖形分析功能，可以很方便地進行圖形數據組織，製作包括直方圖、立體圖、圓餅圖、折線圖等 10 種圖式的分析圖形；可以編輯圖形的位置、大小、標題、字體、顏色等，並打印輸出圖形。

(五) 打印功能

報表和圖形以及插入對象都可以打印輸出，並提供「打印預覽」，可以隨時觀看報表或圖形的打印效果。報表打印時，可以設置財務表頭和表尾，可以打印格式或數據，可以在 0.3 倍和 3 倍之間縮放打印，可以橫向或縱向打印，等等。

(六) 二次開發功能

提供批命令和功能菜單，可將有規律性的操作過程編製成批命令文件，進一步利用功能菜單開發出本單位的專用系統。

四、UFO 報表管理系統基本操作流程

UFO 報表管理系統的操作流程基本可以分為報表的格式和公式設置，報表的數據處理和報表輸出，如圖 10-2 所示。

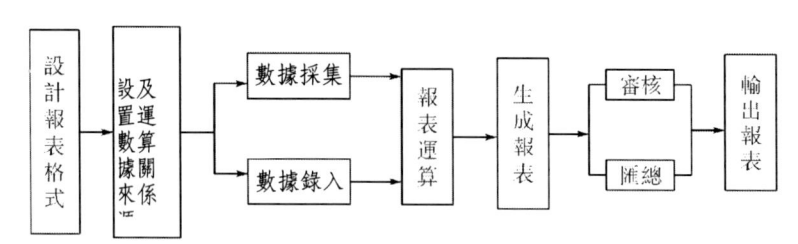

設計報表格式 → 設置及運算數據關係 → 數據採集／數據錄入 → 報表運算 → 生成報表 → 審核／匯總 → 輸出報表

圖 10-2　UFO 報表管理系統操作流程

五、財務報表結構與基本術語

按照報表結構的複雜性，可將報表分為簡單表和複合表兩類。簡單表是規定的二維表，由若幹行和列組成；複合表是簡單表的某種組合。大多數財務報表如資產負債表、損益表、現金流量表等都是簡單表。

(一) 報表結構

簡單表的格式一般由 4 個基本要素組成：標題、表頭、表體和表尾。

1. 標題

標題用來描述報表的名稱。報表的標題可能不止一行，有時會有副標題、修飾線等內容。

2. 表頭

表頭用來描述報表的編製單位名稱、日期等輔助信息和報表欄目。特別是報表的表頭欄目名稱，是表頭的最主要內容，它決定報表的縱向結構、報表的列數以及

第十章 財務報表

每一列的寬度。有的報表表頭欄目比較簡單，只有一層，而有的報表表頭欄目卻比較複雜，需分若干層次。

3. 表體

表體是報表的核心，決定報表的橫向組成。它是報表數據的表現區域，是報表的主體。表體在縱向上由若干行組成，這些行稱為表行；在橫向上，每個表行又由若干個欄目構成，這些欄目稱為表列。

4. 表尾

表尾指表體以下進行輔助說明的部分以及編製人、審核人等內容。

(二) 基本術語

1. 格式狀態和數據狀態

UFO將含有數據的報表分為兩部分來處理，即報表格式設計工作與報表數據處理工作。報表格式設計工作和報表數據處理工作是在不同的狀態下進行的。實現狀態切換的是一個特別重要的按鈕——「格式/數據」按鈕，點擊這個按鈕可以在格式狀態和數據狀態之間切換。

(1) 格式狀態

在格式狀態下設計報表的格式，如表尺寸、行高列寬、單元屬性、組合單元等。報表的單元公式（計算公式）、審核公式、舍位平衡公式也在格式狀態下定義。

在格式狀態下所做的操作對本報表所有的表頁都發生作用。在格式狀態下不能進行數據的錄入、計算等操作。在格式狀態下，報表的數據全部被隱藏了。

(2) 數據狀態

在數據狀態下處理報表的數據，如輸入數據、增加或刪除表頁、審核、舍位平衡、做圖形、匯總等。在數據狀態下不能從根本上修改報表的格式。

在數據狀態下，報表顯示全部內容，包括格式和數據。

2. 單元、單元屬性及組合單元

(1) 單元

單元是組成報表的最小單位，單元名稱由所在行、列標示。行號用數字 1~9,999表示，列標用字母 A~IU 表示。如 D22 表示第 4 列第 22 行的那個單元。

(2) 單元屬性

單元屬性包括單元類型、對齊方式、字體顏色等。單元類型包括數值型、字符型和表樣型。

①數值單元。數值單元是報表存儲數據的單元。在數據狀態下（格式/數據按鈕顯示為「數據」時），數字單元可以直接輸入數據或由單元中存放的單元公式運算生成數據。建立一個新表時，所有單元的類型缺省為數值類型。數值單元的數字可以參與數據的加減運算。

②字符單元。字符單元也是報表存儲數據的單元，也在數據狀態下（格式/數據按鈕顯示為「數據」時）輸入。字符單元的內容可以是漢字、字母、數字及各種

247

鍵盤可輸入的符號組成的一串字符，一個單元中最多可輸入 63 個字符或 31 個漢字。字符單元的內容也可由單元公式生成。字符單元的數字不能參與數據的加減運算。

③表樣單元。表樣單元是報表的格式，是定義一個沒有數據的空表所需的所有文字、符號或數字。一旦單元被定義為表樣，那麼在其中輸入的內容對所有表頁都有效。

表樣在格式狀態下（格式/數據按鈕顯示為「格式」時）輸入和修改，在數據狀態下（格式/數據按鈕顯示為「數據」時）不允許修改。

（3）組合單元

組合單元由相鄰的兩個或更多的單元組成，這些單元必須是同一種單元類型（表樣、數值、字符），UFO 在處理報表時將組合單元視為一個單元。

可以組合同一行相鄰的幾個單元，也可以組合同一列相鄰的幾個單元，還可以把一個多行多列的平面區域設為一個組合單元。

組合單元的名稱可以用組成組合單元的區域中任何一個單元的名稱來表示。如把 B2 到 B3 定義為一個組合單元，這個組合單元可以用「B2」「B3」或「B2：B3」來表示。

3. 區域、固定區和可變區

（1）區域

區域由一張表頁上的一組單元組成，自起點單元至終點單元是一個完整的長方形矩陣。在 UFO 中，區域是二維的，最大的區域是一個二維表的所有單元（整個表頁），最小的區域是一個單元。

（2）固定區

固定區是組成一個區域的行數和列數的數量是固定的數目。一旦設定好以後，在固定區域內其單元總數是不變的。

4. 可變區

可變區是指屏幕顯示一個區域的行數或列數是不固定的數字，可變區的最大行數或最大列數是在格式設計中設定的。

5. 關鍵字

一個報表的各個表頁代表著不同的經濟含義，如主管單位把其 100 個下屬單位的損益表組成一個報表文件，每個單位的損益表占一張表頁。為了在這 100 張表頁中迅速找到特定的單位，就有必要給每張表頁設置一個標記，如把單位名稱設為標記。這個標記就是關鍵字。

關鍵字是遊離於單元之外的特殊數據單元，可以唯一標示一個表頁，用於區別並選擇表頁，為多維操作起「關鍵字」的作用。

UFO 共提供了以下六種關鍵字，關鍵字的顯示位置在格式狀態下設置，關鍵字的值則在數據狀態下錄入，每個報表可以定義多個關鍵字。

單位名稱：字符型（最大 30 個字符），該報表表頁編製單位的名稱。

第十章 財務報表

單位編號：字符型（最大 10 個字符），為該報表表頁編製單位的編號。
年：數字型（1904—2100），該報表表頁反應的年度。
季：數字型（1~4），該報表表頁反應的季度。
月：數字型（1~12），該報表表頁反應的月份。
日：數字型（1~31），該報表表頁反應的日期。

● 第二節　創建財務報表及報表公式設置

財務報表系統的基礎設置一般包括創建新的財務報表、報表格式設計、報表公式定義等。

在格式狀態下設計報表的表樣，如表尺寸、行高和列寬、單元屬性、組合單元、關鍵字、可變區等；在格式狀態下定義報表的公式，如單元公式、審核公式、舍位平衡公式等。在格式狀態下所做的操作對本報表所有的表頁都有效，該狀態不能進行數據的錄入、計算等操作。

在數據狀態下處理報表數據，如輸入數據、增加或刪除表頁、審核、舍位平衡、圖形操作、匯總報表等。

一、創建新表

用友 UFO 報表管理系統創建一張新報表的步驟：

第一步，創建報表文件。在 UFO 報表系統中，執行「文件→新建」命令，將自動創建一個空的報表文件，文件名顯示在標題欄中，為「report1」。

第二步，設置表尺寸。執行「格式→表尺寸」命令，調出表尺寸設置對話框，如圖 10-3 所示。

圖 10-3　設置表尺寸窗口

在「行數」框中輸入「8」，在「列數」框中輸入「7」，點取「確認」按鈕。

第三步，畫表格線。選取一個區域，如 A3：F7 區域，執行「格式→區域畫線」命令，調出區域畫線對話框，如圖 10-4 所示。在對話框中選擇畫線類型，點擊

249

中級會計電算化實務

「確認」按鈕。

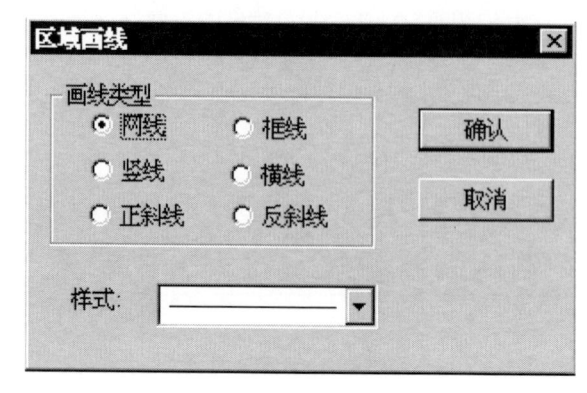

圖 10-4　設置區域畫線窗口

第四步，設置組合單元。按需要選取一定區域，如 A1：C1 區域，執行「格式→組合單元」命令，調出組合單元設置對話框，在對話框中選擇組合方式，如圖 10-5 所示。

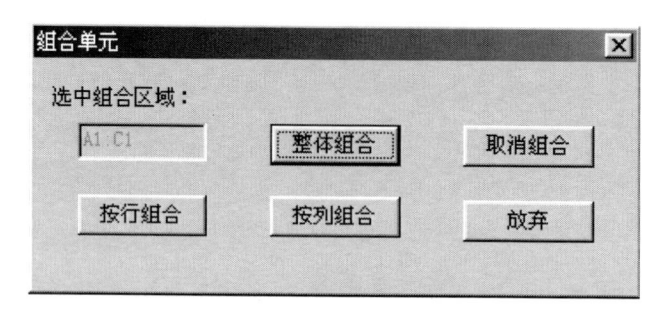

圖 10-5　設置組合單元窗口

第五步，設置單元屬性。選取需要設置屬性的區域，如 B5：F7 區域，再執行「格式→單元屬性」命令，調出單元屬性對話框，如圖 10-6 所示。再按需進行設置。

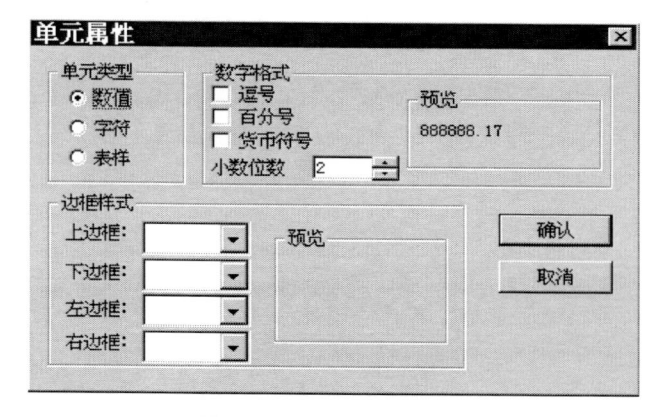

圖 10-6　設置單元屬性窗口

第十章　財務報表

第六步，設置單元風格。選取一定的區域，如組合單元 A1：C1，再執行「格式→單元風格」命令，調出單元風格設置對話框，如圖 10-7 所示。

圖 10-7　設置單元風格窗口

如在「字號」框中選「16」，在「背景色」框中選黃色，在「對齊」中選水平方向「居中」和垂直方向「居中」。

第七步，輸入表樣文字。在格式狀態下錄入表樣文字。

第八步，設置關鍵字。選取相應的單元，執行「格式→關鍵字→設置」命令，調出設置關鍵字對話框（如圖 10-8 所示）。選擇相應內容后，在對話框中點取「確認」按鈕。

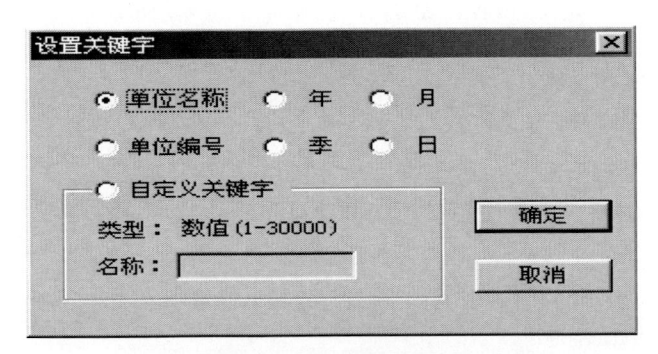

圖 10-8　設置關鍵字窗口

第九步，定義單元公式。選取相應單元，按「=」彈出下面對話框，如圖 10-9 所示。

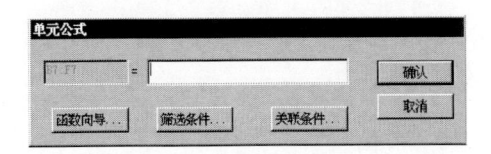

圖 10-9　定義單元公式窗口

在編輯框中輸入「F5+B6」后，在對話框中點取「確認」按鈕，也可通過函數

251

向導定義取數公式。

第十步，錄入關鍵字的值。點取屏幕左下角的「格式/數據」按鈕，進入數據狀態。執行「數據→關鍵字→錄入」命令，調出錄入關鍵字對話框（如圖10-10所示），在變亮的編輯框中輸入相應的具體內容。

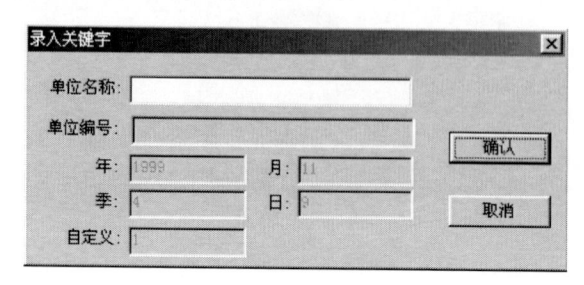

圖10-10　錄入關鍵字窗口

第十一步，錄入數據。在數據狀態下錄入報表各欄目相應的數據。錄入數據的過程中，可以看到單元公式自動顯示運算結果。

第十二步，保存報表文件。

二、報表公式設計

財務報表的變動單元內容會隨編製單位和時間的不同而不同，但其獲取數據的來源和計算方法是相對穩定的。報表管理系統依據這一特點設計了「定義計算公式」的功能，為定義報表變動單元的計算公式提供了條件，從而使報表管理系統能夠自動、及時、準確地編製財務報表。

報表公式是指報表或報表數據單元的計算規則，主要包括：

（一）單元公式

單元公式是指為報表數據單元進行賦值的公式，其作用是從帳簿、憑證、本表或其他報表等處調用、運算所需要的數據，並填入相應的報表單元中。它可以將數據單元賦值為數值，也可以賦值為字符。

單元公式一般由目標單元、運算符、函數和運算符序列組成。例如：

C5＝期初餘額（「1001」，月）＋期初餘額（「1002」，月）

其中，目標單元是指用行號、列號表示的，用於放置運算結果的單元；運算符序列是指採集數據並進行運算處理的次序。報表系統提供了一整套從各種數據文件（包括機內憑證、帳簿和報表，也包括機內其他數據來源）採集數據的函數。企業可以根據實際情況，合理地調用不同的相關函數。

常用的報表數據一般是來源於總帳系統或報表系統本身，取自於報表的數據又可以分為從本表取數和從其他報表的表頁取數。

第十章 財務報表

1. 帳務取數公式

帳務取數是財務報表數據的主要來源,帳務取數函數架起了報表系統和總帳等其他系統之間進行數據傳遞的橋樑。帳務取數函數(也稱帳務取數公式或數據傳遞公式),它的使用可以實現報表系統從帳簿、憑證中採集各種會計數據生成報表,實現帳表一體化。

帳務取數公式是報表系統中使用最為頻繁的一類公式。此類公式中的函數表達式最為複雜,公式中往往要使用多種取數函數,每個函數中還要說明如科目編碼、會計期間、發生額或餘額、方向、帳套號等參數。

基本格式:

函數名(「科目編碼」,會計期間,「方向」「帳套號」「會計年度」「編碼1」「編碼2」)

例如,函數 QC(「1001」「全年」「借」,001,2007)表示提取帳務系統中 001 帳套 2007 年的 1001 科目的年初借方餘額。

「編碼1」和「編碼2」與該科目核算帳類有關,可以取科目的輔助帳,如職員編碼、項目編碼等,如無輔助核算則省略。

用友 UFO 報表系統主要帳務取數函數如表 10-1 所示。

表 10-1　　　　　　　　　　　主要帳務取數函數表

函數名	金額式	數量式	外幣式
期初額函數	QC ( )	SQC ( )	WQC ( )
期末額函數	QM ( )	SQM ( )	WQM ( )
發生額函數	FS ( )	SFS ( )	WFS ( )
累計發生額函數	LFS ( )	SLFS ( )	WLFS ( )
條件發生額函數	TFS ( )	STFS ( )	WTFS ( )
對方科目發生額函數	DFS ( )	SDFS ( )	WDFS ( )
淨額函數	JE ( )	SJE ( )	WJE ( )
匯率函數	HL ( )	SHL ( )	WHL ( )
現金流量項目金額	XJLL ( )		

2. 本表頁內部統計公式

本表頁內部統計公式用於在本表頁內的指定區域內做出諸如求和、求平均值、計數、求最大值、最小值、求統計方差等統計結果的運算。主要實現本表頁中相關數據的計算、統計功能。應用時,要按要求的統計量選擇公式的函數名和統計區域。用友 UFO 報表系統主要本表頁統計公式如表 10-2 所示。

表 10-2　　　　　　　　　主要本表頁統計公式表

函數名	函數	函數名	函數
求和	PTOTAL（）	最大值	PMAX（）
平均值	PAVG（）	最小值	PMIN（）
計算	PCOUNT（）	方差	PVAR（）
		偏方差	PSTD（）

例如：用 PTOTAL（B5：F9）表示求區域 B5~F9 單元的總和；用 PAVG（B5：F9）表示求區域 B5~F9 單元的平均值；用 PMAX（B5：F9）表示求區域 B5~F9 單元的最大值等。

3. 本表他頁取數公式

一張報表可以由多個表頁組成，並且表頁之間具有極其密切的聯繫。如一個報表中不同的表頁可能代表同一單位但不同會計期間的同一報表。因此，一個表頁中的數據可能取自上一會計期間表頁的數據。

編輯此類公式應注意報表處理軟件中的表頁選擇函數名及參數格式，特別是如何描述歷史上的會計期間。

對於取自於本表其他表頁的數據可以利用某個關鍵字作為表頁定位的依據或者直接以頁標號作為定位依據，指定取某張表頁的數據。

可以使用 SELECT（）函數從表其他表頁取數。

例如：C1 單元取自於第二張表頁的 C2 單元數據。表示為 C1＝C2＠2。

C1 單元取自於上個月的 C2 單元的數據。表示為 C1＝SELECT（C2，月＠＝月＋1）。

月＠＝月＋1 為上個月的表示法，通過月＋1 表示數據取自關鍵字為本月的上一個月的表頁。例如，本月關鍵字為 8 月，月＋1 所表示的含義為取關鍵字為 7 月份的表頁的單元格的數值。

select（）函數最常用在「損益表」中，求累計值。

例如：D＝C＋SELECT（D，年＠＝年 and 月＠＝月＋1）

表示：累計數＝本月數＋同年上月累計數

4. 報表之間取數公式

報表之間取數公式即他表取數公式，用於從另一報表某期間某頁中某個或某些單元中採集數據。

在進行報表與報表之間的取數時，不僅要考慮數據取自哪一張表的哪個單元，還要考慮數據來源於哪一頁。

例如，某年 1 月份的「資產負債表」中的未分配利潤，需要取「利潤分配表」中同一個月份的未分配利潤數據，如果「利潤分配表」中存在其他月份的數據，而不是 1 月份的數據，則「資產負債表」就不應取其他月份的數據。表間計算公式

第十章 財務報表

一定會保證這一點。

編輯表間計算公式與同一報表內各表頁間的計算公式類似，主要區別在於把本表表名換為它表表名。

對於取自於其他報表的數據可以用「『報表名〔．REP〕』——單元」格式指定要取數的某張報表的單元。

例如：令當前表所有表頁 C5 的值等於表「Y」第 1 頁中 C10 的值與表「Y」第 2 頁中 C2 的值的和。表示為：C5 =「Y」->C10@1+「Y」->C2@2。

(二) 單元公式的設置

為了方便而又準確的編製財務報表，系統提供了手工設置和引導設置兩種方式。在引導設置狀態下，根據對各目標單元填列數據的要求，通過逐項設置函數及運算符，即可自動生成所需要的單元公式。

手工設置的操作步驟：先選定需要定義公式的單元；執行「數據→編輯公式→單元公式」命令，打開「定義公式」對話框；在「定義公式」對話框內，直接輸入計算公式後，單擊「確認」按鈕。

注意：單元公式在輸入時，凡是涉及數學符號的均須在英文半角狀態下輸入。

引導設置的操作步驟：選定被定義單元 D6，即貨幣資金的期末數；單擊編輯框的「fx」按鈕，打開「定義公式」對話框；單擊「函數向導」按鈕，進入「函數向導」對話框，如圖 10-11 所示。

圖 10-11 函數向導對話框

在「函數分類」列表框中選擇「用友帳務函數」選項；如定義資產負債表的期末數/期初數取數公式時，在「函數名」列表框中選擇「期末（QM）/期初（QC）」選項；如定義損益表的本月數取數公式時，在「函數名」列表框中選擇

「發生 (FS)」選項；單擊「下一步」按鈕，進入「帳務函數」對話框；單擊「參照」按鈕，進入「帳務函數」參數設置對話框，如圖 10-12 所示。

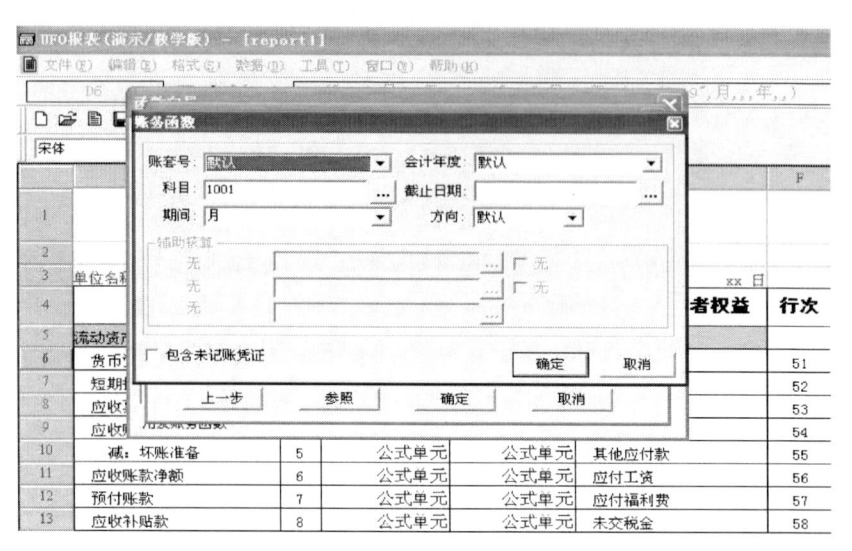

圖 10-12　帳務函數參數設置對話框

第一步，單擊「帳套號」下拉列表框的下三角按鈕，在下拉列表中選擇對應的帳套號；單擊「會計年度」下拉列表框的下三角按鈕，在下拉列表框中選擇對應年份；在「科目」文本框中輸入「1001」，或單擊參照按鈕，選擇「1001」科目；單擊「期間」下拉列表框的下三角按鈕，在下拉列表中選擇「月」選項；單擊「方向」下拉列表框的下三角按鈕，在下拉列表中選擇「默認」選項；單擊「確認」按鈕，返回到「用友帳務函數」對話框；單擊「確定」按鈕，返回到「定義公式」對話框。

第二步，在「定義公式」對話框中，接著前面參照輸入的公式輸入「+」後，繼續輸入銀行存款和其他貨幣資金的期末餘額。

第三步，在「定義公式」對話框中，點擊「確認」。如被定義公式內容只有一項，執行第一步和第三步即可。

如定義現金流量表的取數公式時，在「函數名」列表框中選擇「現金流量項目金額（XJLL）」選項；單擊「下一步」按鈕，進入「帳務函數」對話框；單擊「參照」按鈕，進入「帳務函數」設置對話框，即現金流量取數函數參數設置對話框，如圖 10-13 所示。

第十章 財務報表

圖 10-13 現金流量取數函數參數設置對話框

在現金流量取數函數參數設置對話框中，指定會計期間、帳套號、會計年度和方向，點擊「參照」按鈕，選擇現金流量項目編碼，單擊「確認」按鈕，返回到「用友帳務函數」對話框；單擊「確定」按鈕，返回到「定義公式」對話框。在「定義公式」對話框中，點擊「確認」保存所定義的公式。

(三) 審核公式的設置

報表中的各個數據之間一般都存在某種鈎稽關係。利用這種鈎稽關係可以定義審核公式，可以進一步檢驗報表編製的結果是否正確。審核公式可以檢驗表頁中數據的鈎稽關係，也可以驗證同表不同表頁的鈎稽關係，還可以驗證不同報表之間的數據鈎稽關係。

審核公式由驗證關係公式和提示信息組成。定義報表審核公式，首先要分析報表中各單元之間的關係來確定審核關係，然後根據確定的審核關係定義審核公式。其中，審核關係必須確定正確，否則審核公式會起到相反的效果。即由於審核關係不正確導致一張數據正確的報表被審核為錯誤，而編製報表者又無法修改。

在經常使用的各類財經報表中的每個數據都有明確的經濟含義，並且各個數據之間一般都有一定的鈎稽關係。如在一個報表中，小計等於各分項之和；而合計又等於各個小計之和等。在實際工作中，為了確保報表數據的準確性，經常用這種報

257

表之間或報表之內的鈎稽關係對報表進行鈎稽關係檢查。這種將報表數據之間的鈎稽關係用公式表示出來，稱之為審核公式。

審核公式如下：

<算術或單元表達式><邏輯運算符><算術或單元表達式>［MESS「說明信息」］

邏輯運算符：=、>、<、>=、<=、<>

例 10-1：在「資產負債表」中定義以下審核公式：

D39＝h39　mess「資產總額的期末數<>負債及所有者權益總額的期末數！」

執行審核后，如果 d39<>h39，則將出現審核錯誤提示框，如圖 10-14 所示。

圖 10-14　審核結果提示對話框

其操作步驟：執行「數據→編輯公式→審核公式」命令，打開「審核公式」對話框；在「審核公式」對話框中，輸入「D39＝H39　MESS」「資產總額的期末數<>負債及所有者權益總額的期末數！」，如圖 10-15 所示，單擊「確定」按鈕。

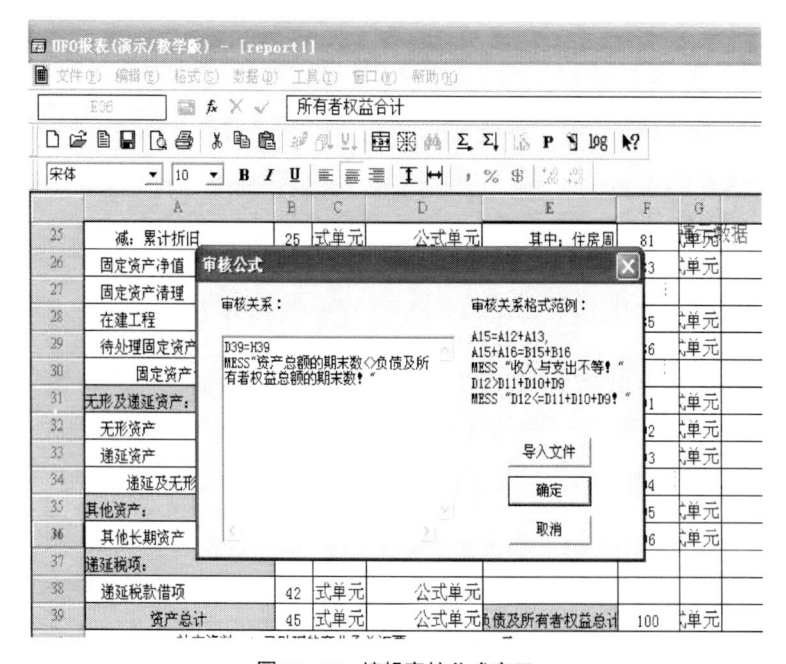

圖 10-15　編輯審核公式窗口

第十章　財務報表

（四）舍位平衡公式的設置

在報表匯總時，各個報表的數據計量單位有可能不統一。這時，需要將報表的數據進行位數轉換，將報表的數據單位由個位轉換為百位、千位或萬位。如將「元」單位轉換為「千元」或「萬元」單位，這種操作稱為進位操作。進位操作后，原來的平衡關係重新調整。使舍位后的數據符合指定的平衡公式，這種用於對報表數據進位及重新調整報表進位之后平衡關係的公式稱為舍位平衡公式。

定義舍位平衡公式需要指明要舍位的表名、舍位範圍以及舍位位數，並且必須輸入平衡公式。

例 10-2：將數據由元進位為千元，定義報表的舍位平衡公式。

第一步，在報表格式設計狀態下，執行「數據→編輯公式→舍位公式」命令，調出「舍位平衡公式」對話框，如圖 10-16 所示。

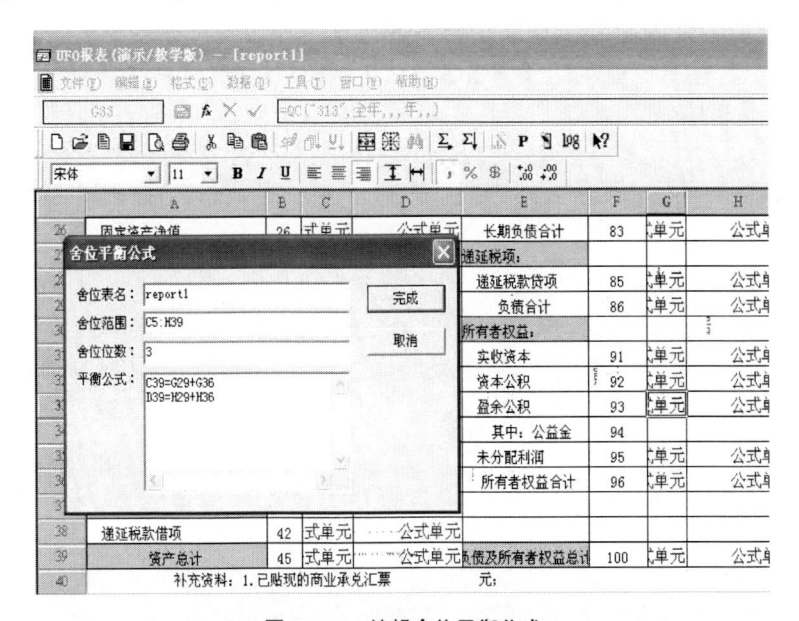

圖 10-16　編輯舍位平衡公式

第二步，在「舍位平衡公式」對話框中輸入舍位平衡公式，舍位平衡公式編輯完畢，檢查無誤后選擇「完成」，系統將保存舍位平衡公式。

第三節　財務報表數據處理

報表的數據包括報表單元的數值和字符，以及遊離單元之外的關鍵字。數值單元只能接收數字，而字符單元既能接收數字又能接收字符。數值單元和字符單元可

以由公式生成也可以由鍵盤輸入。關鍵字的值則必須由鍵盤錄入。

報表數據處理主要包括生成報表數據（即編製報表）、審核報表數據和舍位平衡操作等工作，數據處理工作必須在數據狀態下進行。處理時計算機根據定義的單元公式、審核公式和舍位平衡公式自動進行數據採集、審核及舍位等操作。報表數據處理一般是針對某一特定表頁進行的，因此在數據處理時還涉及表頁的操作，如表頁的增加、刪除等。

一、生成報表

報表公式定義和數據來源的定義只說明了表和數據之間的關係，財務報表的生成就是根據各報表數據的生成方法，具體計算每個單元的數值並填入目標表的過程。通用報表軟件使用一個通用的報表生成程序，對所有的報表進行一次操作，生成報表的過程是在人工控制下由計算機自動完成的。

大多數財務報表都與日期有密切聯繫。在定義報表結構時，可以無日期限制，但是在生成報表時必須確定其日期。例如，「資產負債表」「損益表」和「現金流量表」等財務報表，一般必須在月末結帳以後才能生成。若在月中進行報表生成，即使所有報表公式都正確，也會生成一張數據錯誤的報表。在生成報表時可反覆使用已經設置的報表公式，並且在相同的會計期間可以生成相同結果的報表，在不同的會計期間可以生成不同結果的報表。

採用通用報表處理方法生成財務報表，應注意以下幾個問題：①報表與帳簿之間的關係；②各財務報表之間存在的鈎稽關係；③每一種報表內各類數據存在的鈎稽關係。

（一）設置報表與帳簿之間的關係

設置報表與帳簿之間的關係簡稱為帳套初始。帳套初始是在編製報表之前，指定報表數據來源的帳套和會計年度。其操作步驟：執行「數據→帳套初始」命令，打開「帳套及時間初始」對話框，輸入相應的帳套號和會計年度。

（二）增加、刪除表頁

增加表頁既可以通過插入表頁也可以通過追加表頁來實現。

插入表頁是在當前表頁後插入一張空表頁，追加表頁是在最後一張表頁後追加N張空表頁。一張報表最多能管理99,999張表頁。

1. 追加和插入表頁

在數據狀態下，執行「編輯→追加→表頁」命令，可以在報表的最後增加新的表頁；執行「編輯→插入→表頁」命令，可以在當前表頁的前面插入新的表頁。

在報表中增加表頁後，新增的表頁將自動沿用在格式狀態下設計的報表格式，直接在其中輸入數據即可。

2. 刪除表頁

在數據狀態下，執行「編輯→刪除→表頁」命令，調出「刪除表頁」對話框如

第十章　財務報表

圖 10-17 所示。如果在對話框中不輸入內容，直接點取「確認」按鈕，則刪除當前表頁。如果要刪除指定表頁號的表頁，則在「刪除表頁」編輯框中輸入要刪除的表頁號。表頁號用數字 1~99,999 表示。可以同時刪除多張表頁，多個表頁號之間用逗號「,」隔開。例如，輸入「1，3，10」則刪除第 1 頁、第 3 頁和第 10 頁。如果要刪除符合刪除條件的表頁，在「刪除條件」編輯框中輸入刪除條件。

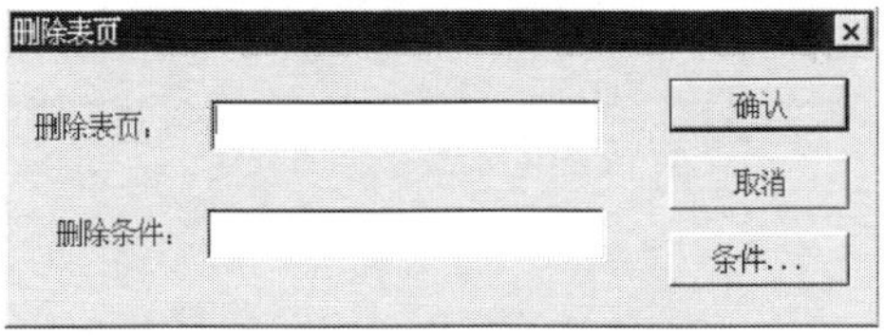

圖 10-17　制定刪除表頁窗口

3. 交換表頁

表頁交換是將指定的任何表頁中的全部數據進行交換。在數據狀態下，執行「編輯→交換→表頁」命令，調出交換表頁對話框，如圖 10-18 所示。

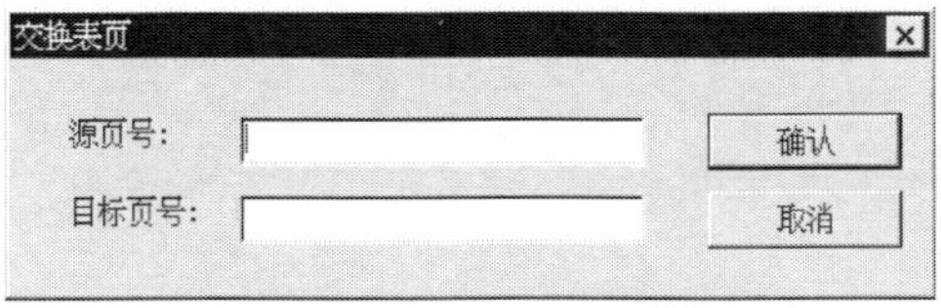

圖 10-18　指定交換表頁窗口

在「源表頁號」和「目標表頁號」編輯框中輸入要互相交換位置的表頁頁號。可以一次交換多個表頁，多個表頁號用「,」隔開。

例如：要同時交換第 1 頁和第 2 頁，第 3 頁和第 4 頁，第 10 頁和第 20 頁，則在「源頁號」編輯框中輸入「1，3，10」；在「目標頁號」編輯框中輸入「2，4，20」。

（三）錄入關鍵字

關鍵字可以唯一標示一個表頁，關鍵字的值和表頁中的數據是相關聯的，所以要在數據狀態下在每張表頁上錄入關鍵字的值。

設置關鍵字是為了在大量表頁中找到特定的表頁，因此每張表頁上的關鍵字的值最好不要完全相同。如果有兩張關鍵字的值完全相同的表頁，則利用篩選條件和關聯條件尋找表頁時，只能找到第一張表頁。

在數據狀態下，執行「數據→關鍵字→錄入」命令，調出關鍵字錄入窗口（如圖 10-19 所示），錄入相應的關鍵字后，點擊「確定」。

261

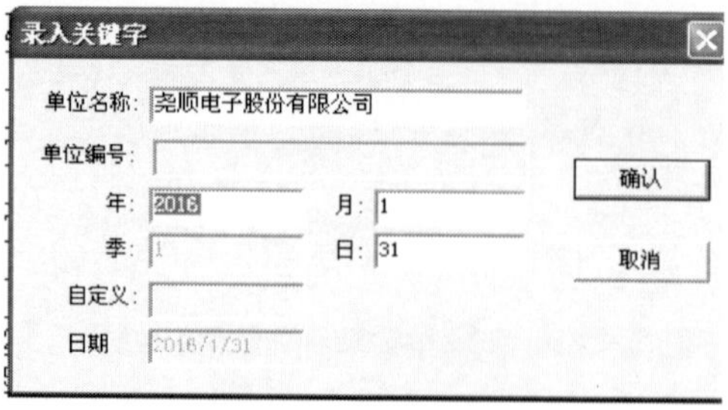

圖 10-19　錄入關鍵字窗口

（四）計算

表的計算是指按計算公式重新計算報表中的數據。一般要正確進行報表的編製，首先需要正確定義單元公式，其次需要正確完成帳簿的記帳，這樣才能得到正確的報表數據。

在數據狀態下，執行「數據→表頁重算」命令。可以選擇整表計算或表頁重算。整表計算時是將該表的所有表頁全部進行計算，而表頁重算僅是指具體某一頁的數據進行計算。

堯順電子有限股份公司的資產負債表「整表重算」後的結果如圖 10-20 所示，損益表「整表重算」後的結果如圖 10-21 所示，現金流量表「整表重算」後的結果如圖 10-22 所示。

文件(F)　编辑(E)　格式(S)　数据(D)　工具(T)　窗口(W)　帮助(H)

C4@1　年初数

资产负债表

单位名称：尧顺电子股份有限公司　2016 年　1 月　31 日　会工01表　单位：元

资　　产	行次	年初数	期末数	负债及所有者权益	行次	年初数	期
流动资产：				流动负债：			
货币资金	1	14 670 803.57	14 466 485.24	短期借款	51	163 600.00	
交易性金融资产	2	110 000.00	44 400.00	应付票据	52		
应收票据	3	84 240.00	84 240.00	应付账款	53	581 350.00	
应收账款	4	168 480.00	780 390.00	预收账款	54		
减：坏账准备	5	1 000.00	1 000.00	其他应付款	55	6 000.00	
应收账款净额	6	167 480.00	779 390.00	应付职工薪酬	56	76 000.00	
预付账款	7		6 000.00				
其他应收款	8	17 472.00		未交税金	58	51 280.00	
存货	9	1 193 440.00	1 214 246.00	未付利润	59		
应收股利	10		1 500 000.00	其他未交款	60		
一年内到期的长期债券投资	11			应付利息	61	58 850.00	
其他流动资产	12			一年内到期的长期负债	62		
流动资产合计	13	16 243 435.57	18 094 761.24	其他流动负债	63		
非流动资产：	14			流动负债合计	70	937 080.00	
长期待摊费用	15			长期负债：			
可供出售金融资产	16	15 300.00	44 000.00	长期借款	71	2 000 000.00	
长期投资	17	26 724 400.00	30 014 400.00	应付债券	72	500 330.00	
固定资产：	18			长期应付款	73		
固定资产原价	24	1 746 000.00	1 280 000.00	其他长期负债	80		
减：累计折旧	25	222 586.67	229 686.67	其中：住房周转金	81		

第十章　財務報表

26	固定资产净值	26	1 523 413.33	1 050 313.33	长期负债合计	83	2 500 330.00
27	固定资产清理	27			递延税项:		
28	在建工程	28	4 000 000.00	4 001 750.00	递延税款贷项	85	
29	待处理固定资产净损失	29			负债合计	86	3 437 410.00
30	固定资产合计	35	5 523 413.33	5 052 063.33	所有者权益:		
31	无形及递延资产:				实收资本	91	38 403 000.00
32	无形资产	36	479 600.00	379 600.00	资本公积	92	3 878 320.00
33	递延资产	37			盈余公积	93	2 768 160.00
34	递延及无形资产合计	40	479 600.00	379 600.00	其中: 公益金	94	
35	其他资产:				未分配利润	95	499 258.90
36	其他长期资产	41			所有者权益合计	96	45 548 738.90
37	递延税项:						
38	递延税款借项	42					
39	资产总计	45	48 986 148.90	53 584 824.57	负债及所有者权益总计	100	48 986 148.90
40	补充资料: 1.已贴现的商业承兑汇票			元;			
41	2.融资租入固定资产原价			元。			
42							

圖 10-20　資產負債表

損　益　表

会工02表
单位名称: 尧顺电子股份有限公司　　　　2016 年　　　1 月　　　　单位: 元

项　　　目	行次	本 月 数	本年累计
一、产品销售收入	1	723 854.70	
减: 产品销售成本	2	447 500.00	
产品销售费用	3		
产品销售税金及附加	4		
二、产品销售利润	5	276 354.70	
加: 其他业务利润	6		
减: 管理费用	7	60 400.00	
财务费用	8	32 905.00	
销售费用	9	16 200.00	
三、营业利润	10	166 849.70	
加: 投资收益	11	3 205 550.00	
营业外收入	12	273 960.00	
减: 营业外支出	13		
公允价值变动损益	14	23 000.00	
四、利润总额	15	3 623 359.70	
减: 所得税	16	1 087 007.91	
五、净利润	17	2 536 351.79	

圖 10-21　損益表

現金流量表

行次	項目	金額
	一、经营活动产生的现金流量：	
1	销售商品、提供劳务收到的现金	
2	收到的税费返还	
3	收到的其他与经营活动有关的现金	400.00
4	现金流入小计	400.00
5	购买商品、接受劳务支付的现金	196 000.00
6	支付给职工以及为职工支付的现金	76 000.00
7	支付的各项税费	43 680.00
8	支付的其他与经营活动有关的现金	10 500.00
9	现金流出小计	326 180.00
10	经营活动产生的现金流量净额	-325 780.00
	二、投资活动产生的现金流量：	
11	收回投资所收到的现金	3 230 700.00
12	取得投资收益所收到的现金	
13	处置固定资产、无形资产和其他长期资产所收回的现金净额	50 000.00
14	收到的其他与投资活动有关的现金	50 000.00
15	现金流入小计	3 330 700.00
16	购建固定资产、无形资产和其他长期资产所支付的现金	304 680.00
17	投资所支付的现金	4 198 700.00
18	支付的其他与投资活动有关的现金	50 000.00
19	现金流出小计	4 553 380.00
20	投资活动产生的现金流量净额	-1 222 680.00
	三、筹资活动产生的现金流量：	
21	发行债券所收到的现金	1 266 600.00
22	借款所收到的现金	600 000.00
23	收到的其他与筹资活动有关的现金	41.67
24	现金流入小计	1 866 641.67
25	偿还债务所支付的现金	502 500.00
26	分配股利、利润或偿付利息所支付的现金	20 000.00
27	支付的其他与筹资活动有关的现金	
28	现金流出小计	522 500.00
29	筹资活动产生的现金流量净额	1 344 141.67
30	四、汇率变动对现金的影响额	
31	五、现金及现金等价物净增加额	-204 318.33

图 10-22 现金流量表

二、审核报表

在数据处理状态中，当报表数据录入完毕或进行修改后，应对报表进行审核，

第十章 財務報表

以檢查報表各項數據鈎稽關係的準確性。

　　在實際應用中,主要報表中數據發生變化,都必須進行審核。通過審核不僅可以找到一張報表內部的問題,還可以找出不同報表文件中的問題。審核時,執行審核功能后,系統將按照審核公式逐條審核表內的關係。當報表數據不符合鈎稽關係時,系統會提示錯誤信息。導致審核出現錯誤的原因有:單元公式出現語法等錯誤,審核公式本身錯誤,帳套變量找不到或帳套數據源錯誤等。出現錯誤提示,應按提示信息修改相關內容后,重新計算,並再次進行審核,直到不出現任何錯誤信息,在屏幕底部的狀態欄中出現「審核完全正確」提示信息,表示該報表各項鈎稽關係正確。

　　進入數據處理狀態。執行「數據→審核」命令,可實施報表的審核。

三、財務報表舍位操作

　　當報表編輯完畢,需要對報表進行舍位平衡操作時,可進入數據處理狀態,執行「數據→舍位平衡」命令,系統按照所定義的舍位關係對指定區域的數據進行舍位,並按照平衡公式對舍位后的數據進行平衡調整,將舍位平衡后的數據存入指定的新表或他表中。

　　打開舍位平衡公式指定的舍位表,可以看到調整后的報表。

四、財務報表模板應用

　　設計一個報表,可以從頭開始按部就班地操作,也可以利用 UFO 提供模板直接生成報表格式,省時省力。UFO 提供了 11 種報表格式和 17 個行業的標準財務報表模板,可以直接套用它,再進行一些小的改動即可,也可以直接套用用戶自定義的模板。

　　(一) 套用報表模板

　　當前報表套用報表模板后,原有內容將丟失。如果該報表模板與實際需要的報表格式或公式不完全一致,可以在此基礎上稍做修改即可快速得到所需要的報表格式和公式。套用報表模板和套用格式需要在格式狀態下進行。套用報表模板時,執行「格式→報表模板」命令,調出「報表模板」對話框,在對話框中選擇行業和報表。

　　(二) 定制報表模板

　　使用者也可以根據本單位的實際需要定制報表模板,並可將自定義的報表模板加入系統提供的模板庫中,也可以對其進行修改、刪除操作。

　　自定義模板的步驟:

　　第一步,在 UFO 中做出本單位的模板后,執行「格式→自定義模板」命令,調出「自定義模板」對話框;選定某行業或單位(如沒有自定義報表模板所屬行業或

單位，可點擊「增加」增加相應的行業或單位後再選定某行業），點取「自定模板」的「下一步」，彈出對話框，如圖 10-23 所示。

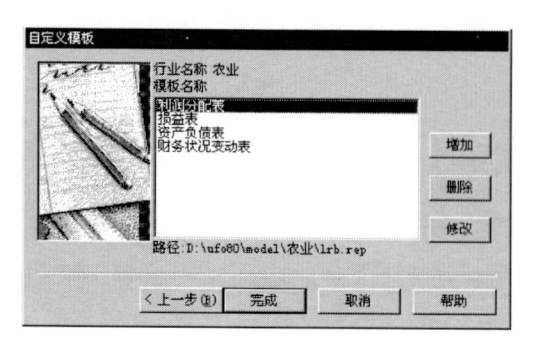

圖 10-23　自定義模板窗口

第二步，點擊「增加」，彈出「添加模板」對話框，如圖 10-24 所示。

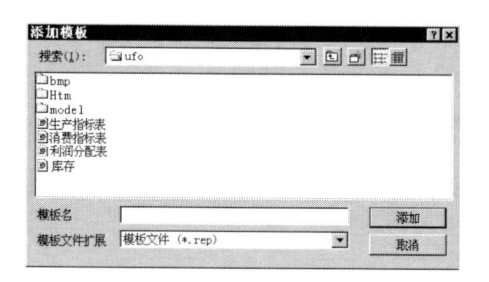

圖 10-24　添加模板窗口

第三步，選定模板文件，單擊「添加」，將模板加入到選定的行業模板列表中。該模板的全路徑加到模板路徑下。

在「模板名稱」中可以任意修改模板名稱，單擊「瀏覽」找到該報表的保存路徑，並選取報表單擊「打開」可將報表的全路徑加到模板路徑下。

第四步，點取「完成」，自定義模板操作結束。

第四節　財務報表輸出

報表輸出形式一般有屏幕查詢、網路傳送、打印輸出和磁盤輸出等形式。輸出報表數據時往往會涉及表頁的相關操作，如表頁排序、查找、透視等。

一、財務報表查詢

報表查詢是報表系統應用的一項重要工作。在報表系統中，可以對當前正在編

第十章　財務報表

製的報表予以查閱，也可以對歷史的報表進行迅速有效的查詢。在進行報表查詢時一般可以以整表的形式輸出，也可以將多張表頁的佈局內容同時輸出，后者這種輸出方式叫作表頁透視。

查找表頁可以以某關鍵字或某單元為查找依據。執行「編輯→查找」命令，打開「查找」對話框；選擇查找內容並輸出相應的條件；單擊「查找」按鈕。

二、財務報表打印

打印輸出方式是指將編製出來的報表以紙質的形式打印輸出。打印輸出是將報表進行保存、報送有關部門而不可缺少的一種報表輸出方式。但在打印前必須在報表系統中做好打印機的有關設置，以及報表打印的格式設置，並確認打印機已經與主機正常連接。打印報表前可以在預覽窗口預覽。

此外，將各種報表以文件的形式輸出到磁盤上也是一種常用的方式。此類輸出對於下級向上級部門報送數據，進行數據匯總，是一種行之有效的方式。一般的報表系統都提供有不同文件格式的輸出方式，方便不同軟件之間進行數據交換。

國家圖書館出版品預行編目(CIP)資料

中級會計電算化實務 / 陳英蓉 編者. -- 第一版.
-- 臺北市：財經錢線文化出版：崧博發行, 2018.11

　面；　公分

ISBN 978-957-680-245-4(平裝)

1.中級會計 2.會計資訊系統

495.029　　　107018098

書　　名：中級會計電算化實務
作　　者：陳英蓉 編者
發行人：黃振庭
出版者：財經錢線文化事業有限公司
發行者：崧博出版事業有限公司
E-mail：sonbookservice@gmail.com
粉絲頁　　　　　　網　址：
地　　址：台北市中正區延平南路六十一號五樓一室
8F.-815, No.61, Sec. 1, Chongqing S. Rd., Zhongzheng Dist., Taipei City 100, Taiwan (R.O.C.)
電　　話：(02)2370-3310　傳　真：(02) 2370-3210
總經銷：紅螞蟻圖書有限公司
地　　址：台北市內湖區舊宗路二段 121 巷 19 號
電　　話：02-2795-3656　傳真：02-2795-4100　網址：
印　　刷：京峯彩色印刷有限公司（京峰數位）

　　本書版權為西南財經大學出版社所有授權崧博出版事業有限公司獨家發行電子書及繁體書繁體版。若有其他相關權利及授權需求請與本公司聯繫。

定價：500元

發行日期：2018 年 11 月第一版

◎ 本書以POD印製發行